U0203172

教育部高等学校电子信息类专业教学指导委员会规划教材
高等学校电子信息类专业系列教材

Principles and Applications of Embedded Controller

Based on ARM Cortex-M3（STM 32）, Second Edition

嵌入式微处理器原理与应用

基于ARM Cortex−M3微控制器

（STM32系列）

（第2版）

严海蓉 李达 杭天昊 时昕 编著

Yan Hairong　　Li Da　　Hang Tianhao　　Shi Xin

清华大学出版社

北京

内 容 简 介

本书系统地论述了 ARM Cortex-M3 嵌入式微处理器的原理、架构、编程与系统开发方法，并以 STM32 微处理器为样本，给出了丰富的设计示例与综合实例。本书共分 9 章，分别介绍了一般嵌入式微处理器的开发方法、Cortex-M3 体系结构、Cortex-M3 指令集、Cortex-M3 特性、C 语言与汇编语言混合编程、Cortex-M3 连接外设方式、Cortex-M3 的驱动软件编写一级综合应用实例等内容。

本书的每个案例包含了相关外接器件或者协议介绍、硬件电路设计、驱动软件编写三大部分，所有案例代码均经过验证，器件和协议也是近期通用的。

本书适合作为高等学校电子信息类专业、计算机类专业、嵌入式类专业、物联网类专业本科生及研究生的"嵌入式系统原理及应用"课程的教材，也适合作为相关领域工程技术人员的参考用书。

图书在版编目（CIP）数据

嵌入式微处理器原理与应用：基于 ARM Cortex-M3 微控制器：STM32 系列/严海蓉等编著. —2 版.—北京：清华大学出版社，2019（2024.8重印）

（高等学校电子信息类专业系列教材）

ISBN 978-7-302-51811-2

Ⅰ．①嵌…　Ⅱ．①严…　Ⅲ．①微处理器－高等学校－教材　Ⅳ．①TP332

中国版本图书馆 CIP 数据核字（2018）第 280507 号

责任编辑：盛东亮
封面设计：李召霞
责任校对：李建庄
责任印制：杨　艳

出版发行：清华大学出版社

网　　　址：https://www.tup.com.cn，https://www.wqxuetang.com
地　　　址：北京清华大学学研大厦 A 座　　　　　　　邮　编：100084
社 总 机：010-83470000　　　　　　　　　　　　　　邮　购：010-62786544
投稿与读者服务：010-62776969，c-service@tup.tsinghua.edu.cn
质量反馈：010-62772015，zhiliang@tup.tsinghua.edu.cn
课件下载：https://www.tup.com.cn，010-83470236

印 装 者：三河市天利华印刷装订有限公司
经　　销：全国新华书店

开　本：185mm×260mm　　印　张：18　　　　字　数：444 千字
版　次：2014 年 12 月第 1 版　2019 年 3 月第 2 版　　印　次：2024 年 8 月第 7 次印刷
定　价：59.00 元

产品编号：076176-01

前 言
PREFACE

随着物联网日益走近我们的生活,ARM 微处理器的 Cortex-M 系列以其简而美的架构,在控制、采集等众多领域占据了主流市场。

本书选取 Cortex-M3 系列的 STM32 作为主要介绍对象,主要考虑以下因素:首先,嵌入式系统的基本功能就是做控制,比如控制小车行进等;其次,Cortex-M3 也具有一定的扩展性,可以装入一个不大不小的嵌入式操作系统;最后,STM32 也是目前应用广泛的一个微处理器芯片,而其教材并不多。

此次改版增加了一些实用的例子,以便为读者直接应用提供更多背景知识。本书主要增加的内容包括 1-wire 总线、GPS 模块定位数据读取和 Profibus 工业总线控制协议。

本书重点讲述嵌入式微处理器原理,尤其讲述怎样对指令集进行编程,并且以微处理器为核心来设计连接硬件。

本书内容可分四大部分。

第 1、2 章为第一部分,主要是微处理器的概述,第 1 章介绍基础知识,第 2 章介绍体系结构。

第 3~5 章为第二部分,讲解微处理器编程,第 3 章介绍 Cortex 指令集,第 4 章介绍 Cortex-M3 的特性,第 5 章是 C 语言与汇编语言混编。

第 6~8 章为第三部分,讲解微处理外设连接和驱动编写及 STM32 带操作系统编程,以 STM32 为例,讲解了从硬件连接到软件驱动编写的设计过程。实验小车平台上的核心就是 STM32。

第 9 章为第四部分,是一个综合实例。在实验小车上实现了用 ZigBee 进行连接,接收计算机发送的遥控指令,让小车前、后、左、右行进。

本书内容新颖,立足点高。同时力求重点突出、层次清晰、语言通俗易懂、内容覆盖面广。学习本书需要有一定的 C 语言阅读能力和计算机硬件的入门知识。本书可作为高等院校本科、研究生各相关专业(如嵌入式系统、物联网、计算机、电子信息、通信)的程序设计教材,也适合于编程开发人员、广大嵌入式系统技术爱好者培训或自学使用。

根据我们的教学体会,本书的教学可以安排为 32~48 学时。如果安排的学时数较少,可以根据学生的水平适当删减本书第二部分的部分内容。

本书所提供的实验实例全部在目标硬件上调试通过。

尽管我们在写作过程中投入了大量的时间和精力,但由于水平有限,不足之处仍在所难免,敬请读者批评指正(联系邮箱:yanhairong@bjut.edu.cn)。我们会在适当时间对本书进行修订和补充。

本书第 6 章增加的案例由李达老师编写和验证试验,第 7 章增加的案例由北京慧物科联科技有限公司的杭天昊工程师提供素材。实验小车平台由北京芯博华科技有限公司提供（联系 QQ：137926515）。感谢北京工业大学信息学部的全体师生，本书的最终出版得到了许多老师和同学的帮助。感谢我的家人对我的支持。清华大学出版社为本书的编写和出版付出了辛勤劳动。在本书完成之际，一并向他们表示诚挚的感谢。

严海蓉
2019 年 1 月于
北京工业大学

目 录
CONTENTS

绪　　论

就像个人计算机(PC)有一颗"奔腾的芯"一样,微处理器是嵌入式电子设备的"心"。这个比喻虽然说出了心的重要性,但是并不是非常恰当。无论 Intel 还是 ARM,它们都该是大脑,思考着逻辑,里面运行着程序代码。

如果把嵌入式电子设备比作人体,微处理器就像是电子设备的大脑,指挥设计出电子设备的所有行动。

微处理器一般由计算单元、存储单元、总线和外部接口构成。另外,晶振和电源管理部分也是不可少的。随着集成度越来越高,有更多的东西可以放到微处理器芯片中。

从动态的角度看,晶振是微处理器工作的心脏,所传出的像脉搏一样的信号是时钟周期。

总线像神经一样连接起各个部分,并传送数据和指令。指令和数据在本质上没多大区别,之所以这样划分是为了能够说得更清楚。一般而言,指令能够让处理器产生动作;数据只是指令的后果或指令执行的一些资源。

存储单元则如大脑的记忆体,它们存放着指令或者数据。不同的是,大脑的记忆体记忆的多是过去发生过的事情,微处理器的数据存储器里存放的是某个运算的结果,而指令存储器里存放的是未来的一些安排好的动作序列,更像我们安排的计划表。

计算单元就像大脑的科学计算区域,负责一些有规则的数学的运算。这种运算是由指令安排的,并且计算操作数和结果都是存放在存储单元里的。

外部接口像传到四肢的神经接口,把微处理器的指令传到四肢,让四肢做一些工作,或者从四肢传回来一些感觉信息,让微处理器判断要做什么。

微处理器与人脑的主要不同在于微处理器里的所有指令都是事先安排好的,而人脑是可以自己学习、自己安排动作的。

电源就像我们的血液带着丰富的养分,在某些紧急情况下,为了能够更长久地存活,我们会调解身体,让血液耗氧量下降。微处理器也一样,有时需要电源管理,在没有重要工作时,可以进入休眠状态。

1.1　微处理器定义

微处理器(micro processor,缩写为 μP)是可编程化的特殊集成电路,其所有组件小型化至一块或数块集成电路内,可在其一端或多端接收编码指令,执行此指令并输出描述其状态的信号。有时,微处理器又称半导体中央处理机(CPU),是微型计算机的一个主要部件。微处理器的组件常安装在一个单片芯片上或在同一组件内,但有时分布在一些不同芯片上。在具有固定指令集的微型计算机中,微处理器由算术逻辑单元和控制逻辑单元组成。在具有微程序控制指令集的微型计算机中,它包含另外的控制存储单元。用作处理通用数据时,叫作中央处理器,这也是最为人所知的应用(如 Intel Pentium CPU);用作图像数据处理时,叫作图形处理器(graphics processing unit);用于音频数据处理时,叫作音频处理单元(audio processing unit)等。

总之,从物理性来说,它就是一块集成了数量庞大的微型晶体管与其他电子组件的半导体集成电路芯片。

之所以会称为微处理器,并不只是因为它比迷你计算机所用的处理器还要小,最主要的原因是当初各大芯片厂的工艺已经进入了 $1\mu m$ 的阶段,用 $1\mu m$ 的工艺所产制出来的处理器芯片,厂商就会在产品名称上用"微"字,以强调它们是高科技。就如同现在的许多商业广告很喜欢用"纳米"一样。

早在微处理器问世之前,电子计算机的中央处理单元就经历了从真空管到晶体管再到离散式 TTL 集成电路等几个重要阶段,甚至在电子计算机以前,还出现过以齿轮、轮轴和杠杆为基础的机械结构计算机。文艺复兴时期的著名画家兼科学家列奥纳多·达·芬奇就曾做过类似的设计,但那个时代落后的制造技术根本没有能力将这个设计付诸实现。微处理器的发明使得复杂的电路群得以制成单一的电子组件。

从 20 世纪 70 年代早期开始,微处理器性能的提升就基本上遵循着 IT 界著名的摩尔定律。这意味着在过去的 30 多年里,每 18 个月,CPU 的计算能力就会翻一番。大到巨型机,小到笔记本电脑,持续高速发展的微处理器取代了诸多其他计算形式而成为各个类别各个领域所有计算机系统的计算动力之源。

目前常常听到的微处理器是微处理机的一种变体,它包括了 CPU、一些内存以及 I/O 接口,所有都集成在一块集成电路上。微处理器的专利号为 4074351,授予了德州仪器的 Gary Boone 和 Michael J. Cochran。当时他们是以微计算机的名称申请专利的。这算不算"微处理器"尚有争议。

根据麻省理工学院出版的《现代计算史》第 200 页到 221 页,英特尔同圣安东尼奥的一家叫作计算机终端的公司(后改名为数点公司)签署了一份合同,合作设计一块用于终端的芯片。数年后决定不用这块芯片了,而采用 TTL 逻辑电路设计运行相同的指令集,英特尔随即将该芯片命名为 8008,并于 1972 年 4 月上市销售。这是世界上第一块 8 位微处理器,也是后来《无线电电子》杂志卖的著名的马克-8 计算机的主要部件。8008 及其后继产品 8080 开创了微处理器的市场。

微处理器已经无处不在,录像机、智能洗衣机、移动电话等家电产品,汽车引擎控制,以及数控机床、导弹精确制导等,都要嵌入各类不同的微处理器。微处理器不仅是微型计算机的核心部件,也是各种数字化智能设备的关键部件。国际上的超高速巨型计算机、大型计算机等高端计算系统也都采用大量的通用高性能微处理器建造。

1.2 ARM 发展历程

ARM 在 1990 年成立,最初的名字是 Advanced RISC Machines Ltd.,当时它由三家公司——苹果电脑公司、Acorn 电脑公司以及 VLSI 技术(公司)合资成立。1991 年,ARM 推出了 ARM6 处理器家族,VLSI 则是第一个制造 ARM 芯片的公司。后来,TI、NEC、Sharp、ST 等陆续都获取了 ARM 授权,使得 ARM 处理器应用在手机、硬盘控制器、PDA、家庭娱乐系统以及其他消费电子中。

不像很多其他的半导体公司,ARM 从不制造和销售具体的处理器芯片。取而代之的,ARM 把处理器的设计授权给相关的商务合作伙伴,让他们去根据自己的强项设计具体的芯片。基于 ARM 低成本和高效的处理器设计方案,得到授权的厂商生产了多种多样的处理器、微处理器以及片上系统(SoC)。这种商业模式就是所谓的"知识产权授权"。

除了设计处理器,ARM 也设计系统级 IP 和软件 IP。ARM 开发了许多配套的基础开发工具、硬件以及软件产品。使用这些工具,合作伙伴可以更加舒心地开发他们自己的产品。

ARM 十几年如一日地开发新的处理器内核和系统功能块。功能的不断进化,处理水平的持续提高,年深日久造就了一系列的 ARM 架构,如 ARM 架构 7,这里的数字表示架构。

以前,ARM 使用一种基于数字的命名法。在早期(20 世纪 90 年代),为了进一步明细该处理器支持的特性,数字后面添加字母后缀。就拿 ARM7TDMI 来说,T 代表 Thumb 指令集,D 表示支持 JTAG 调试(debugging),M 意指快速乘法器,I 则对应一个嵌入式 ICE 模块。后来,这 4 项基本功能成了任何新产品的标配,于是就不再出现这 4 个后缀——相当于默许了。但是新的后缀不断加入,包括定义存储器接口的,定义高速缓存的,以及定义"紧耦合存储器(TCM)"的,这套命名法也一直在使用。

要说明的是,架构版本号和名字中的数字并不是一码事。例如,ARM7TDMI 是基于 ARMv4T 架构的(T 表示支持"Thumb 指令"),ARM7TDMI 并不是一款 ARMv7 的产品,而是 v4T 架构的产品。

后来出的 ARM11 是基于 ARMv6 架构建成的。基于 ARMv6 架构的处理器包括 ARM1136J(F)-S、ARM1156T2(F)-S 及 ARM1176JZ(F)-S。ARMv6 是 ARM 进化史上的一个重要里程碑。从那时起,许多突破性的新技术被引进,存储器系统加入了很多崭新的特性,单指令流多数据流(SIMD)指令也是从 v6 开始首次引入的。而最前卫的新技术,就是经过优化的 Thumb-2 指令集,它专门针对低成本的微处理器及汽车组件市场。

ARMv6 的设计中还有另一个重大的决定:虽然这个架构要能上能下,从最低端的 MCU 到最高端的"应用处理器"都包含,但仍需定位准确,使处理器的架构能胜任每个应用领域。结果就是要使 ARMv6 能够灵活地配置和剪裁。对于成本敏感的市场,要设计一个低门数的架构,让其有极强的确定性,而在高端市场上,不仅要有功能丰富的架构,还要有高性能的架构,要有拿得出手的好产品。

到了架构 7 时代,ARM 改革了一度使用的、冗长的、需要"解码"的数字命名法,转到另一种看起来比较整齐的命名法。例如,ARMv7 的三个款式都以 Cortex 作为主名。这不仅更加澄清并且"精装"了所使用的 ARM 架构,也避免了新手对架构号和系列号的混淆。

ARMv7 架构的版本中,内核架构首次从单一款式变成三种款式。

(1) A(ARMv7-A):设计用于高性能的"开放应用平台"——越来越接近计算机,需要运行复杂应用程序的"应用处理器"。支持大型嵌入式操作系统(不一定实时),如 Symbian(诺基亚智能手机用)、Linux,以及微软公司的 Windows CE 和智能手机操作系统 Windows Mobile。这些应用需要强的处理性能,并且需要硬件 MMU 实现的完整而强大的虚拟内存机制,还基本上会配有 Java 支持,有时还要求一个安全程序执行环境(用于电子商务)。典型的产品包括高端手机和手持仪器、电子钱包以及金融事务处理机。

(2) R(ARMv7-R):硬实时且高性能的处理器。目标是高端实时市场,像高档轿车的组件、大型发电机控制器、机器手臂控制器等,它们使用的处理器不但要很好、很强大,还要极其可靠,对事件的反应也要极其敏捷。

(3) M(ARMv7-M):认准了旧时代微处理器的应用而量身定制。在这些应用中,尤其是对于实时控制系统,低成本、低功耗、极速中断反应以及高处理效率,都是至关重要的。

Cortex 系列是 v7 架构的第一次亮相,其中 Cortex-M3 就是按款式 M 设计的。

根据 ARM7TDMI-S 和 Cortex-M3 比较(见表 1-1)可以看出,这两种处理器在架构上不同,Cortex-M3 有更多的中断,延迟也大大减小。总的来说,各方面的性能都有大幅度的提高。

表 1-1　ARM7TDMI-S 和 Cortex-M3 比较(采用 100MHz 频率和 TSMC 0.18G 工艺)

特　性	ARM7TDMI-S	Cortex-M3
架构	ARMv4T(冯·诺依曼)	ARMv7-M(哈佛)
ISA 支持	Thumb/ARM	Thumb/Thumb-2
流水线	3 级	3 级+分支预测
中断	FIQ/IRQ	NMI+1 到 240 个物理中断
中断延迟	24~42 个时钟周期	12 个时钟周期
休眠模式	无	集成
内存保护	无	8 区域内存保护单元
Dhrystone	0.95 DMIPS/MHz(ARM 模式)	1.25DMIPS/MHz
功耗	0.28mW/MHz	0.19mW/MHz
面积	0.62mm^2(仅内核)	0.86mm^2(内核+外设)[①]

注:①不包含可选系统外设(MPU 和 ETM)或者集成的部件。

表 1-2 所示是 ARM 处理器的命名和架构之间的关系。Jazelle 是 ARM 处理器的硬件 Java 加速器。MMU 为存储器管理单元,用于实现虚拟内存和内存的分区保护,这是应用处理器与嵌入式处理器的分水岭。把 MPU 认为是 MMU 的功能子集,它只支持分区保护,不支持具有"定位决定性"的虚拟内存机制。

表 1-2 ARM 处理器的命名与架构

处理器名字	架构版本号	存储器管理特性	其他特性
ARM7TDMI	v4T		
ARM7TDMI-S	v4T		
ARM7EJ-S	v5E		DSP,Jazelle
ARM920T	v4T	MMU	
ARM922T	v4T	MMU	
ARM926EJ-S	v5E	MMU	DSP,Jazelle
ARM946E-S	v5E	MPU	DSP
ARM966E-S	v5E		DSP
ARM968E-S	v5E		DMA,DSP
ARM966HS	v5E	MPU(可选)	DSP
ARM1020E	v5E	MMU	DSP
ARM1022E	v5E	MMU	DSP
ARM1026EJ-S	v5E	MMU 或 MPU	DSP,Jazelle
ARM1136J(F)-S	v6	MMU	DSP,Jazelle
ARM1176JZ(F)-S	v6	MMU＋TrustZone	DSP,Jazelle
ARM11MPCore	v6	MMU＋多处理器缓存支持	DSP
ARM1156T2(F)-S	v6	MPU	DSP
Cortex-M3	v7-M	MPU(可选)	NVIC
Cortex-R4	v7-R	MPU	DSP
Cortex-R4F	v7-R	MPU	DSP＋浮点运算
Cortex-A8	v7-A	MMU＋TrustZone	DSP,Jazelle

1.3 ARM 体系结构与特点

从学习人脑的过程也会了解到,看微处理器是多角度的。从宏观角度看,它是一个有着丰富引脚的芯片,个头一般比较大,比较方正。再进一步看其组成结构,就是计算单元＋存储单元＋总线＋外部接口的架构。再细化些,计算单元中会有 ALU 和寄存器组。再细些,ALU 是由组合逻辑构成的,有与门有非门;寄存器是由时序电路构成的,有逻辑有时钟。再细,与门就是一个逻辑单元。

如图 1-1 所示,任何微处理器都至少由内核、存储器、总线、I/O 构成。ARM 公司的芯片特点是内核部分都是统一的,由 ARM 设计,但是其他部分各个芯片制造商可以有自己的设计。有的甚至包含一些外设在里面。

Cortex-M3 处理器内核是微处理器的中央处理单元(CPU)。完整的基于 Cortex-M3 的 MCU 还需要很多其他组件。在芯片制造商得到 Cortex-M3 处理器内核的使用授权后,它们就可以把 Cortex-M3 内核用在自己的硅片设计中,添加存储器、外设、I/O 以及其他功能块。不同厂家设计出的微处理器会有不同的配置,包括存储器容量、类型、外设等都各具特色。本书主讲处理器内核本身。如果想要了解某个具体型号的处理器,还需查阅相关厂家提供的文档。

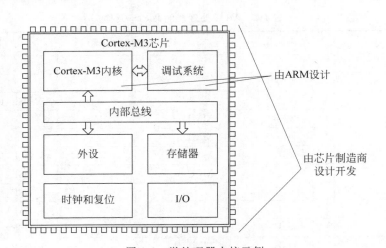

图 1-1　微处理器内核示例

　　如果把处理器内核更加详细地画出来,图 1-2 表示出了处理器内核中包含中断控制器、取指单元、指令解码器、寄存器组、算术逻辑单元(ALU)、存储器接口、跟踪接口等。如果把总线细分下去,总线可以分成指令总线和数据总线,并且这两种总线之间带有存储器保护单元。这两种总线从内核的存储器接口接到总线网络上,再与指令存储器、存储器系统和外设等连接在一起。存储器也可细分为指令存储器和其他存储器。外设可以分为私有外设和其他外设等。

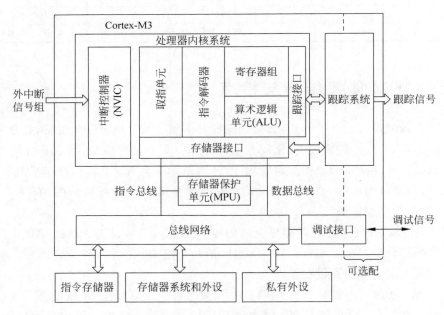

图 1-2　微处理内核进一步细化

　　如果从编程的角度来看待微处理器(见图 1-3),则看到的主要就是一些寄存器和地址。对于 CPU 来说,编程就是使用指令对这些寄存器进行设置和操作;对内存来说,编程就是对地址的内容进行操作;对总线和 I/O 等来说,主要的操作包括初始化和读写操作,这些操作都是针对不同的寄存器进行设计和操作。另外有两个部分值得一提,一个是计数器,另一个是"看门狗"。在编程里计数器是需要特别关注的,因为计数器一般会产生中断,所以对于计数器的操作除了初始化以外,还要编写相应的中断处理程序。"看门狗"是为了防止程序跑飞,可以是硬件的也可以是软件的,对于硬件"看门狗",需要设置初始状态和阈值;对于软件"看门狗",则需要用软件来实现具体功能,并通过软中断机制来产生异常,改变CPU的模式。如果是专门的数模转换接口,那么编程也是针对其寄存器进行操作,从而完成数模转换。对于串口编程,也就是对于它的寄存器进行编程,其中还会包含具体的串口协议。

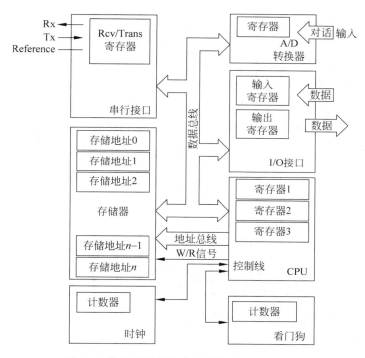

图 1-3　从编程员的角度看到的微处理器内核

那么常说的 MCU 究竟又是什么? MCU 中主要是一些寄存器和 ALU 单元、解码器等,如图 1-4 所示。

在图 1-4 所示 MCU 的组成图中,可以看出 MCU 也是由许多不同的部分组成的。分成许多部分对于提高并行也非常有好处。多级流水之所以能够被采用,也是由于 MCU 中的这种部分在执行某一个操作或者指令时并没有在同时完全被占用。每个指令其实都只使用了其中的一部分,那么自然就可以同时执行多个指令,只要规划好让这些指令在同一个时刻不同时被用就可以了。

再往深入去看,ALU 是什么? ALU 就是一些逻辑组合单元,如图 1-5 所示。

由数字逻辑的基本单元"与、或、非门"可以构成一个简单的 ALU,再加上时序电路等就构成了 ALU 和解码、寄存器等复合逻辑单元,而这些就构成了 MCU。

因此,对于微处理器,可以从不同层面来学习。本书仅从把处理器当成一个整个单元,利用它编程,连接外围设备从而完成嵌入式系统开发的角度来学习。

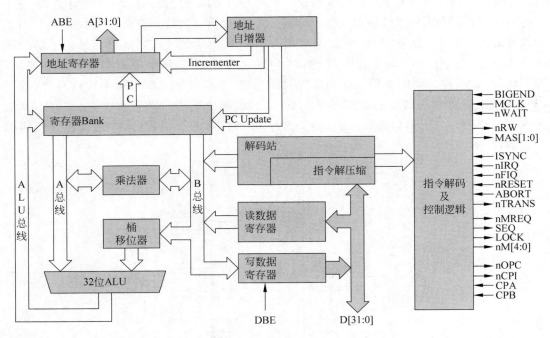

图 1-4   MCU 内部细化

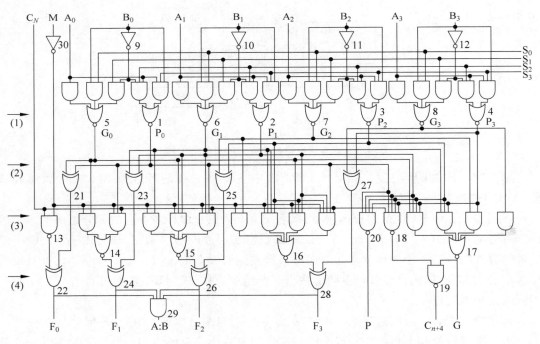

图 1-5   ALU 逻辑图

1.4　处理器选型

对于任何一个应用来说,硬件工程师主要的工作在于硬件选型。而硬件选型中主要考虑的几个指标包括封装、工业或者商用、电平、外围接口和价格成本。

选好一款处理器,要考虑的因素很多,不单单是纯粹的硬件接口,还需要考虑相关的操作系统、配套的开发工具、仿真器,以及工程师微处理器的经验和软件支持情况等。微处理器选型是否得当,将决定项目成败。

1.4.1　嵌入式微处理器选型的考虑因素

在产品开发中,作为核心芯片的微处理器,其自身的功能、性能、可靠性被寄予厚望,因为它的资源越丰富、自带功能越强大,产品开发周期就越短,项目成功率就越高。但是,任何一款微处理器都不可能尽善尽美,满足每个用户的需要,所以这就涉及选型的问题。

1. 应用领域

一个产品的功能、性能一旦定制下来,其所在的应用领域也随之确定。应用领域的确定将缩小选型的范围,例如,工业控制领域产品的工作条件通常比较苛刻,因此对芯片的工作温度通常是宽温的,这样就得选择工业级的芯片,民用级的就被排除在外。目前,比较常见的应用领域分类有航天航空、通信、计算机、工业控制、医疗系统、消费电子、汽车电子等。

2. 自带资源

经常会看到或听到这样的问题:主频是多少? 有无内置的以太网 MAC? 有多少个 I/O 口? 自带哪些接口? 支持在线仿真吗? 是否支持 OS? 能支持哪些 OS? 是否有外部存储接口? ⋯⋯以上都涉及芯片资源的问题,微处理器自带什么样的资源是选型的一个重要考虑因素。芯片自带资源越接近产品的需求,产品开发相对就越简单。

3. 可扩展资源

硬件平台要支持 OS、RAM 和 ROM,对资源的要求就比较高。芯片一般都有内置 RAM 和 ROM,但其容量一般都很小,内置 512 KB 就算很大了,但是运行 OS 一般都是兆级以上。这就要求芯片可扩展存储器。

4. 功耗

低功耗的产品既节能又节省成本,甚至可以减少环境污染,它有如此多的优点,因此低功耗也成了芯片选型时的一个重要指标。

5. 封装

常见的微处理器芯片封装主要有 QFP、BGA 两大类型。BGA 类型的封装焊接比较麻烦,但 BGA 封装的芯片体积会小很多。

6. 芯片的可延续性及技术的可继承性

目前,产品更新换代的速度很快,所以在选型时要考虑芯片的可升级性。如果是同一厂家同一内核系列的芯片,其技术可继承性就较好。应该考虑知名半导体公司,如 ARM,然后查询其相关产品,再做出判断。

7. 价格及供货保证

芯片的价格和供货也是必须考虑的因素。许多芯片目前处于试用阶段(sampling),其价格和供货就会处于不稳定状态,所以选型时尽量选择有量产的芯片。

8. 仿真器

仿真器是硬件和底层软件调试时要用到的工具,开发初期如果没有它,基本上会寸步难行。选择配套适合的仿真器,将会给开发带来许多便利。对于已经有仿真器的用户,在选型过程中要考虑它是否支持所选的芯片。

9. OS 及开发工具

作为产品开发,在选择芯片时必须考虑其对软件的支持情况,如支持什么样的 OS 等。对于已有 OS 的用户,在选择过程中要考虑所选的芯片是否支持该 OS,也可以反过来说,即这种 OS 是否支持该芯片。

10. 技术支持

现在的趋势是买服务,也就是买技术支持。一个好的公司的技术支持能力相对比较有保证,所以选芯片时最好选择知名的半导体公司。

另外,芯片的成熟度取决于用户的使用规模及使用情况。选择市面上使用较广的芯片,将会有比较多的共享资源,给开发带来许多便利。

1.4.2 嵌入式微处理器选型示例

对嵌入式微处理选型的需求包括:①适合工业控制的温度;②支持实时操作系统;③存储方面,SDRAM 大于 16 MB,Flash 大于 8 MB;④主频 60 MHz 以上;⑤接口方面,具有带 DMA 控制的 Ethernet MAC、2 个以上 RS232 串口、1 个 USB 2.0 接口、1 个 SPI 接口、CAN 总线,以及大于 30 个 GPIO 引脚(不包括数据总线、地址总线和 CPU 内置接口总线);⑥提供实时时钟或实时定时器;⑦引脚封装为 QFP;⑧价格低于 50 元。

选型需求分析如下:根据需求①,参照前述选购的考虑因素中的"应用领域",把要选的芯片定位于工业控制领域。目前市场上生产较适合作工业控制的微处理器的半导体公司有 NXP、Atmel、ST 公司(Samsung 公司的产品较适合 PDA、多媒体产品,Cirrus Logic 公司的产品较适合音频产品)。

根据需求④~⑧,参照选购的考虑因素中的"价格及供货保证",结合 NXP、ST、Atmel 公司的芯片资源介绍,把选型范围框定在 STM32 型号上。

综合需求和芯片各方面的资源,选型结论如下:①STM32 芯片价格低(最低 10 元);②STM32 下载方便(串口下载,无须用户增加任何成本);③STM32 编译器支持(KEIL 和 IAR);④STM32 资源丰富(无论 Flash、SRAM,还是外设,都做得很不错);⑤STM32 有 CAN 总线支持;⑥STM32 学习方便(有专门的库支持,有很多范例代码,有中文数据手册,有中文的权威指南);⑦STM32 后续升级有望(F101→F103→F105→F107→CM4…)。

## 第 2 章

ARM 核体系结构

ARM 核有一些基本的体系结构要求,不同厂商在这些要求之上又会增加各自的特点,形成不同的厂家 ARM 系列产品。例如,ST、飞思卡尔等都有自己的 ARM 系列,并且都起了各自的名称。ST 公司目前最流行的 Cortex-M3 的芯片系列是 STM32;飞思卡尔的 Cortex M0+芯片称为 kinntis 系列。

微处理器的主要构成体系结构是冯·诺依曼结构和哈佛体系结构。前者的数据和指令统一存放,访问时使用共同的共用总线;后者则分开存放指令和数据,取指令和取数据有单独的总线和执行部件。

由图 2-1 可以看到处理器核是由控制单元、数据通路和存储器接口部分构成。其中,控制单元主要让 PC 指针自动指向下一个位置,并把当前要执行的命令取到 IR 中放置(IR 是微体系结构概念,微体系结构就是程序员看不到,但硬件中确实存在的硬件逻辑,只有系统设计者知道其存在),然后会根据取到的指令解释后去利用 ALU、寄存器和内存完成该命令的所要求动作,并存放命令结果。

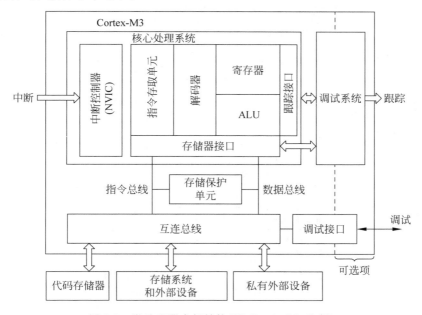

图 2-1　微处理器内部结构(以 Cortex-M3 为例)

ARM 的控制器采用硬接线的可编程逻辑阵列 PLA,其输入端有 14 根、输出端有 40 根,分散控制 Load/Store 多路、乘法器、协处理器以及地址、寄存器 ALU 和移位器。

下面介绍 MCU 工作的过程。

1. 取指令

MCU 的初始状态如图 2-2 所示。从存储器中获得下一条执行的指令读入指令寄存器 IR;然后 PC(程序计数器)总是指向下一条将要执行的指令;IR(指令寄存器)用于保持已取得指令。MCU 取指令状态如图 2-3 所示。

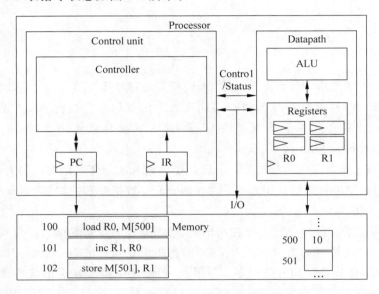

图 2-2　MCU 工作过程(1):MCU 初始状态

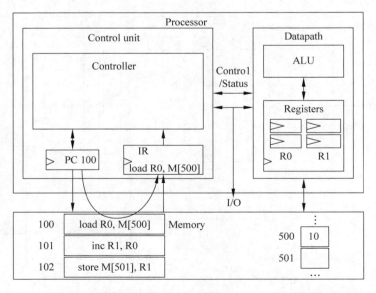

图 2-3　MCU 工作过程(2):取指令

2. 译码

对 IR 中保存的指令,由控制器进行解释指令,决定指令的执行意义,从而准备调动相关的部件去执行。MCU 译码状态如图 2-4 所示。

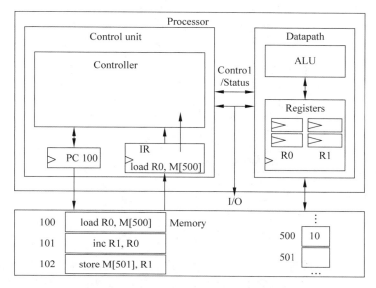

图 2-4　MCU 工作过程(3):译码

3. 执行

根据解释的结果,从存储器向数据通道寄存器移动数据,通过算术逻辑单元(ALU)进行数据操作,如图 2-5 所示。

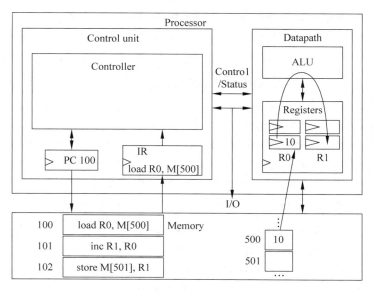

图 2-5　MCU 工作过程(4):执行

4. 存结果

把处理结果从寄存器向存储器写数据,如图 2-6 所示。

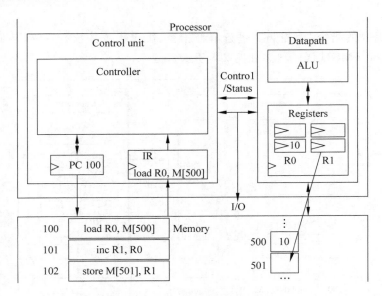

图 2-6　MCU 工作过程(5)：存结果

　　对于微处理器来说，它与程序之间有一个约定，为了使得处理器工作简单，微处理器只会简单的操作，至于这些简单操作组合在一起形成的动作意义，则由程序决定。就好像小车行驶，只需要几个简单动作，左轮电动机转、右轮电动机转，这些简单的动作如何让小车跳舞则是复杂动作组合的事。常听到的 ARM 的 RISC 指令集，就是这样一个精简的指令集。指令集是微处理器遵循的最基本功能。指令池是预先编写的指令集合。微处理器执行就是指从指令池不断地取出指令，然后根据指令去执行某种动作的过程。

　　指令池如何知道微处理器要取哪一条指令呢？实际上，每条指令分配了一个地址，这个地址就像这条指令的指针。如果地址总线是 8 位，则地址的总数就是 2^8，也就是有 256 条指令存放在指令池里。对于 ARM9 这样的 32 位处理器，它的地址总线是 32 位，具有 4GB 的地址存放空间。如果指令是 32 位的，那么就可以存放 1GB 条指令。随着虚拟地址的引入，可存放的指令数也超过了这个数目。

　　对于中断，则是微处理器的另一种执行方式。如果把睡觉比作正常的指令操作，那么中断就相当于闹钟的闹铃。每次闹铃响起，你就不得不停止睡觉，开始处理闹铃这件事，这就是中断。也许中断会改变你的正常程序，你发现到了起床时间而不得不起床；也可以处理完中断事件后继续执行正常程序，如闹铃响了，但你发现是周末，于是关了闹铃继续睡觉。中断本身并不提供任何指令给微处理器执行，而是提示微处理器切换执行某段固定的指令段。在执行完某段固定的指令段后，通常还是会返回到中断时的原点，继续执行。有些中断，微处理器可以屏蔽掉。多个中断也会有优先级问题，通常是优先级高的先获得处理。

　　微处理器一般是向指令池里面发取指令要求，然后得到指令，执行，接着取第二条。如果没有发生中断，则不断重复这个过程。微处理器处于主动状态，只有当它觉得合适了才发出取指令要求。这是因为指令的处理有长有短，只有微处理器具有这个主动权，来决定何时取新指令。中间发生的中断会打断正常指令执行，在微处理器认为这个中断合理后，就会立即停止正在执行的指令，重新启动"读取指令模块"，让它从中断处理程序那里重新取指令来执行。

　　微处理器之所以称为"处理",是因为它对数据进行"处理"。微处理对数据的理解是通过发出一个取数据的指针来实现的。如同指令池一样,微处理器也认为存在一个数据池。这个数据池里的数据也具有独一无二的地址。在 ARM 中的大量寄存器,就是用来完成数据移动的。有了大量的寄存器,RISC 的指令操作就可以分解为两个过程:一是数据池与寄存器组进行数据交换;二是寄存器组的数据取出,完成数据处理,写回寄存器组。

　　寄存器当然是越多,数据处理起来越方便,但是太多的寄存器又会增加功耗。因此,ARM 公司选择了 16 个寄存器(R0～R15)供数据处理用。

2.1　寄存器

　　对于学习 ARM 来说,其中与编程和开发最相关的是寄存器。

　　寄存器的基本单元是 D 触发器,按照其用途分为基本寄存器和移位寄存器。基本寄存器(见图 2-7)由 D 触发器组成,在 CP 脉冲作用下,每个 D 触发器能够寄存一位二进制码。在 D=0 时,寄存器储存为 0;在 D=1 时,寄存器储存为 1。

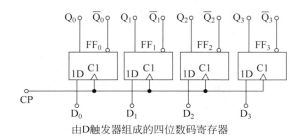

由D触发器组成的四位数码寄存器

图 2-7　基本寄存器逻辑图

　　在低电平为 0、高电平为 1 时,需将信号源与 D 间连接一个反相器,这样就可以完成对数据的储存。

　　寄存器的功能十分重要,MCU 对存储器中的数据进行处理时,往往先把数据取到内部寄存器中,而后再做处理。外部寄存器是微处理器中其他一些部件上用于暂存数据的寄存器,它与 MCU 之间通过"端口"交换数据,外部寄存器具有寄存器和内存储器双重特点。有时常把外部寄存器称为"端口",这种说法不太严格,但恰好也体现了这些寄存器的作用。

　　ARM7 的处理器的寄存器被安排成部分重叠的组,不能在任何模式下都可以使用,寄存器的使用与处理器状态和工作模式有关。

　　ARM7 处理器有 7 种工作模式,包括用户模式(USR,正常的程序执行模式)、支持高速数据传输或通道处理的快速中断模式(FIQ)、用于通用中断处理的中断模式(IRQ)、用于操作系统的保护模式的管理员模式(SVC)、用于支持虚拟内存和/或内存保护的中止模式(ABT)、用于支持操作系统的特殊用户模式(运行操作系统任务)的系统模式(SYS)和支持硬件协处理器的软件仿真的未定义模式(UND)。除了用户模式外,其他模式均可视为特权模式。

　　但这些模式会关联能使用的寄存器,表 2-1 是 ARM7 的模式和寄存器之间的关系。

表 2-1　ARM7 的模式和寄存器之间的关系

User32	Fiq32	Supervisor32	Abort32	IRQ32	Undefined32
R0	R0	R0	R0	R0	R0
R1	R1	R1	R1	R1	R1
R2	R2	R2	R2	R2	R2
R3	R3	R3	R3	R3	R3
R4	R4	R4	R4	R4	R4
R5	R5	R5	R5	R5	R5
R6	R6	R6	R6	R6	R6
R7	R7	R7	R7	R7	R7
R8	R8_fiq	R8	R8	R8	R8
R9	R9_fiq	R9	R9	R9	R9
R10	R10_fiq	R10	R10	R10	R10
R11	R11_fiq	R11	R11	R11	R11
R12	R12_fiq	R12	R12	R12	R12
R13(SP)	R13_fiq	R13_svc	R13_abt	R13_irq	R13_und
R14(LR)	R14_fiq	R14_svc	R14_abt	R14_irq	R14_und
R15(PC)	R15(PC)	R15(PC)	R15(PC)	R15(PC)	R15(PC)
CPSR	CPSR	CPSR	CPSR	CPSR	CPSR
	SPSR_fiq	SPSR_svc	SPSR_abt	SPSR_irq	SPSR_und

Cortex-M3 只有处理器(handler)和线程(thread)两种模式,寄存器相比也少一些。

如图 2-8 所示,在 Cortex-M3 运行主应用程序时(线程模式),既可以使用特权级,也可以使用用户级;但是异常服务例程必须在特权级下执行。复位后,处理器默认进入线程模式,特权级访问。在特权级下,程序可以访问所有范围的存储器(如果有 MPU,还要在 MPU 规定的禁地之外),并且可以执行所有指令。在特权级下的程序可以切换到用户级。一旦进入用户级,再想回来就得走"法律程序"了——用户级的程序不能简简单单地试图改写 CONTROL 寄存器就回到特权级,它必须先"申诉":执行一条系统调用指令(SVC)。这会触发 SVC 异常,然后由异常服务例程(通常是操作系统的一部分)接管,如果批准了进入,则异常服务例程修改 CONTROL 寄存器,才能在用户级的线程模式下重新进入特权级。

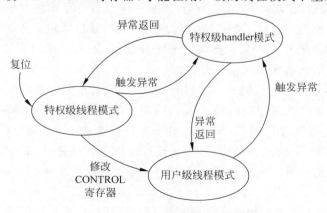

图 2-8　Cortex-M3 的模式转换图

事实上,从用户级到特权级的唯一途径就是异常:如果在程序执行过程中触发了一个异常,处理器总是先切换入特权级,并且在异常服务例程执行完毕退出时,返回先前的状态(也可以手工指定返回的状态)。

通过引入特权级和用户级,就能够在硬件水平上限制某些不受信任的或者还没有调试好的程序,不让它们随便地配置涉及要害的寄存器,因而系统的可靠性得到了提高。进一步地,如果配了 MPU,它还可以作为特权机制的补充——保护关键的存储区域不被破坏,这些区域通常是操作系统的区域。

举例来说,操作系统的内核通常都在特权级下执行,所有没有被 MPU 禁掉的存储器都可以访问。在操作系统开启一个用户程序后,通常都会让它在用户级下执行,从而使系统不会因某个程序的崩溃或恶意破坏而受损。

这些模式有些由寄存器设置,有些由系统切换。

Cortex-M3 的寄存器比较少。如图 2-9 所示,Cortex-M3 拥有通用寄存器 R0～R15 以及一些特殊功能寄存器。R0～R12 是最"通用目的"的,但是绝大多数的 16 位指令只能使用 R0～R7(低组寄存器),而 32 位的 Thumb-2 指令则可以访问所有通用寄存器。特殊功能寄存器有预定义的功能,而且必须通过专用的指令来访问。

图 2-9　Cortex-M3 常用寄存器情况

R0～R7 也称为低组寄存器,所有指令都能访问它们。它们的字长全是 32 位,复位后的初始值是不可预料的。

R8～R12 也称为高组寄存器。这是因为只有很少的 16 位 Thumb 指令能访问它们,32

位的指令则不受限制。它们也是 32 位字长,且复位后的初始值是不可预料的。

由于有两个模式,所以 R13 有两个,支持两个堆栈。当引用 R13(或写作 SP)时,引用到的是当前正在使用的那一个,另一个必须用特殊的指令来访问(MRS、MSR 指令)。这两个堆栈指针分别是:

(1) 主堆栈指针(MSP),或写作 SP_main。这是默认的堆栈指针,它由 OS 内核、异常服务例程以及所有需要特权访问的应用程序代码来使用,可应用于线程模式和处理器模式。

(2) 进程堆栈指针(PSP),或写作 SP_process。用于常规的应用程序代码(不处于异常服务例程中时),只用于线程模式。

为了避免系统堆栈因应用程序的错误使用而毁坏,可以给应用程序专门配一个堆栈,不让它共享操作系统内核的堆栈。在这个管理制度下,运行在线程模式的用户代码使用 PSP,异常服务例程则使用 MSP。这两个堆栈指针的切换是全自动的,就在出入异常服务例程时由硬件处理。

在 Cortex-M3 中,有专门的指令负责堆栈操作——PUSH 和 POP。二者的汇编语言语法如下:

```
PUSH {R0}                          ; * ( -- R13) = R0.R13 是 long * 的指针
POP {R0}                           ;R0 =  * R13++
```

PUSH 和 POP 还能一次操作多个寄存器,如下所示:

```
subroutine_1
PUSH {R0 - R7,R12,R14}             ;保存寄存器列表
…                                  ;执行处理
POP {R0 - R7,R12,R14}              ;恢复寄存器列表
BX R14                             ;返回到主调函数
```

寄存器的 PUSH 和 POP 操作永远都是 4 字节对齐的。也就是说,它们的地址必须是 0x4,0x8,0xc,…。这样,R13 的最低两位被硬线连接到 0,并且总是读出 0。

主要的寄存器有以下几个。

1. 连接寄存器 R14

R14 是连接寄存器(LR)。在一个汇编程序中,可以把它写作 LR 和 R14。LR 用于在调用子程序时存储返回地址。例如,当在使用 BL(branch and link,分支并连接)指令时,就自动填充 LR 的值。

```
main           ;主程序
…
BL function1 ;使用"分支并连接"指令呼叫 function1
; PC = function1,并且 LR = main 的下一条指令地址
…
Function1
… ;function1 的代码
BX LR          ;函数返回(如果 function1 要使用 LR,必须在使用前 PUSH,否则返回时程序就可能跑飞)
```

2. 程序计数器 R15

R15 是程序计数器,在汇编代码中也可以使用名字 PC 来访问它。因为 Cortex-M3 内

部使用了指令流水线,读 PC 时返回的值是当前指令的地址+4。例如:

```
0x1000: MOV R0,PC; R0 = 0x1004
```

如果向 PC 中写数据,就会引起一次程序的分支(但是不更新 LR 寄存器)。Cortex-M3 中的指令至少是半字对齐的,所以 PC 的 LSB 总是读回 0。然而,在分支时,无论直接写 PC 的值还是使用分支指令,都必须保证加载到 PC 的数值是奇数(即 LSB=1),用于表明这是在 Thumb 状态下执行。倘若写了 0,则视为企图转入 ARM 模式,Cortex-M3 将产生一个 fault 异常。

3. 特殊功能寄存器组

Cortex-M3 中的特殊功能寄存器包括程序状态寄存器组(PSRs 或 xPSR)、中断屏蔽寄存器组(PRIMASK、FAULTMASK、BASEPRI)、控制寄存器(CONTROL)。

它们只能被专用的 MSR 和 MRS 指令访问,而且它们也没有存储器地址。

```
MRS < gp_reg >,< special_reg >        ;读特殊功能寄存器的值到通用寄存器
MSR < special_reg >,< gp_reg >        ;写通用寄存器的值到特殊功能寄存器
```

Cortex-M3 的状态寄存器是程序在其内部又被分为三个子状态寄存器(见图 2-10):应用程序 PSR(APSR)、中断号 PSR(IPSR)、执行 PSR(EPSR)。

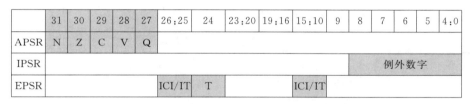

图 2-10　Cortex-M3 状态寄存器字节含义

通过 MRS/MSR 指令,这三个 PSRs 既可以单独访问,也可以组合访问(两个组合、三个组合都可以)。当使用三合一的方式访问时,应使用名字 xPSR 或者 PSR。

PRIMASK、FAULTMASK 和 BASEPRI 这三个寄存器用于控制异常的使能,见表 2-2。

表 2-2　Cortex-M3 的屏蔽寄存器

名　字	功 能 描 述
PRIMASK	只有 1 个位的寄存器。当它置 1 时,就关掉所有可屏蔽的异常,只剩下 NMI 和硬 fault 可以响应。它的默认值是 0,表示没有关中断
FAULTMASK	只有 1 个位的寄存器。当它置 1 时,只有 NMI 才能响应,所有其他的异常,包括中断和 fault,通通关闭。它的默认值也是 0,表示没有关异常
BASEPRI	这个寄存器最多有 9 位(由表达优先级的位数决定)。它定义了被屏蔽优先级的阈值。当它被设成某个值后,所有优先级号大于等于此值的中断都被关(优先级号越大,优先级越低)。但若被设成 0,则不关闭任何中断,默认值也是 0

对于时间—关键任务而言,PRIMASK 和 BASEPRI 对于暂时关闭中断是非常重要的。而 FAULTMASK 则可以被 OS 用于暂时关闭 fault 处理机能,这种处理在某个任务崩溃时

可能需要。因为在任务崩溃时,常常伴随着一大堆 faults,在系统料理"后事"时,通常不再需要响应这些 fault。总之,FAULTMASK 就是专门留给 OS 用的。

要访问 PRIMASK、FAULTMASK 以及 BASEPRI,同样要使用 MRS/MSR 指令。例如:

```
MRS R0,BASEPRI                    ;读取 BASEPRI 到 R0 中
MRS R0,FAULTMASK                  ;读取 FAULTMASK 到 R0 中
MRS R0,PRIMASK                    ;读取 PRIMASK 到 R0 中
MSR BASEPRI,R0                    ;写入 R0 到 BASEPRI 中
MSR FAULTMASK,R0                  ;写入 R0 到 FAULTMASK 中
MSR PRIMASK,R0                    ;写入 R0 到 PRIMASK 中
```

只有在特权级下,才允许访问这三个寄存器。

为了快速地开关中断,Cortex-M3 还专门设置了一条 CPS 指令,有 4 种用法:

```
CPSID I;PRIMASK = 1,             ;关中断
CPSIE I;PRIMASK = 0,             ;开中断
CPSID F;FAULTMASK = 1,           ;关异常
CPSIE F;FAULTMASK = 0            ;开异常
```

4. 控制寄存器(CONTROL)

控制寄存器用于定义特权级别,还用于选择当前使用哪个堆栈指针,见表 2-3。

表 2-3　Cortex-M3 的 CONTROL 寄存器

位	功　　能
CONTROL[1]	堆栈指针选择 0=选择主堆栈指针 MSP(复位后默认值) 1=选择进程堆栈指针 PSP 在线程或基础级(没有在响应异常),可以使用 PSP。在 handler 模式下,只允许使用 MSP,所以此时不得往该位写1
CONTROL[0]	0=特权级的线程模式 1=用户级的线程模式 handler 模式永远都是特权级的

1) CONTROL[1]

在 Cortex-M3 的 handler 模式中,CONTROL[1]总是 0。在线程模式中则可以为 0 或 1。仅当处于特权级的线程模式下,此位才可写,其他场合下禁止写此位。改变处理器的模式也有其他的方式:在异常返回时,通过修改 LR 的位 2,也能实现模式切换。

2) CONTROL[0]

仅当在特权级(见图 2-11)下操作时才允许写该位。一旦进入用户级,唯一返回特权级的途径,就是触发一个(软)中断,再由服务例程改写该位。

CONTROL 寄存器也是通过 MRS 和 MSR 指令来操作的:

```
MRS R0,CONTROL
MSR CONTROL,R0
```

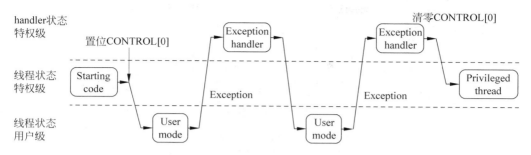

图 2-11   特权级和处理器模式的改变

在特权级下的代码可以通过置位 CONTROL[0] 来进入用户级。

2.2 ALU

ALU 是微处理器的逻辑运算单元。ARM 体系结构的 ALU 与常用的 ALU 逻辑结构基本相同,由两个操作数锁存器、加法器、逻辑功能、结果及零检测逻辑构成。ALU 的最小数据通路周期包含寄存器读时间、移位器延迟、ALU 延迟、寄存器写建立时间、双相时钟间非重叠时间等几部分。

2.3 **存储部件**

按在系统中的地位,存储器可以分为主存储器(main memory,内存或主存)和辅助存储器(auxiliary memory、secondary memory,辅存或外存)。按存储介质分类,则分为磁存储器(magnetic memory)、半导体集成电路存储器(通常称为半导体存储器)、光存储器(optical memory)、激光光盘存储器(laser optical disk)。按信息存取方式分类,则分为随机存取存储器(RAM)、只读存储器(ROM)。

嵌入式微处理器一般都有存储部件,用来存储指令和数据。但是存储器的大小根据不同的产品会有不同。做嵌入式应用的微处理器存储空间一般较小。

ARM 处理器支持以下六种数据类型:8 位有符号和无符号字节;16 位有符号和无符号半字,以 2 字节的边界对齐;32 位有符号和无符号字,以 4 字节的边界对齐。

对于字对齐的地址 A,地址空间规则要求如下:

(1) 地址位于 A 的字由地址为 A、A+1、A+2 和 A+3 的字节组成。

(2) 地址位于 A 的半字由地址为 A 和 A+1 的字节组成。

(3) 地址位于 A+2 的半字由地址为 A+2 和 A+3 的字节组成。

(4) 地址位于 A 的字由地址为 A 和 A+2 的半字组成。

ARM 存储系统可以使用小端存储或者大端存储两种方法,大端存储和小端存储格式如图 2-12 所示。

值得注意的是,同样的模式在存储器上和在数据总线上的排列在半字或者字节方式上可能是不同的,如表 2-4 和表 2-5 所示。

```
   31            24 23         16 15          8 7          0
  ┌──────────────────────────────────────────────────────────┐
  │ 字单元 A                                                    │
  ├─────────────────────────────┬────────────────────────────┤
  │ 半字单元 A                   │ 半字单元 A+2                │
  ├──────────────┬──────────────┼──────────────┬─────────────┤
  │ 字节单元 A   │ 字节单元 A+1 │ 字节单元 A+2 │ 字节单元 A+3│
  └──────────────┴──────────────┴──────────────┴─────────────┘
```

(a)大端存储模式

```
   31            24 23         16 15          8 7          0
  ┌──────────────────────────────────────────────────────────┐
  │ 字单元 A                                                    │
  ├─────────────────────────────┬────────────────────────────┤
  │ 半字单元 A+2                 │ 半字单元 A                  │
  ├──────────────┬──────────────┼──────────────┬─────────────┤
  │ 字节单元 A+3 │ 字节单元 A+2 │ 字节单元 A+1 │ 字节单元 A  │
  └──────────────┴──────────────┴──────────────┴─────────────┘
```

(b) 小端存储模式(默认)

图 2-12　大端存储模式和小端存储模式

表 2-4　Cortex-M3 字节不变大端(存储器上的数据)

地　　址	长　　度	31～24	23～16	15～8	7～0
0x1000	字	D[7:0]	D[15:8]	D[23:16]	D[31:24]
0x1000	半字	D[7:0]	D[15:8]		
0x1002	半字	D[7:0]	D[15:8]		
0x1000	字节	D[7:0]			
0x1001	字节		D[7:0]		
0x1002	字节			D[7:0]	
0x1003	字节				D[7:0]

表 2-5　Cortex-M3 字节不变大端(AHB 上的数据)

地　　址	长　　度	31～24	23～16	15～8	7～0
0x1000	字	D[7:0]	D[15:8]	D[23:16]	D[31:24]
0x1000	半字			D[7:0]	D[15:8]
0x1002	半字	D[7:0]	D[15:8]		
0x1000	字节				D[7:0]
0x1001	字节			D[7:0]	
0x1002	字节		D[7:0]		
0x1003	字节	D[7:0]			

在 Cortex-M3 中,是在复位时确定使用哪种端模式的,且运行时不得更改。指令预取永远使用小端模式。在配置控制存储空间的访问永远使用小端模式(包括 NVIC、FPB 等)。另外,地址 0xE0000000 至 0xE00FFFFF 也永远使用小端模式。REV/REVH 指令来完成端模式的转换。

有的 ARM 系统支持 MMU(存储管理单元)。MMU 主要完成的工作包括:虚拟存储空间到物理存储空间的映射,在 ARM 中采用了页式虚拟存储管理;存储器访问权限的控制;设置虚拟存储空间的缓冲的特性。

存储访问过程包括以下几个步骤。

1. 使能 MMU 时存储访问过程（见图 2-13）

当 MCU 对一个虚拟地址进行存取时先看 Cache 和 Write buffer 里是否有上次查过的地址转换，如果有，则从 Cache 里获得数据。同时 Cache 里的内容与主存储系统用更新算法进行更新。如果 Cache 里没有，则首先搜索 TLB 表以查找对应的物理地址等信息，如果没有查到，则查找 translation table（该过程称为 translation table walk（TTW））。经过 TTW 过程后，将查到的信息保存到 TLB。然后根据 TLB 表项的物理地址进行读写。MMU 可以锁定某些 TLB 表项，以提高特定地址的变换速度。

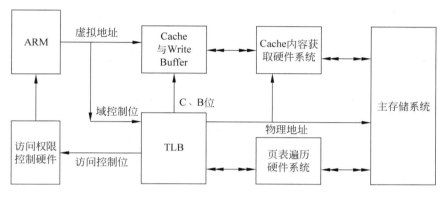

图 2-13　使能 MMU 时存储访问过程

2. 禁止 MMU 时存储访问过程

（1）确定芯片是否支持 Cache 和 Write Buffer。如果芯片规定当禁止 MMU 时禁止 Cache 和 Write Buffer，则存储访问将不考虑 C 和 B 控制位。如果芯片规定当禁止 MMU 时可以使能 Cache 和 Write Buffer，则数据访问时，C=0，B=0；指令读取时，如果使用分开的 TLB，那么 C=1，如果使用统一的 TLB，那么 C=0。

（2）存储访问不进行权限控制，MMU 也不会产生存储访问中止信号。

（3）所有的物理地址和虚拟地址相等，即使用平板存储模式。

MMU 中的地址变换过程：通过两级页表实现。

一级页表中包含以段为单位的地址变换条目以及指向二级页表的指针。一级页表实现的地址映射粒度较大。以段为单位的地址变换过程只需要一级页表。

二级页表中包含以大页和小页为单位的地址变换条目。有一种类型的二级页表还包含以极小页为单位的地址变换条目。以页为单位的地址变换过程需要二级页表。

ARM 处理器有的带有指令 Cache 和数据 Cache，但不带有片内 RAM 和片内 ROM。系统所需的 RAM 和 ROM（包括 Flash）都通过总线外接。由于系统的地址范围较大（2^{32} = 4GB），有的片内还带有存储器管理单元（memory management unit，MMU）。ARM 架构处理器还允许外接 PCMCIA。

ARM 系统使用存储器映射 I/O。I/O 口使用特定的存储器地址，当从这些地址加载（用于输入）或向这些地址存储（用于输出）时，完成 I/O 功能。加载和存储也可用于执行控制功能，代替或者附加到正常的输入或输出功能。然而，存储器映射 I/O 位置的行为通常不同于对一个正常存储器位置所期望的行为。例如，从一个正常存储器位置两次连续的加载，每次返回的值相同。而对于存储器映射 I/O 位置，第 2 次加载的返回值可以不同于第 1

次加载的返回值。

对于 Cortex-M3,预先定义的内存映射指定了在访问存储位置时使用哪个总线接口。Bit-band 提供了对内存或外设字数据的原子操作,提供了非对齐传输和专用通道。Cortex-M3 的地址空间是 4GB(见图 2-14),程序可以在代码区、内部 SRAM 区以及外部 RAM 区中执行。但是因为指令总线与数据总线是分开的,最理想的是把程序放到代码区,从而使取指和数据访问各自使用自己的总线,并行不悖。

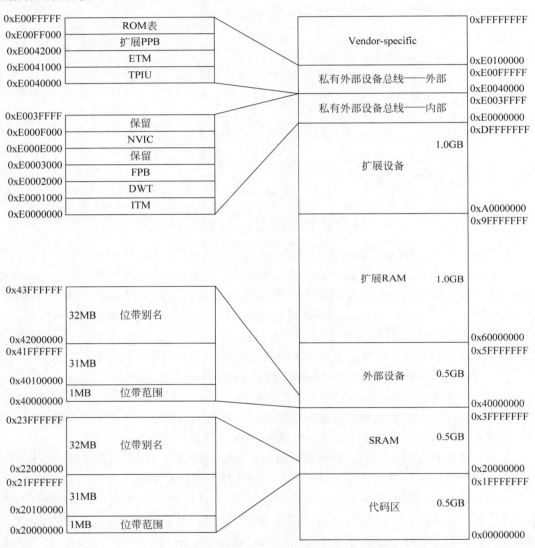

图 2-14   Cortex-M3 的地址空间分配

内部 SRAM 区的大小是 512MB,用于让芯片制造商连接片上的 SRAM,这个区通过系统总线来访问。在这个区的下部,有一个 1MB 的位带区,该位带区还有一个对应的 32MB 的“位带别名(alias)区”,容纳了 8M 个“位变量”(对比 8051 的只有 128 个位)。位带区对应的是最低的 1MB 地址范围,而位带别名区里面的每个字对应位带区的一个比特。位带操作只适用于数据访问,不适用于取指。通过位带的功能,可以把多个布尔型数据打包在单一的字中,却依然可以从位带别名区中,像访问普通内存一样使用它们。位带别名区中的访问操作消灭了传统的"读-改-写"三个步骤。位带操作的细节后面还要讲到。

地址空间的另一个 512MB 范围由片上外设(的寄存器)使用。这个区中也有一条32MB 的位带别名,以便于快捷地访问外设寄存器。例如,可以方便地访问各种控制位和状态位。要注意的是,外设内不允许执行指令。

还有两个 1GB 的范围,分别用于连接外部 RAM 和外部设备,它们之中没有位带。两者的区别在于外部 RAM 区允许执行指令,而外部设备区不允许。

最后还剩下 0.5GB 的隐秘地带,Cortex-M3 内核就在这里面,包括系统级组件、内部私有外设总线、外部私有外设总线,以及由提供者定义的系统外设。

NVIC 所处的区域叫作"系统控制空间(SCS)",在 SCS 里还有 SysTick、MPU 以及代码调试控制所用的寄存器,如图 2-15 所示。

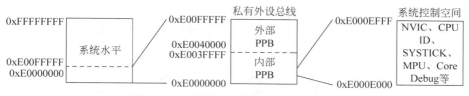

图 2-15　系统控制空间与私有外设总线

最后,未用的提供商指定区也通过系统总线来访问,但是不允许在其中执行指令。Cortex-M3 中的 MPU 是选配的,由芯片制造商决定是否配上。

上述的存储器映射只是个粗线条的模板,半导体厂家会提供更展开的图示,来表明芯片中片上外设的具体分布、RAM 与 ROM 的容量和位置信息。

Cortex-M3 有一个默认的存储访问许可(见表 2-6),它能防止用户代码访问系统控制存储空间,保护 NPU(网络处理器)、MPU 等关键部件。默认访问许可在没有 MPU 或者MPU 未使能时生效。

表 2-6　存储器的默认访问许可

存储器区域	地 址 范 围	用户级许可权限
代码区	0000_0000～1FFF_FFFF	无限制
片内 SRAM	2000_0000～3FFF_FFFF	无限制
片上外设	4000_0000～5FFF_FFFF	无限制
外部 RAM	6000_0000～9FFF_FFFF	无限制
外部外设	A000_0000～DFFF_FFFF	无限制
ITM	E000_0000～E000_0FFF	可以读。对于写操作,除了用户级下允许时的 stimulus 端口外,全部忽略
DWT	E000_1000～E000_1FFF	阻止访问,访问会引发一个总线 fault
FPB	E000_2000～E000_3FFF	阻止访问,访问会引发一个总线 fault
NVIC	E000_E000～E000_EFFF	阻止访问,访问会引发一个总线 fault。但有个例外:软件触发中断寄存器可以被编程为允许用户级访问
内部 PPB	E000_F000～E003_FFFF	阻止访问,访问会引发一个总线 fault
TPIU	E004_0000～E004_0FFF	阻止访问,访问会引发一个总线 fault
ETM	E004_1000～E004_1FFF	阻止访问,访问会引发一个总线 fault
外部 PPB	E004_2000～E004_2FFF	阻止访问,访问会引发一个总线 fault
ROM 表	E00F_F000～E00F_FFFF	阻止访问,访问会引发一个总线 fault
供应商指定	E010_0000～FFFF_FFFF	无限制

2.4 中断控制

Cortex-M3 支持大量异常,包括 11 个系统异常和最多 240 个外部中断(IRQ)。具体使用了这 240 个中断源中的多少个,则由芯片制造商决定。由外设产生的中断信号,除了 SysTick 的之外,全都连接到 NVIC 的中断输入信号线。典型情况下,处理器一般支持 16～32 个中断,当然也有在此之外的。

作为中断功能的强化,NVIC 还有一条 NMI 输入信号线。NMI 究竟被拿去做什么,还要视处理器的设计而定。在多数情况下,NMI 会被连接到一个看门狗定时器,有时也会是电压监视功能块,以便在电压掉至危险级别后警告处理器。NMI 可以在任何时间被激活,甚至在处理器刚刚复位之后。

表 2-7 列出了 Cortex-M3 可以支持的所有异常。有一定数量的系统异常是用于 fault 处理的,它们可以由多种错误条件引发。NVIC 还提供了一些 fault 状态寄存器,以便于 fault 服务例程找出导致异常的具体原因。

表 2-7 Cortex-M3 的异常向量

异 常 类 型	表项地址偏移量	异 常 向 量
0	0x00	MSP 的初始值
1	0x04	复位
2	0x08	NMI
3	0x0C	硬 fault
4	0x10	存储管理 fault
5	0x14	总线 fault
6	0x18	用法 fault
7～10	0x1c～0x28	保留
11	0x2c	SVC
12	0x30	调试监视器
13	0x34	保留
14	0x38	PendSV
15	0x3c	SysTick
16	0x40	IRQ#0
17	0x44	IRQ#1
18～255	0x48～0x3FF	IRQ#2～#239

当一个发生的异常被 Cortex-M3 内核接受,对应的异常 handler 就会执行。为了决定 handler 的入口地址,Cortex-M3 使用了"向量表查表机制"。向量表其实是一个 WORD (32 位整数)数组,每个下标对应一种异常,该下标元素的值则是该异常 handler 的入口地址。向量表的存储位置是可以设置的,通过 NVIC 中的一个重定位寄存器来指出向量表的地址。在复位后,该寄存器的值为 0。因此,在地址 0 处必须包含一张向量表,用于初始时的异常分配。

2.5　总线

内部总线分为 I-code 总线、D-code 总线和系统总线。

I-code 是基于 AHB-lite 总线协议的 32 位总线,是取指令的专用通道,只能发起读操作,写操作被禁止。每次取一个长字(32 位),可能为一个或两个 thumb 指令,也可以是一个完整的或部分的 ARM 和 Thumb2 指令。在内核里设置了 3 个字长的预取指令缓冲区,可以用来缓存从 I-code 上得来的指令,或做 Thumb2 指令拼接用。访问空间一般为 0x00000000～0x1FFFFFFF(512MB)。

D-Code 总线也是基于 AHB-lite 总线协议的 32 位总线,是取数据的专用通道。既可以用于内核数据访问,也可以用于调试数据访问,当然内核数据比调试数据具有更高的权限,可读可写。数据访问可以发起单个访问,也可以发起顺序访问。非对齐的访问会被总线分为几个对齐的访问。访问空间一般为 0x00000000～0x1FFFFFFF(512MB)。

系统总线(system bus)是内核访问数据、指令,以及调试模块的接口。访问级别以数据访问最高,其次是指令和中断向量,最低的是调试模块接口。采用 Bit-band 的映射区会自动转换成对应的位访问。同 D-code 一样,所有非对齐的访问会被分为对齐的访问。访问空间为 0x20000000～0xDFFFFFFF 和 0xE0100000～0xFFFFFFFF。

PPB 总线是私有外设总线,是基于 APB 的 32 位总线,挂接了系统内的调试模块、ROM 表等。芯片商可以挂接自己的自有模块。一般访问地址为 0xE0040000～0xE00FFFFF。DAP 总线是调试访问端口模块,用于 SW-DP 和 SWJ-DP 调试口来访问内部资源。DAP 和 PPB 一般不提供给用户访问。

ARM 处理器内核可以通过先进的微控制器总线架构(advanced microcontroller bus architecture,AMBA)来扩展不同体系架构的宏单元及 I/O 部件。AMBA 已成为事实上的片上总线(on chip bus,OCB)标准。一个基于 AMBA 的典型系统如图 2-16 所示。

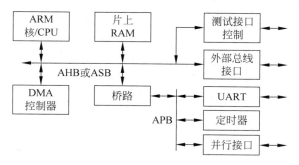

图 2-16　一个基于 AMBA 的典型系统

(1) AMBA 有 AHB(advanced high-performance bus,先进高性能总线)、ASB(advanced system bus,先进系统总线)和 APB(advanced peripheral Bus,先进外围总线)三类总线。

(2) ASB 是目前 ARM 常用的系统总线,用来连接高性能系统模块,支持突发(burst)方式数据传送。

(3) AHB 不但支持突发方式的数据传送,还支持分离式总线事务处理,以进一步提高总线的利用效率。特别在高性能的 ARM 架构系统中,AHB 有逐步取代 ASB 的趋势,如在 ARM1020E 处理器核中。

(4) APB 为外围宏单元提供了简单的接口,也可以把 APB 看作 ASB 的余部。

(5) AMBA 通过测试接口控制器(test interface controller,TIC)提供了模块测试的途径,允许外部测试者作为 ASB 总线的主设备来分别测试 AMBA 上的各个模块。

(6) AMBA 中的宏单元也可以通过 JTAG 方式进行测试。虽然 AMBA 的测试方式通用性稍差些,但其通过并行口的测试比 JTAG 的测试代价也要低些。

2.6 外围接口 I/O

ARM 处理器内核一般都没有 I/O 的部件和模块,ARM 处理器中的 I/O 可通过 AMBA 总线来扩充。

ARM 采用了存储器映像 I/O 的方式,即把 I/O 端口地址作为特殊的存储器地址。一般的 I/O,如串行接口,它有若干个寄存器,包括发送数据寄存器(只写)、数据接收寄存器(只读)、控制寄存器、状态寄存器(只读)和中断允许寄存器等。这些寄存器都需相应的 I/O 端口地址。应注意的是,存储器的单元可以重复读多次,其读出的值是一致的;而 I/O 设备的连续两次输入,其输入值可能不同。

在许多 ARM 体系结构中,I/O 单元对于用户是不可访问的,只可以通过系统管理调用或通过 C 的库函数来访问。

ARM 架构的处理器一般都没有 DMA(直接存储器存取)部件,只有一些高档的 ARM 架构处理器才具有 DMA 的功能。

为了能提高 I/O 的处理能力,对于一些要求 I/O 处理速率比较高的事件,系统安排了快速中断(fast interrupt request,FIQ),而对其余的 I/O 源仍安排一般中断 IRQ。

为提高中断响应的速度,在设计中可以采用以下办法:

(1) 提供大量后备寄存器,在中断响应及返回时,作为保护现场和恢复现场的上下文切换(context switching)之用。

(2) 采用片内 RAM 的结构,这样可以加速异常处理(包括中断)的进入时间。

(3) 快存 Cache 和地址变换后备缓冲器(translation lookaside buffer,TLB)采用锁住(locked down)方式以确保临界代码段不受"不命中"的影响。

2.7 流水线

ARM 的三级流水线示例如图 2-17 所示。每条指令都有取指、解码和执行三个阶段,假设每个阶段都要一个单位时间来操作,那么在 5 个时间单位长度内,并行操作了三条完整的指令,与串行相比大大缩短了平均单条指令的操作时间。

ARM 的流水线设计问题需要考虑以下公式:

$$T_{\text{prog}} = \frac{N_{\text{inst}} \times \text{CPI}}{f_{\text{clk}}}$$

(1) 缩短程序执行时间。首先需要提高时钟频率 f_{clk},其次减少每条指令的平均时钟周

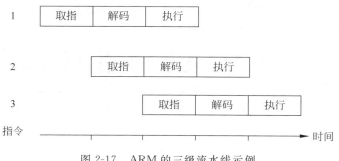

图 2-17 ARM 的三级流水线示例

期数 CPI。

（2）解决流水线相关,包括结构相关、数据相关和控制相关。

通过重复设置多套指令执行部件,同时处理并完成多条指令,实现并行操作,来达到提高处理速度的目的,就是超标量执行。所有 ARM 内核,包括流行的 ARM7、ARM9 和 ARM11 等,都是单周期指令机。ARM 公司下一代处理器将是每周期能处理多重指令的超标量机。但是超标量处理器在执行的过程中必须动态地检查指令相关性,如果代码中有分支指令,则必须将分支被执行和分支不被执行这两种情况分开考虑,预测计算执行时间几乎是不可能的。

2.8 ARM 协处理器接口

为了便于片上系统(SoC)的设计,ARM 可以通过协处理器(CP)来支持一个通用指令集的扩充,通过增加协处理器来增加系统的功能。

在逻辑上,ARM7 可以扩展 16 个(CP15～CP0)协处理器。其中,CP15 作为系统控制,CP14 作为调试控制器,CP7～CP4 作为用户控制器,CP13～CP8 和 CP3～CP0 保留。每个协处理器可有 16 个寄存器。例如,MMU 和保护单元的系统控制都采用 CP15 协处理器;JTAG 调试中的协处理器为 CP14,即调试通信通道(debug communication channel,DCC)。

ARM 处理器内核与协处理器接口有以下 4 类:

（1）时钟和时钟控制信号,包括 MCLK、nWAIT、nRESET。

（2）流水线跟随信号,包括 nMREQ、SEQ、nTRANS、nOPC、TBIT。

（3）应答信号,包括 nCPI、CPA、CPB。

（4）数据信号,包括 D[31:0]、DIN[31:0]、DOUT[31:0]。

协处理器也采用流水线结构,为了保证与 ARM 处理器内核中的流水线同步,在每一个协处理器内需有一个流水线跟随器(pipeline follower),用来跟踪 ARM 处理器内核流水线中的指令。由于 ARM 的 Thumb 指令集无协处理器指令,协处理器还必须监视 TBIT 信号的状态,以确保不把 Thumb 指令误解为 ARM 指令。

协处理器也采用 Load/Store 结构,用指令来执行寄存器的内部操作,从存储器取数据至寄存器或把寄存器中的数据保存至存储器中,以及实现与 ARM 处理器内核中寄存器之间的数据传送。而这些指令都由协处理器指令来实现。

第 3 章

ARM 指令集

一个汇编程序是由图 3-1 所示几部分构成,以";"开始的程序是说明部分,一般包括文件名、功能介绍等。以 AREA 开始,以 END 结尾的代码声明段,指出是程序还是数据,若是程序,则说明是 ARM 指令还是 Thumb 指令;若是数据,则说明存放的方式是字还是半字,如何访问等。程序段一般分三栏书写,最左侧是标号,中间是指令码,最右边是指令的操作数。

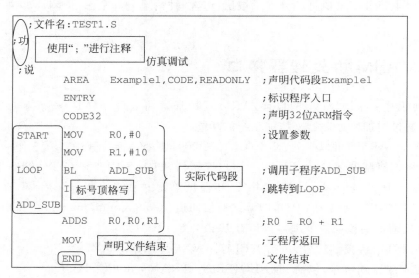

图 3-1   汇编指令代码示例

指令是微处理器能理解的最小执行动作方式,每条指令都会变成二进制的机器代码,控制具体的物理单元来执行。如 ADD R0,R0,R1,将变成二进制、并读入控制寄存器 R0、R1 的数作为 ALU 加法单元的计算输入,并且加法结果的输出存储进 R0。

另外还有一种叫伪指令,伪指令可以说是一些基本指令集的组合,由编译器来自动改变成具体的指令。

根据具体的功能,ARM Cortex-M3 指令可分为数据传送指令、数据处理指令、子程序调用和跳转指令、饱和运算指令、隔离指令、其他指令等。

3.1 指令简介

ARM 是三地址指令格式,指令的基本格式如下:

< opcode > {< cond >} {S} < Rd >,< Rn >{,< operand2 >}

其中,<>号内的项是必须的,{}号内的项是可选的。各项的说明如下:

(1)opcode:指令助记符。

(2)cond:执行条件。

(3)S:是否影响 CPSR 寄存器的值。

(4)Rd:目标寄存器。

(5)Rn:第 1 个操作数的寄存器。

(6)operand2:第 2 个操作数。

例如:

指令语法	目标寄存器(Rd)	源寄存器 1(Rn)	源寄存器 2(Rm)
ADD R3,R1,R2	R3	R1	R2

图 3-2 所示是 ARM 指令被转变成 32 位二进制时的对应关系简单示意图。指令是按照大类做二进制映射的。第一行表示的是数据处理指令,这类指令的区分特征就是 27~26 位是 00,它的操作码在 21~24 位,目标存储寄存器对应用 16~19 位表示,第 1 个操作数寄存器用 12~15 位表示,第 2 个操作数由 0~11 位表示。有了这张表,所有的微处理器汇编指令和二进制代码就可以一一对应。为此,常可以看到的反汇编软件就是利用这个表来进行反汇编(从二进制执行文件到汇编)的。

例如:

ADDS < Rd >, < Rn >, # < imm3 >
ADD < c >, < Rd >, < Rn >, # < imm3 >

15	14	13	12	11	10	9	8	7	6	5	4	3	2	1	0
0	0	0	1	1	1	0	imm3			Rn			Rd		

ADD{S}< c >.W < Rd >, < Rn >, # < const >

15	14	13	12	11	10	9	8	7	6	5	4	3	2	1	0	15	14	13	12	11	10	9	8	7	6	5	4	3	2	1	0
1	1	1	1	0	i	0	1	0	0	0	S	Rn				0	imm3			Rd				imm8							

(1).N 表明此指令为 16 位指令。

(2).W 表面此指令为 32 位指令。

(3)如果没有,则根据指令的 15~11 位自动选择。

31~28 位对应的条件码如表 3-1 所示。

15 14	13 12 11	10 9 8 7 6 5 4 3 2 1 0
	opcode	

opcode	Instruction or instruction class
00xxxx	*Shift(immediate),add,subtract,move,and compare*
010000	*Data processing*
010001	*Special data instructions and branch and exchange*
01001x	Load from Literal Pool,see *LDR(literal)*
0101xx	*Load/store single data item*
011xxx	
100xxx	
10100x	Generate PC-relative address,see *ADR*
10101x	Generate SP-relative address,see *ADD(SP plus immediate)*
1011xx	*Miscellaneous 16-bit instructions*
11000x	Store multiple registers,see *STM/STMIA/STMEA*
11001x	Load multiple registers,see *LDM/LDMIA/LDMFD*
1101xx	*Conditional branch , and supervisor call*
11100x	Unconditional Branch，see *B*

(a) 16 位 Thumb 指令二进制编码映射图

15 14 13	12 11	10 9 8 7 6 5 4 3 2 1 0		15 14 13 12 11	10 9 8 7 6 5 4 3 2 1 0
1 1 1	op1	op2		op	

op1	op2	op	Instruction class
01	00xx0xx	x	*Load/store multiple*
01	00xx 1xx	x	*Load/store dual or exclusive,table branch*
01	01xx xxx	x	*Data processing(shifted register)*
01	1xxx xxx	x	*Coprocessor instructions*
10	x0xx xxx	0	*Data processing(modified immediate)*
10	x1xx xxx	0	*Data processing(plain binary immediate)*
10	xxxx xxx	1	*Branches and miscellaneous control*
11	000x xx0	x	*Store single data item*
11	00xx 001	x	*Load byte*
11	00xx 011	x	*Load halfword*
11	00xx 101	x	*Load word*
11	00xx 111	x	UNDEFINED
11	010x xxx	x	*Data processing(register)*
11	0110 xxx	x	*Multiply,and multiply accumulate*
11	0111 xxx	x	*Long multiply,long multiply accumulate,and divide*
11	1xxx xxx	x	*Coprocessor instructions*

(b) 32 位 Thumb 指令二进制编码映射图

图 3-2　ARM 指令二进制编码映射图

表 3-1　条件码、助记符与对应标志寄存器标志速查表

条 件 码	条件助记符	标　　志	含　　义
0000	EQ	Z＝1	相等
0001	NE	Z＝0	不相等
0010	CS/HS	C＝1	无符号数大于或等于
0011	CC/LO	C＝0	无符号数小于
0100	MI	N＝1	负数
0101	PL	N＝0	正数或零
0110	VS	V＝1	溢出
0111	VC	V＝0	没有溢出
1000	HI	C＝1,Z＝0	无符号数大于
1001	LS	C＝0,Z＝1	无符号数小于或等于
1010	GE	N＝V	有符号数大于或等于
1011	LT	N!＝V	有符号数小于
1100	GT	Z＝0,N＝V	有符号数大于
1101	LE	Z＝1,N!＝V	有符号数小于或等于
1110	AL	任何	无条件执行(指令默认条件)
1111	NV	任何	从不执行(不要使用)

在 ARM 处理器中,指令可以带有后缀,如表 3-2 所示。

表 3-2　指令后缀与含义

后　缀　名	含　　义
S	要求更新 APSR 中的标志 s,例如: ADDS　R0,R1　;根据加法的结果更新 APSR 中的标志
EQ、NE、LT、GT 等	有条件地执行指令。EQ＝Euqal,NE＝Not Equal,LT＝Less Than,GT＝Greater Than。还有若干个其他的条件。例如: BEQ　<Label>　;仅当 EQ 满足时转移

在 Cortex-M3 中,对条件后缀的使用有限制,只有转移指令(B 指令)才可随意使用。而对于其他指令,Cortex-M3 引入了 IF-THEN 指令块,在这个块中才可以加后缀,且必须加后缀。IF-THEN 块由 IT 指令定义。

为了最有力地支持 Thumb-2,引入了"统一汇编语言(UAL)"语法机制。对于 16 位指令和 32 位指令均能实现的一些操作(常见于数据处理操作),有时虽然指令的实际操作数不同,或者对立即数的长度有不同的限制,但是汇编器允许开发者以相同的语法格式书写,并且由汇编器来决定是使用 16 位指令,还是使用 32 位指令。以前,Thumb 的语法和 ARM 的语法不同,在有了 UAL 之后,两者的书写格式就统一了。

```
ADD R0,R1              ;使用传统的 Thumb 语法
ADD R0,R0,R1           ;UAL 语法允许的等值写法(R0 = R0 + R1)
```

虽然引入了 UAL,但是仍然允许使用传统的 Thumb 语法。不过有一项必须注意:如果使用传统的 Thumb 语法,有些指令会默认地更新 APSR,即使没有加上 S 后缀。如果使

用 UAL 语法,则必须指定 S 后缀才会更新。例如:

```
AND R0,R1              ;传统的 Thumb 语法
ANDS R0,R0,R1          ;等值的 UAL 语法(必须有 S 后缀)
```

在 Thumb-2 指令集中,有些操作既可以由 16 位指令完成,也可以由 32 位指令完成。

例如,R0＝R0＋1 这样的操作,16 位的与 32 位的指令都提供了助记符为 ADD 的指令。在 UAL 下,可以让汇编器决定用哪个,也可以手工指定是用 16 位的还是用 32 位的:

```
ADDS R0, #1            ;汇编器将为了节省空间而使用 16 位指令
ADDS.N R0, #1          ;指定使用 16 位指令(N = Narrow)
ADDS.W R0, #1          ;指定使用 32 位指令(W = Wide)
```

.W(Wide)后缀指定 32 位指令。如果没有给出后缀,则汇编器会先试着用 16 位指令以缩小代码体积,如果不行,则再使用 32 位指令。因此,使用".N"其实是多此一举,不过汇编器可能仍然允许这样的语法。

绝大多数 16 位指令只能访问 R0～R7;32 位 Thumb-2 指令则无任何限制。不过,把 R15(PC)作为目的寄存器却很容易出现问题。

3.2 ARM 寻址方式

为了学习 ARM 的指令集,先学习操作数的寻址方式。

3.2.1 数据处理指令的操作数的寻址方式

数据处理指令的操作数包括以下三种寻址方式:立即数方式、寄存器方式、寄存器移位方式。

(1)立即数被表示为♯immed_8,即常数表达式。要说明的是,由于 ARM 的指令长度问题,最初设计这个常数时,是用一个 8 位的常数通过循环右移偶数位得到。移位表示式为 $<immediate>=immed\_8$ 循环右移 $(2*rotate\_imm)$。但是可以想到,由于同一个数可能有多种取基和循环右移的方式,为此特别设定以下规则:

当立即数数值在 0 和 0xFF 范围时,令 $immed\_8=<immediate>$,$rotate\_imm=0$,其他情况下,汇编编译器选择使 $rotate\_imm$ 数值最小的编码方式。

从上述表达上可以看出,当大于 0xFF 时,不是所有自然数都是能表达成立即数的。不过也没有什么关系,因为在物理存储上,快速寻址和片内一般寻址偏移量不会超过 0xFF。

(2)Rm——寄存器方式。在寄存器方式下,操作数即为寄存器的数值。

例如:

```
SUB R1,R1,R2           ;影响循环器进位值
```

(3)Rm,shift——寄存器移位方式。将寄存器的移位结果作为操作数(移位操作不消耗额外的时间),但 Rm 值保持不变。移位方法如表 3-3 所示。

表 3-3 移位指令与说明

操 作 码	说 明	操 作 码	说 明
ASR #n	算术右移 n 位	ROR #n	循环右移 n 位
SL #n	逻辑左移 n 位	RRX	带扩展的循环右移 1 位
SR #n	逻辑右移 n 位	Type Rs	Type 为移位的一种类型,Rs 为偏移量寄存器,低 8 位有效

从图 3-3 中可以看出,只有第 2 个操作数配了移位器,可以进行移位操作。

立即寻址指令中的操作码字段后面的地址码部分即是操作数本身,也就是说,数据就包含在指令中,取出指令也就取出了可以立即使用的操作数(这样的数称为立即数)。

立即寻址指令举例如下:

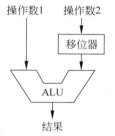

图 3-3 移位操作示意图

```
SUBS R0,R0,#1          ;R0 减 1,结果放入 R0,并且影响标志位
MOV R0,#0xFF000        ;将立即数 0xFF000 装入 R0 寄存器
```

寄存器寻址操作数的值在寄存器中,指令中的地址码字段指出的是寄存器编号,指令执行时直接取出寄存器值来操作。

寄存器寻址指令举例如下:

```
MOV R1,R2             ;将 R2 的值存入 R1
SUB R0,R1,R2          ;将 R1 的值减去 R2 的值,结果保存到 R0
```

寄存器移位寻址是 ARM 指令集特有的寻址方式。当第 2 个操作数是寄存器移位方式时,第 2 个寄存器操作数在与第 1 个操作数结合之前,选择进行移位操作。

寄存器移位寻址指令举例如下:

```
MOV R0,R2,LSL #3        ;R2 的值左移 3 位,结果放入 R0,即 R0 = R2 × 8
ANDS R1,R1,R2,LSL R3    ;R2 的值左移 R3 位,然后和 R1 相"与"操作,结果放入 R1
```

3.2.2 字及无符号字节的 Load/Store 指令的寻址方式

LDR 语法:

LDR {<cond>}{B}{T}<Rd>,<address_mode>

说明:address_mode 表示第 2 个操作数的内存地址。

address_mode 主要有以下方式:

(1) [<Rn>,#+/−<offset_12>] 立即数偏移寻址。

(2) [<Rn>,+/−<Rm>] 寄存器偏移寻址。

(3) [<Rn>,+/−<Rm>,<shift>#<shift_imm>] 带移位的寄存器偏移寻址。

(4) [<Rn>,♯＋/−<offset_12>]! 立即数前索引寻址。

(5) [<Rn>,＋/−<Rm>]! 寄存器前索引寻址。

(6) [<Rn>,＋/−<Rm>,<shift>♯<shift_imm>]!。

(7) [<Rn>],♯＋/−<offset_12>立即数后索引寻址。

(8) [<Rn>],＋/−<Rm>。

(9) [<Rn>],＋/−<Rm>,<shift>♯<shift_imm>。

[ ]表示取地址,! 表示要回写。

如[R2],把 R2 中的值当成内存地址,找到所对应的存储单元,取其值。如果[ ]中用","分隔有其他部分,则各部分相加。例如,[R1,♯0x02]就是先把 R1 的值和 0x02 相加,然后当成内存地址,去找该单元的值。如果[R1,♯0x02]!,那么 R1 的值会改变,这种方式也称前索引。[ ]的位置不同会有不同的结果,例如,[R1],♯0x02 则是把 R1 所指向的内存单元值取出后,让 R1 加上 0x02。因此,将这种方式称为后索引。

寄存器间接寻址指令中的地址码给出的是一个通用寄存器的编号,所需的操作数保存在寄存器指定地址的存储单元中,即寄存器为操作数的地址指针。

寄存器间接寻址指令举例如下:

```
LDR R1,[R2]                    ;将 R2 指向的存储单元的数据读出,保存在 R1 中
SWP R1,R1,[R2]                 ;将寄存器 R1 的值和 R2 指定的存储单元的内容交换
```

基址变址寻址就是将基址寄存器的内容与指令中给出的偏移量相加,形成操作数的有效地址。

基址变址寻址指令举例如下:

```
LDR R2,[R3,♯0x0C]             ;读取 R3 + 0x0C 地址上的存储单元的内容,放入 R2
STR R1,[R0,♯-4]!             ;先 R0 = R0-4,然后把 R1 的值保存到 R0 指定的存储单元
```

3.2.3 杂类 Load/Store 指令的寻址方式

语法格式:

LDR|STR{<cond>} H|SH|SB|D <Rd>,<addressing_mode>

特点:操作数为半字、带符号字节、双字等 6 种格式。

```
[<Rn>,♯ + / -<offset_8>]
[<Rn>, + / - Rm]
[<Rn>,♯ + / -<offset_8>]!
[<Rn>, + / - Rm]!
[<Rn>],♯ + / -<offset_8>
[<Rn>], + / - Rm
```

基本和上面的类似,只要注意"!"和"[ ]"的位置就可以掌握其地址变化和取值。

3.2.4　批量 Load/Store 指令的寻址方式

一般语法格式：

DM|STM{<cond>}<addressing_mode><Rn>{!},<registers>{^}

addressing_mode 有以下 4 种方式：

(1) IA(increment after)事后递增方式。

(2) IB(increment before)事先递增方式。

(3) DA(decrement after)事后递减方式。

(4) DB (decrement before)事先递减方式。

所谓的事前、事后与前面的"!"和"[]"配合起来是相似的，只是这些指令中针对一次取多个地址上的值，因此使用这样的字母组合来简化和统一标识。事前指先变化再取值；事后指先取值再变化地址。

编译成二进制时该指令的编码格式如下：

Cond	1	0	0	P	U	S	W	L	Rn	Register list

(1) U 表示地址变化的方向。

(2) P 表示基址寄存器 Rn 所指内存单元是否包含在指令使用的内存块内。P=0,不包含,U=1 指令所使用内存块下面一个内存单元；P=1,包含,U=0,指令所使用内存块最上面一个内存单元。

(3) S 不同指令有不同含义。

(4) W 表示指令执行后,Rn 是否更新,W=1,基址寄存器加上(U=1)减去(U=0)寄存器列表中寄存器个数乘以 4。

(5) L 表示操作类型。L=1,Store 操作,L=0,Load 操作。

(6) 寄存器列表域每一位对应一寄存器,bit[0]代表 R0。

这种语法用于多寄存器寻址。多寄存器寻址一次可传送几个寄存器值,允许一条指令传送 16 个寄存器的任何子集或所有寄存器。

多寄存器寻址指令举例如下：

LDMIA R1!,{R2－R7,R12} ;将 R1 指向的单元中的数据读出到 R2～R7、R12 中(R1 自动加 1)
STMIA R0!,{R2－R7,R12} ;将寄存器 R2～R7、R12 的值保存到 R0 指向的存储单元中 ;(R0 自动加 1)

另外一个操作多地址的常用数据结构就是堆栈。堆栈是一个按特定顺序进行存取的存储区,操作顺序为"后进先出"。堆栈寻址是隐含的,它使用一个专门的寄存器(堆栈指针)指向一块存储区域(堆栈),指针所指向的存储单元即是堆栈的栈顶。

存储器堆栈可分为两种：

(1) 向上增长：向高地址方向生长,称为递增堆栈。

(2) 向下增长：向低地址方向生长,称为递减堆栈。

如图 3-4 所示,左边的向上增长的堆栈,栈底在下方,SP 指向栈顶,如果 SP 栈顶目前地址是 0x12345678,那么压入一个数据后,栈顶的位置变为 0x12345679。而向下增长的堆栈,如果 SP 栈顶目前地址是 0x12345678,那么压入一个数据后,栈顶的位置变为 0x12345677。

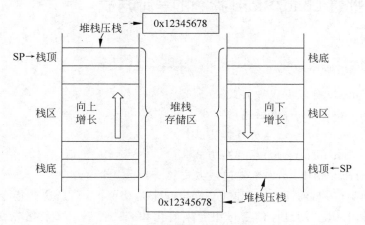

图 3-4　堆栈的生长方式对比

堆栈指针指向最后压入的堆栈的有效数据项,称为满堆栈;堆栈指针指向下一个待压入数据的空位置,称为空堆栈。

如图 3-5 所示,满堆栈的栈顶刚才指向是 0x12345677,压入一个数时,该数压入 0x12345678,然后栈顶指针增加,也指向 0x12345678。而空堆栈,刚才指向是 0x12345678,压入一个数时,该数压入 0x12345678,然后栈顶指针增加,指向 0x12345679。

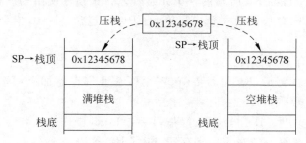

图 3-5　满堆栈和空堆栈对比

所以 ARM 为堆栈配合有批量传送的专门指令,这些指令可以组合出四种类型的堆栈方式:

(1) 满递增:堆栈向上增长,堆栈指针指向内含有效数据项的最高地址。指令如 LDMFA、STMFA 等。

(2) 空递增:堆栈向上增长,堆栈指针指向堆栈上的第一个空位置。指令如 LDMEA、STMEA 等。

(3) 满递减:堆栈向下增长,堆栈指针指向内含有效数据项的最低地址。指令如 LDMFD、STMFD 等。

(4) 空递减:堆栈向下增长,堆栈指针指向堆栈下的第一个空位置。指令如 LDMED、STMED 等。

如图 3-6 所示,Cortex-M3 使用的是"向下生长的满堆栈"模型。堆栈指针 SP 指向最后一个被压入堆栈的 32 位数值。在下一次压栈时,SP 先自减 4,再存入新的数值。

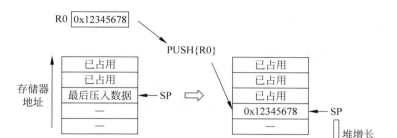

图 3-6　Cortex-M3 的向下生长满堆栈

3.2.5　协处理器 Load/Store 指令的寻址方式

协处理器指令可以在 ARM 处理器和协处理器之间传输批量数据。

< opcode >{< cond >}{L}< coproc >,< CRd >,< addressing_mode >

addressing_mode 有 4 种格式：

[< Rn >, # + / − < offset_8 > * 4]
[< Rn >, # + / − < offset_8 > * 4]!
[< Rn >], # + / − < offset_8 > * 4
[< Rn >],< option >

编码格式如下：

Cond	1	1	0	P	U	N	W	L	Rn	CRd	Cp#	Offset_8

标志位含义：

(1) N 由各协处理器决定，一般用来表示传输数据的字节。

(2) W 表示指令执行后，Rn 的值是否更新。

(3) P 和 W 一起决定更新的方式（见表 3-4）。

表 3-4　协处理器指令中标志位含义

P	W	基址寄存器的更新方式
1	1	事先更新的寻址方式 pre-indexed
1	0	偏移量的寻址方式 offset
0	1	事后更新的寻址方式 post-indexed
0	0	非索引方式 unindexed

　　例如[< Rn >, # + / − < offset_8 > * 4]。这种寻址产生一段连续的内存地址。第 1 个地址值为基址寄存器< Rn >减去/加上指令中立即数的 4 倍；随后的地址是前一个地址加 4 字节；直到协处理器发出信号结束本次传输。

3.3　Cortex 指令集

　　ARM Cortex-M3 不支持全部 ARM 指令集，支持的指令集包括 ARMv6 的大部分 16 位 Thumb 指令和 ARMv7 的 Thumb-2 指令集。Thumb-2 指令集是一个 16/32 位混合指令系统。为此归纳为以下几个类别。

3.3.1 数据传送类指令

处理器的基本功能之一就是数据传送。Cortex-M3 中的数据传送类型包括两个寄存器间传送数据、寄存器与存储器间传送数据、寄存器与特殊功能寄存器间传送数据、把一个立即数加载到寄存器。

1. 寄存器到寄存器传送

指令有 MOV 指令、MVN 指令。例如：

```
MOV R8,R3; R8 = R3
MVN R8,R3; R8 = -R3
```

学过微机原理的都应记得，x86 中一条 MOV 指令存储器和寄存器间的任意传送。ARM 中是不行的，这也是 CISC 和 RISC 内核的一个比较明显的区别。

伪指令有 ADR 指令。

ADR 指令可以写成：

```
ADR Rd,label
```

主要是将 PC 值加上一个偏移量得到的地址写进目标寄存器里。由于该地址只与 PC 有关，ADR 生成的目标地址是位置无关代码。如果要将利用 ADR 生成的地址用于 BX、BLX，则必须确保该地址最后一位是 1。Rd 只能用 R0~R7。此指令不影响 N、Z、C、V 状态标志。

2. 寄存器与存储器间传送数据

存储器到寄存器传送：LDRx 指令、LDMxy 指令。寄存器到存储器：STRx 指令、STMxy 指令。

LDRx 指令的 x 可以是 B(byte)、H(half word)、D(double word)或者省略(word)，具体的用法如表 3-5 所示。

表 3-5　LDR 使用示例

示 例	功 能 描 述
LDRB Rd,[Rn,♯offset]	从地址 Rn+offset 处读取一个字节送到 Rd
LDRH Rd,[Rn,♯offset]	从地址 Rn+offset 处读取一个半字送到 Rd
LDR Rd,[Rn,♯offset]	从地址 Rn+offset 处读取一个字送到 Rd
LDRD Rd1,Rd2,[Rn,♯offset]	从地址 Rn+offset 处读取一个双字(64 位整数)送到 Rd1(低 32 位)和 Rd2(高 32 位)中

STRx 指令的 x 同样可以是 B(byte)、H(half word)、D(double word)或者省略(word)，具体的用法如表 3-6 所示。

表 3-6 STR 使用示例

示 例	功 能 描 述
STRB Rd,[Rn,♯offset]	把 Rd 中的低字节存储到地址 Rn+offset 处
STRH Rd,[Rn,♯offset]	把 Rd 中的低半字存储到地址 Rn+offset 处
STR Rd,[Rn,♯offset]	把 Rd 中的低字存储到地址 Rn+offset 处
STRD Rd1,Rd2,[Rn,♯offset]	把 Rd1(低 32 位)和 Rd2(高 32 位)表达的双字存储到地址 Rn+offset 处

LDRx 和 STRx 指令还有一种带预索引的格式,下面举个例子(注意语句中的"!"):

```
LDR.W R0,[R1,♯20]!              ;预索引
```

上面语句的意思是先把地址 R1+20 处的值加载到 R0,然后,R1=R1+20;还有一种后索引形式,注意与上面的预索引的区别(还要注意语句中没有"!"):STR.W R0,[R1],♯−12;把 R0 的值存储到地址 R1 处。完毕后,R1=R1+(−12)。

注意,[R1]后面是没有"!"的。在后索引中,基址寄存器是无条件被更新的,相当于有一个"隐藏"的"!"。

例子:链表查询。链表的元素包括 2 个字,第 1 个字包含一个字节数据,第 2 个字包含指向下一个链表元素的指针。执行前 R0 指向链表头,R1 放要搜索的数据;执行后 R0 指向第 1 个匹配的元素。

```
llsearch
CMP R0,♯0;
LDRNEB R2,[R0];
CMPNE R1,R2;
LDRNE R0,[R0,♯4];
BNE llsearch;
MOV PC,LR;
```

例子:简单串比较。执行前 R0 指向第 1 个串,R1 指向第 2 个串;执行后 R0 保存比较结果。

```
strcmp
LDRB R2,[R0],♯1;
LDRB R3,[R0],♯1;
CMP R2,♯0;
CMPNE R3,♯0;
BEQ return;
CMP R2,R3;
BEQ strcmp;
return
SUB R0,R2,R3;
MOV PC,LR
```

例子:长跳转。通过直接向 PC 寄存器中读取字数据,程序可以实现 4GB 的长跳转。

```
ADD LR,PC,♯4          ;将子程序 function 的返回地址设为当前指令地址后 12 字节处,即 return_here 处
LDR PC,[PC,♯-4] ;从下一条指令(DCD)中取跳转的目标地址,即 function
DCD function;
return_here;
```

LDMxy 指令和 STMxy 指令可以一次传送更多的数据。

X 可以为 I 或 D,I 表示自增(increment),D 表示自减(decrement)。

Y 可以为 A 或 B,表示自增或自减的时机是在每次访问前(before)还是访问后(after)。

另外,指令带有".W"后缀表示这条指令是 32 位的 Thumb-2 指令,否则是 16 位的指令。具体的用法如表 3-7 所示。

表 3-7　LDM 和 STM 使用示例

示　　例	功 能 描 述
LDMIA Rd!,{寄存器列表}	从 Rd 处读取多个字,并依次送到寄存器列表中的寄存器。每读一个字后 Rd 自增一次,16 位指令
LDMIA.W Rd!,{寄存器列表}	从 Rd 处读取多个字,并依次送到寄存器列表中的寄存器。每读一个字后 Rd 自增一次
STMIA Rd!,{寄存器列表}	依次存储寄存器列表中各寄存器的值到 Rd 给出的地址。每存一个字后 Rd 自增一次,16 位指令
STMIA.W Rd!,{寄存器列表}	依次存储寄存器列表中各寄存器的值到 Rd 给出的地址。每存一个字后 Rd 自增一次
LDMDB.W Rd!,{寄存器列表}	从 Rd 处读取多个字,并依次送到寄存器列表中的寄存器。每读一个字前 Rd 自减一次
STMDB.W Rd!,{寄存器列表}	存储多个字到 Rd 处。每存一个字前 Rd 自减一次

这里需要特别注意"!"的含义,它表示要自增或自减基址寄存器 Rd 的值,时机是在每次访问前或访问后。例如:假设 R8=0x8000,则

```
STMIA.W R8!,{R0-R3}              ;R8 值变为 0x8010
STMIA.W R8,{R0-R3}              ;R8 值不变
```

上面两行代码都是将 R0~R3 共 16 字节的数据存储到从 0x8000 开始的 16 字节空间中,唯一的区别是第一条指令执行完后 R8 被更新为 0x8010,而第二条指令不更新 R8。

例子:块复制。

```
loop
LDMIA R12!,{R0-R11}              ;从源数据区读取 48 个字
STMIA R13!,{R0-R11}              ;将 48 个字保存到目标区
CMP R12,R14                       ;是否到达源数据尾
BLO loop;
```

例子:子程序进入和退出。

```
function
STMFD R13!,{R4-R12,R14};
```

```
…
Insert the function body here
…
LDMFD R13!,{R4 - R12,R14};
```

3. 组合式传送数据

Cortex 指令提供专门的堆栈操作指令：

```
POP,PUSH
```

Cortex-M3 默认采用满递减堆栈方式。其语法结构为：

```
PUSH{cond} reglist
POP{cond} reglist
```

其中,reglist 为非空的寄存器列表。

PUSH、POP 和以 SP 为基址的 STMDB 和 LDM(LDMIA)并最后地址写回 SP 的指令等效。对于每个寄存器,SP 指针增加或减少 4 字节。例如：

```
PUSH {R0 - R3,LR}等效于 STMDB SP!,{R0 - R3,LR}
POP {R0 - R3,PC}等效于 LDMDB SP!,{R0 - R3,PC}
```

4. 立即数的加载

MOV 支持 8 位立即数加载,例如：

```
MOV R0, ♯0x12
```

32 位指令 MOVW(加载到寄存器的低 16 位)和 MOVT(加载到寄存器的高 16 位)可以支持 16 位立即数加载。如果要加载 32 位的立即数,必须先使用 MOVW,再使用 MOVT,因为 MOVW 会清零高 16 位。

这里要提一下 LDR 和 ADR 的区别。LDR 和 ADR 都可以用作伪指令,都可以用来加载一个立即数(也可以是一个地址),如果加载的是程序地址,LDR 会自动把 LSB 置位,ADR 则不会；另外,如果汇编器发现要加载的是数据地址,LDR 也不会自作聪明将 LSB 置位。

```
LDR R0, = address1           ;R0 = 0x4000 | 1
ADR R1,address1              ;R1 = 0x4000.注意: 没有" = "
…
address1
0x4000: MOV R0,R1
```

如果某指令需要使用 32 位立即数,可以在该指令地址的附近定义一个 32 位整数数组,把这个立即数放到该数组中。然后使用一条 LDR Rd,[PC, ♯ offset]来查表。offset 的值需要计算,它其实是 LDR 指令的地址与该数组元素地址的距离。手工计算 offset 是很自虐的做法,而刚才讲到的 LDR 伪指令则能让汇编器来自动产生这种数组,并且负责计算 offset。这种数组被广泛使用,它的学名叫"文字池"(literal pool),通常由汇编器自动布设,汇编程序很大时可能也需要手工布设(通过 LTORG 指示字)。LDR 通常是把要加载的数值预先定义,再使用一条 PC 相对加载指令来取出。而 ADR 则尝试对 PC 做算术加法或减法来取得立即数,因此 ADR 未必总能求出需要的立即数。其实顾名思义,ADR 是为了取出附近某条指令或者变量的地址,而 LDR 则是取出一个通用的 32 位整数。

5. 特殊功能寄存器只能用 MSR/MRS 指令访问

```
MRS <gp_reg>,<special_reg>     ;读特殊功能寄存器的值到通用寄存器
MSR <special_reg>,<gp_reg>     ;写通用寄存器的值到特殊功能寄存器
```

下面是两个例子:

```
MRS R0,PRIMASK                 ;读取 PRIMASK 到 R0 中
MSR BASEPRI,R0                 ;写入 R0 到 BASEPRI 中
```

但是需要注意,大多数的特殊功能寄存器都只能在特权级下访问,非特权级下只能访问 APSR。

3.3.2 数据处理指令

Cortex-M3 支持的数据处理指令非常多,这里对重要的、常用的指令进行介绍。

1. 四则运算指令

基本的加、减法运算有 4 条指令,分别是 ADD、SUB、ADC、SBC。

```
ADD Rd,Rn,Rm                   ;Rd = Rn + Rm
ADD Rd,Rm                      ;Rd += Rm
ADD Rd, ♯ imm                  ;Rd += imm

ADC Rd,Rn,Rm                   ;Rd = Rn + Rm + C
ADC Rd,Rm                      ;Rd += Rm + C
ADC Rd, ♯ imm                  ;Rd += imm + C

SUB Rd,Rn                      ;Rd -= Rn
SUB Rd,Rn, ♯ imm3              ;Rd = Rn - imm3
SUB Rd, ♯ imm8                 ;Rd -= imm8
SUB Rd,Rn,Rm                   ;Rd = Rm - Rm

SBC Rd,Rm                      ;Rd -= Rm + C
SBC.W Rd,Rn, ♯ imm12           ;Rd = Rn - imm12 - C
SBC.W Rd,Rn,Rm                 ;Rd = Rn - Rm - C
```

除此之外,还有反向减法指令 RSB:

```
RSB.W Rd,Rn, ♯ imm12           ;Rd = imm12 - Rn
RSB.W Rd,Rn,Rm                 ;Rd = Rm - Rn
```

还有一类比较指令：

```
CMP < Rn > , # < imm8 >
CMP < Rn > , < Rm >
```

实际上就是 CMP 后面的第 1 个操作数减去第 2 个操作数，并影响 APSR 寄存器。

```
CMN < Rn > , < Rm >
```

CMN 则是比较负数用的，让后面两个数相加，并影响 APSR 寄存器。

乘、除法指令包括 MUL、UDIV/SDIV 等。

```
MUL Rd,Rm                       ;Rd * = Rm
MUL.W Rd,Rn,Rm                  ;Rd = Rn * Rm

UDIV Rd,Rn,Rm                   ;Rd = Rn/Rm (无符号除法)
SDIV Rd,Rn,Rm                   ;Rd = Rn/Rm (带符号除法)
```

一条指令可以实现乘加运算（通常只在 DSP 中才有）：

```
MLA Rd,Rm,Rn,Ra                 ;Rd = Ra + Rm * Rn
MLS Rd,Rm,Rn,Ra                 ;Rd = Ra − Rm * Rn
```

还能进行 32 位乘 32 位的乘法运算（结果为 64 位）：

```
SMULL RL,RH,Rm,Rn               ;[RH:RL] = Rm * Rn,带符号的 64 位乘法
SMLAL RL,RH,Rm,Rn               ;[RH:RL] += Rm * Rn,带符号的 64 位乘法
UMULL RL,RH,Rm,Rn               ;[RH:RL] = Rm * Rn,无符号的 64 位乘法
SMLAL RL,RH,Rm,Rn               ;[RH:RL] += Rm * Rn,无符号的 64 位乘法
```

例子：用 32 位寄存器实现 64 位运算。

```
ADDS R0,R0,R2                   ;低 32 位相加,同时设 CPSR 的 C 标志位
ADC R1,R1,R3                    ;高 32 位的带位相加
SUBS R0,R0,R2                   ;低 32 位相加,同时设 CPSR 的 C 标志位
SBC R1,R1,R3                    ;高 32 位的带位相减
CMP R1,R3                       ;比较高 32 位
CMPEQ R0,R2                     ;如果高 32 位相等,比较低 32 位
```

例子：把 R2 中的高 8 位数据传送到 R3 的低 8 位中。

```
MOV R0,R2,LSR # 24;
ORR R3,R0,R3,LSL # 8;
```

由于有了这些指令，Cortex-M3 具有了相当的计算能力，可以采用 Cortex-M3 代替曾经只能用 DSP 才能完成的计算。

2. 逻辑运算指令

相关的指令也很多，常用的包括 AND、ORR、BIC（位段清零）、ORN（按位或反码）、

EOR(异或)、LSL(逻辑左移)、LSR(逻辑右移)、ASR(算术右移)、ROR(循环右移)、RRX (带进位右移一位)。

```
;按位与
AND Rd,Rn                ;Rd & = Rn
AND.W Rd,Rn,♯imm12       ;Rd = Rn & imm12
AND.W Rd,Rm,Rn           ;Rd = Rm & Rn

;按位或
ORR Rd,Rn                ;Rd | = Rn
ORR.W Rd,Rn,♯imm12       ;Rd = Rn | imm12
ORR.W Rd,Rm,Rn           ;Rd = Rm | Rn

;按位清零
BIC Rd,Rn                ;Rd & = ～Rn
BIC.W Rd,Rn,♯imm12       ;Rd = Rn & ～imm12
BIC.W Rd,Rm,Rn           ;Rd = Rm & ～Rn

;按位或反
ORN.W Rd,Rn,♯imm12       ;Rd = Rn | ～imm12
ORN.W Rd,Rm,Rn           ;Rd = Rm | ～Rn

;按位异或
EOR Rd,Rn                ;Rd ^ = Rn
EOR.W Rd,Rn,♯imm12       ;Rd = Rn ^ imm12
EOR.W Rd,Rm,Rn           ;Rd = Rm ^ Rn

;逻辑左移见图 3-7
LSL Rd,Rn,♯imm5          ;Rd = Rn << imm5
LSL Rd,Rn                ;Rd << = Rn
LSL.W Rd,Rm,Rn           ;Rd = Rm << Rn
```

逻辑左移(LSL) 仅当使用S后缀，或者使用16位指令时，才更新C位

图 3-7 LSL 移位示意图

```
;逻辑右移见图 3-8
LSR Rd,Rn,♯imm5          ;Rd = Rn >> imm5
LSR Rd,Rn                ;Rd >> = Rn
LSR.W Rd,Rm,Rn           ;Rd = Rm >> Rn
```

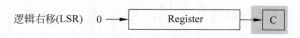

逻辑右移(LSR)

图 3-8 LSR 移位示意图

```
;算术右移见图3-9
ASR Rd,Rn, ♯ imm5            ;Rd = Rn≫imm5
ASR Rd,Rn                    ;Rd = ≫Rn
ASR.W Rd,Rm,Rn              ;Rd = Rm≫Rn
```

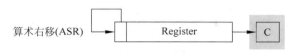

图 3-9 ASR 移位示意图

```
;循环右移见图3-10
ROR Rd,Rn;
ROR.W Rd,Rm,Rn;
```

图 3-10 ROR 移位示意图

符号扩展指令如下:

```
SXTB Rd,Rm                   ;Rd = Rm 的带符号扩展,把带符号字节整数扩展到 32 位
SXTH Rd,Rm                   ;Rd = Rm 的带符号扩展,把带符号半字整数扩展到 32 位
```

3. 字节序反转指令

```
REV.W Rd,Rn                  ;在字中反转字节序,见图 3-11
```

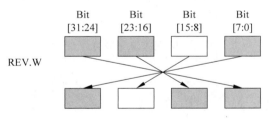

图 3-11 REV.W 作用示意图

```
REV16.W Rd,Rn               ;在高低半字中反转字节序,见图 3-12
```

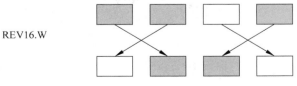

图 3-12 REV16.W 作用示意图

REVSH.W　;在低半字中反转字节序,并做带符号扩展,见图 3-13

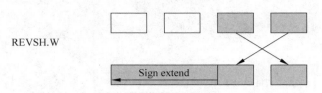

图 3-13　REVSH.W 作用示意图

3.3.3　其他计算类指令

带符号扩展指令:

```
SXTB Rd,Rm              ;Rd = Rm 的带符号扩展
SXTH Rd,Rm              ;Rd = Rm 的带符号扩展
```

数据序翻转指令:

```
REV.W Rd,Rn            ;在字中反转字节序
REV16.W Rd,Rn          ;在高低半字中反转字节序
REVSH.W               ;在低半字中反转字节序,并做带符号扩展
```

3.3.4　饱和运算

饱和运算指令在其他微处理器中很少见。这类指令的初衷非常好,但是 C 语言并不直接支持这类运算,要在 C 程序中使用,要么采用内联汇编,要么将其封装成函数,都不是很方便。这可能会限制这类指令的使用。关于饱和运算指令的作用,可以用图 3-14 来形象地展示。

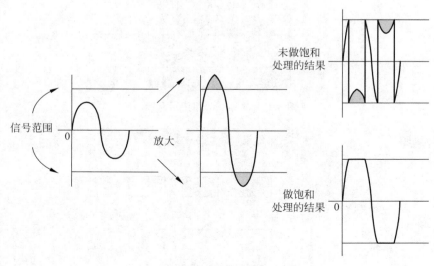

图 3-14　饱和运算作用示意图

下面是相关指令的用法：

```
SSAT.W Rd,♯imm5,Rn,{,shift}   ;以带符号数的边界进行饱和运算(交流)
USAT.W Rd,♯imm5,Rn,{,shift}   ;以无符号数的边界进行饱和运算(带纹波的直流)
```

3.3.5　无条件跳转指令

跳转指令分为无条件跳转和有条件跳转两大类。无条件跳转类指令非常简单，常见的就四种形式。

（1）B Label；跳转到 Label 处对应的地址，无条件跳转指令。

（2）BX reg；跳转到由寄存器 reg 给出的地址，无条件跳转指令。Rm 的 bit[0]必须是 1，但跳转地址在创建时会把 bit[0]置为 0。

（3）BL Label；跳转到 Label 对应的地址，并且把跳转前的下条指令地址保存到 LR。

（4）BLX reg；跳转到由寄存器 reg 给出的地址，并根据 REG 的 LSB 切换处理器状态，还要把转移前的下一条指令地址保存到 LR。

BL 和 BLX 在执行时，会把当前指令的下一条指令的地址值存入 LR，而 BX 和 BLX 指令在执行时，如果 Reg 的 bit[0]是 0，则导致 UsageFault 异常。

只有 B 指令可以在 IT 块内外自由使用条件码，其他分支指令只能在 IT 块内使用条件码。

例子：

```
B loopA                    ;无条件跳转到 loopA 的位置
BLE ng                     ;LE 条件跳转到标号 ng
B. W target                ;在 16MB 内跳到 target
```

跳转指令跳转范围如表 3-8 所示。

表 3-8　跳转指令跳转范围

操　作　数	跳　转　范　围
B label	−16～+16MB
B{cond} label(IT 块外)	−1～+1MB
B{cond} label(IT 块内)	−16～+16MB
BL{cond} label	−16～+16MB
BX{cond} Rm	寄存器可以表示任何值

3.3.6　标志位与条件转移指令

在讲解条件跳转指令之前。先要讲讲 APSR 中的 4 个标志位：N、Z、C、V。

实际上，Cortex-M3 中的 APSR 的标志位共有 5 个，但只有 N、Z、C、V 这 4 个可以用于条件跳转指令。图 3-15 所示为 Cortex-M3 中的程序状态寄存器(xPSR)的位图。

可以看出，N、Z、C、V 这 4 位位于 xPSR 的最高 4 位。这 4 位的作用分别如表 3-9 所示。

	31	30	29	28	27	26:25	24	23:20	19:16	15:10	9	8	7	6	5	4:0
APSR	N	Z	C	V	Q											
IPSR											例外数字					
EPSR						ICI/IT	T		ICI/IT							

图 3-15   Cortex-M3 中的程序状态寄存器(xPSR)

表 3-9   NZCV 的作用

标志位	作 用
N	负数(上一次操作的结果是个负数)。N=操作结果的 MSB
Z	零(上次操作的结果是 0)。当数据操作指令的结果为 0,或者比较/测试的结果为 0 时,Z 置位
C	进位(上次操作导致了进位)。C 用于无符号数据处理,最常见的就是当加法进位及减法无借位时 C 被置位。此外,C 还充当移位指令的中介(详见 v7M 参考手册的指令介绍节)
V	溢出(上次操作结果导致了数据的溢出)。该标志用于带符号的数据处理。例如,在两个正数上执行 ADD 运算后,和的 MSB 为 1(视作负数),则 V 置位

Cortex-M3 中的进位标志与其他一些微处理器有些不同。对加法运算,它表示的是结果有进位,这与其他微处理器中的含义是相同的。对减法运算,它表示的是结果无借位,与一些微处理器(如 Freescale 的 68HC11/12 系列)中的含义正好相反。之所以这里这样定义进位标志,是由于整数的减法运算 A−B 实际是转化为了 A+(−B),−B 用补码表示。进位标志 C 指示的是 A 与(−B)相加时是否有进位。A−B 无进位等价于 A+(−B)有进位。当然,有个特例,就是当 B=0 时,(−B)=0,A−0 是没有进位的,但 A+(−0)也没有进位。这时可以这样理解,对 0 取反操作时,也就是得到−0 时已经产生的进位(取反加 1,加 1 时进位了)。所以结果也认为是进位了。

溢出位(V)置位有 4 种情况:

(1) 两个整数相加结果为负数时。

(2) 两个负数相加结果为正数时。

(3) 一个正数减一个负数结果为负数时。

(4) 一个负数减一个正数结果为正数时。

这 4 种情况与我们的直观是一致的,因此不需要特殊记忆。

担任条件跳转及条件执行的判据时,这 4 个标志位既可单独使用,又可组合使用,以产生共 15 种跳转判据,如表 3-10 所示。

表 3-10   标志位组合的条件跳转作用

符 号	条 件	关系到的标志位
EQ	相等(equal)	Z==1
NE	不等(notequal)	Z==0
CS/HS	进位(carryset) 无符号数大于等于	C==1
CC/LO	未进位(carryclear) 无符号数小于	C==0

续表

符　号	条　件	关系到的标志位
MI	负数(minus)	N==1
PL	非负数	N==0
VS	溢出	V==1
VC	未溢出	V==0
HI	无符号数大于	C==1 && Z==0
LS	无符号数小于等于	C==0 ‖ Z==1
GE	带符号数大于等于	N==V
LT	带符号数小于	N!=V
GT	带符号数大于	Z==0 && N==V
LE	带符号数小于等于	Z==1 ‖ N!=V
AL	总是	—

下面详细地说说这些组合。EQ、NE、MI、PL、VS、VC 和 AL 很好理解。值得细说的是 CS/HS、CC/LO、HI、LS、GE、LT、GT、LE。

我们知道在计算机中,整数分为有符号型和无符号型。这两种类型的判别是不同的。先说无符号数。假设有两个无符号整数 A 和 B,它们之间的关系可以为 A==B、A!=B、A>B、A>=B、A<B、A<=B。

判断的方法就是两数字相减 A-B=D,然后看标志位。

A==B、A!=B 看 Z 位就可以了,这里不详述。

对于 A>B,首先 Z==0(表明两数不相等),然后得到的结果必须满足 D<=A,也就是进位标志 C==1(表示减法时没有产生借位),合起来就是 Z==0&& C==1,这时用后缀 HI。注意,进位标志置 1 的含义是加法时产生了进位或减法时没有产生借位。

对于 A>=B,只用进位标志 C==1(没有产生借位)就可以了,用后缀 HS 或 CS。

对于 A<B,只要进位标志 C==0(产生借位了肯定就是 A<B),用后缀 LO。

对于 A<=B,要么就是 Z==1(两数相等),要么 C==0(A<B),合起来是 C==0 ‖ Z==1,用后缀 LO。

假设 A 和 B 是有符号整数。它们之间的关系同样可以为 A==B、A!=B、A>B、A>=B、A<B、A<=B。

A==B、A!=B 看 Z 位就可以了。

其他的比较稍微困难一些,要用到溢出位 V。

对于 A>B,有三种可能的情况:

(1) A、B 都是正数,结果 D 是正数。Z==0 && V==0 && N==0。

(2) A、B 都是负数,结果 D 是正数。Z==0 && V==0 && N==0。

(3) A 是正数,B 是负数,结果 D 可能是正数(Z==0 && V==0 && N==0)也可能是负数(V==1 && N==1)。

对于 A<B,有三种可能的情况:

(1) A、B 都是正数,结果 D 是负数。V==0 && N==1,不用考虑 Z,因为 N==1 决定了 Z==0。

（2）A、B 都是负数，结果 D 是负数。V==0 && N==1，不用考虑 Z，因为 N==1 决定了 Z==0。

（3）A 是负数、B 是正数，结果 D 可能是正数（V==1 && N==0）也可能是负数（V==0&& N==1）。与上面的情况类似，V 如果等于 1 了，Z 必然等于 0，所以还是不用考虑 Z。

综合上面 6 种情况，可以得到：A>B 等价于 Z==0 && V==N；A<B 等价于 V!=N。

有了上面的分析，下面两种情况就很容易得到答案了。对于 A>=B，V==N 就足够了；对于 A<=B，Z==1 ‖ V!= N。

CBZ 和 CBNZ 称为比较并条件跳转指令，是专为循环结构的优化而设的，只能做前向跳转。语法格式为：

```
CBZ <Rn>,<label>
CBNZ <Rn>,<label>
```

它们的跳转范围较窄，只有 0～126。

3.3.7　IF-THEN 指令块

IF-THEN(IT)指令块在其他的微处理器中没有见过，这里值得讲一讲。

IF-THEN(IT)指令围起一个块，其中最多有 4 条指令，它里面的指令可以条件执行。

IT 的使用形式如下：

```
IT <cond>                    ;围起 1 条指令的 IF - THEN 块
IT <x><cond>                 ;围起 2 条指令的 IF - THEN 块
IT <x><y><cond>              ;围起 3 条指令的 IF - THEN 块
IT <x><y><z><cond>           ;围起 4 条指令的 IF - THEN 块
```

其中，<x>、<y>、<z>的取值可以是 T 或者 E。

要实现如下功能：

```
if (R0 == R1)
{
R3 = R4 + R5;
R3 = R3 / 2;
}
else
{
R3 = R6 + R7;
R3 = R3 / 2;
}
```

可以写作：

```
CMP R0,R1                    ;比较 R0 和 R1
ITTEE EQ                     ;如果 R0 == R1,Then - Then - Else - Else
```

```
ADDEQ R3,R4,R5        ;相等时加法 EQ; 如果 R0 == R1,Then-Then-Else-Else
ASREQ R3,R3,#1        ;相等时算术右移
ADDNE R3,R6,R7        ;不等时加法
ASRNE R3,R3,#1        ;不等时算术右移
```

IT 指令块的初衷应该是避免了在执行转移指令时,对流水线的清洗和重新指令预取的开销,但是最多只能有 4 条指令,使它的使用范围也很受限。可能也就是 C 语言中用到":?"运算符的地方比较容易汇编为 IT 指令块。还有个别很短小的 IF 判断,能够被这么优化。

例子:将 R0 十六进制数转成 ASCII 码的('0'~'9')或('A'~'F')。

```
CMP R0,#9
ITE GT                ;以下 2 条指令是本 IT 块内指令
ADDGT R1,R0,#55       ;转换成'A'~'F'
ADDLE R1,R0,#48       ;转换成'0'~'9'
```

例子:

```
ITTEE EQ
MOVEQ R0,R1           ;EQ 满足 R0 = R1
ADDEQ R2,R2,#10       ;EQ 满足,r2 + = 10
ANDNE R3,R3,#1        ;NE 条件满足,R3& = 1
```

使用注意事项:分支指令和修改 PC 值的指令必须放在 IT 块外或 IT 块最后一条。IT 块里每条指令必须指定带条件码后缀,必须与 IT 指令相同或相反。

3.3.8 Barrier 隔离指令

DMB、DSB、ISB 这三个指令的区别如表 3-11 所示。

表 3-11 DMB、DSB、ISB 的功能描述

指 令 名	功 能 描 述
DMB	数据存储器隔离。DMB 指令保证:仅当所有在它前面的存储器访问操作都执行完毕后,才提交(commit)在它后面的存储器访问操作
DSB	数据同步隔离。比 DMB 严格:仅当所有在它前面的存储器访问操作都执行完毕后,才执行在它后面的指令(即任何指令都要等待存储器访问操作——译者注)
ISB	指令同步隔离。最严格:它会清洗流水线,以保证所有它前面的指令都执行完毕之后,才执行它后面的指令

3.3.9 其他一些有用的指令

1. RBIT 指令

RBIT 是按位反转的,相当于把 32 位整数的二进制表示法水平旋转 180°。其格式为:

```
RBIT.W Rd,Rn
```

看到按位反转,就会想到 FFT 计算的蝶形运算。那里是最需要这种指令的。

2. TBB、TBH 指令

可以用于 C 语言中的 switch case 结构的汇编。

TBB(查表跳转字节范围的偏移量)指令和 TBH(查表跳转半字范围的偏移量)指令分别用于从一个字节数组表中查找转移地址与从半字数组表中查找转移地址。TBH 的转移范围已经足以应付任何长度的 switch 结构。

TBB 的语法格式为:

```
TBB.W [Rn,Rm]  ; PC + = Rn[Rm] * 2
```

例子:

```
TBB.W [pc,r0]                    ;执行此指令时,PC 的值正好等于 branchtable
branchtable
DCB ((dest0 - branchtable)/2)    ;注意:因为数值是 8 位的,故使用 DCB 指示字
DCB ((dest1 - branchtable)/2)
DCB ((dest2 - branchtable)/2)
DCB ((dest3 - branchtable)/2)
dest0
...; r0 = 0 时执行
dest1
...; r0 = 1 时执行
dest2
...; r0 = 2 时执行
dest3
...; r0 = 3 时执行
```

3.3.10 对内存的互斥访问

Cortex-M3 中提供了三对用于互斥访问的内存的指令,分别是 LDREX/STREX、LDREXH/STREXH、LDREXB/STREXB,这三对指令分别对应于字、半字、字节的取出与写入。

LDREX 的基本指令格式为:

```
LDREX Rxf,[Rn, #offset]
```

这条指令与 LDR Rxf,[Rn, #offset]的作用是相同的,唯一的区别是这条指令还会通知内核对它所访问的内存空间特殊关照。如何特殊关照,在 STREX 指令执行时会显现出来。

STREX 的基本指令格式为:

```
STREX Rd,Rxf,[Rn, #offset]
```

作用是将 Rxf 的内容写入到 Rn+ #offset 地址处的内存,并且将 Rd 的值改写为 0。当然,这些操作的前提是这条指令是 LDR Rxf,[Rn,#offset]指令执行之后的第一条对 Rn+ #offset 地址处执行写入操作的指令。如果在 STREX 指令执行之前就有其他的指令对

Rn＋＃offset 地址处的内存进行了写入操作,那么 STREX 指令将不会改动 Rn＋＃offset 地址处内存,并将 Rd 的值改写为 1,以此来表明写入操作不成功。这样,通过在程序中判断 Rd 的值就可以确定 STREX 指令是否成功,如果不成功,则可以重新再试一次。通过这种机制,就可以实现对资源的保护。

值得一提的是 LDR 伪指令和 ADR 伪指令的对比。LDR 和 ADR 都有能力产生一个地址,但是语法和行为不同。对于 LDR,如果编译器发现要产生立即数是一个程序地址,它会自动地把 LSB 置位。例如:

```
LDR r0, = address1          ;R0 = 0x4000 | 1
…
address1
0x4000: MOV R0,R1
```

在这个例子中,编译器会认出 address1 是一个程序地址,所以自动置位 LSB。另外,如果编译器发现要加载的是数据地址,则不会自作聪明。例如:

```
LDR R0, = address1          ;R0 = 0x4000
…
address1
0x4000: DCD 0x0             ;0x4000 处记录的是一个数据
```

ADR 指令则是"厚道人",它绝不会修改 LSB。例如:

```
ADR r0,address1             ;R0 = 0x4000.注意:没有"="
…
address1
0x4000: MOV R0,R1
```

ADR 将如实地加载 0x4000。注意,语法略有不同,没有"＝"。

前面已经提到,LDR 通常是把要加载的数值预先定义,再使用一条 PC 相对加载指令来取出。ADR 则尝试对 PC 做算术加法或减法来取得立即数。因此 ADR 未必总能求出需要的立即数。其实顾名思义,ADR 是为了取出附近某条指令或者变量的地址,LDR 则是取出一个通用的 32 位整数。因为 ADR 更专一,所以得到了优化,故而它的代码效率常常比 LDR 的要高。

3.4 伪指令

伪指令是为了方便记忆和书写,把一些指令集的指令序列用某些简单的助记符号来表示,由编译器来解释。主要有以下一些。

1. DCB

标号 DCB 表达式

说明:DCB 用于分配一块字节单元并用伪指令中指定的表达式进行初始化。其中,表达式可以为使用双引号的字符串或 0~255 的数字,DCB 可用"＝"代替。

2. DCD/DCDU

```
标号 DCD/DCDU 表达式
```

说明: DCD 伪指令用于分配一块字存储单元并用伪指令中指定的表达式初始化,它定义的存储空间是字对齐的。DCD 也可用"&"代替。

3. MODULE

用于定义一个汇编模块,可用 NAME 或 PROGRAM 替代一般作为汇编源文件名。例如:

```
PROGRAM hello
__iar_program_start
```

在 IAR 环境中,定义 IAR 程序入口处,是默认的 PUBLIC 声明外部函数或公有函数(变量)。例如:

```
PUBLIC __iar_program_start
```

声明一个外部的变量,将该入口地址告知其他源文件以及编译器__vector_table。在 IAR 中,具有特殊意义,定义了中断向量的入口。

4. SECTION

用来定义一个程序段。例如:

```
SECTION .intvec:CODE:ROOT(2)          ;程序段,定义中断向量
       DATA
__vector_table
       DCD 0x20000000                 ;定义中断向量的入口地址(Cortex-M3 中的主堆栈地址)
       DCD __iar_program_start
     SECTION.text:CODE:REORDER(2)
; 以下可写具体代码
```

5. main

在 IAR 中,对于汇编此标号也是需要的,不是程序入口,而是作为主堆栈的标志可以在设置中修改,但一般不做修改。

6. code16 和 code32

作为 16 位指令和 32 位指令开始的标志等同于 THUMB 和 ARM。

7. END

指示符告诉编译器已经到了源程序结尾。

语法格式:

```
END
```

使用说明:

每一个汇编源程序都包含 END 指示符,以告诉本源程序的结束。

3.5　内嵌汇编

如前所述,汇编和二进制机器代码之间只差一步,因此汇编的执行效率高。为了能够由用户控制产生效率高的代码,某些 C 编译器允许内嵌汇编。

内嵌汇编(inline assembly)的语法如下:

```
asm("指令");
asm("指令");
```

例子:

```
#include<stdio.h>
void str_cpy(const char * src,char * dst)
{
int ch;
    asm("mov r0, #1");
    asm("mov r1, #1");
    asm("add r0,r1");
}
```

这个例子里把"1+1"的运算交给汇编来运算,从而能够指定用哪个寄存器来进行运算。在某些情况下,更有利于产生高效能的代码。

第 4 章

CHAPTER 4

Cortex-M3 特性

比起 ARM7 的执行,Cortex-M3 只需要近似 1/2 的 Flash,在 MCU 控制应用程序上面快了 2~4 倍,原始中断性能快了 85%,PID(进程控制)主循环快了 217%,乘法加强代码快了 294%,如表 4-1 所示。

表 4-1　ARM7TDMI 与 Cortex-M3 比较

ARM7TDMI	Cortex-M3
无标准的中断控制器 IRQ 和 FIQ 中断太受限制	完整的 NVIC 中断控制器 多达 240 个中断 32 级中断优先级
进入中断服务程序 ISRs 时间不确定 需要 20~50 个时钟周期	H/W 堆栈确定中断服务程序时间 LSMs(咬尾中断)
需要特殊的汇编代码 对于所有的中断和启动代码	无须汇编代码 硬件操作处理
软件开发需要互通 编译 ARM 和 Thumb 指令集时需要软件切换	Thumb-2 简化开发,无须任何切换
应用程序可移植性差 没有标准的内存映射和中断控制器	已定义有 NVIC、SysTick 和内存映射 集成到内核中时,代码重用性好

4.1　特殊功能寄存器

Cortex-M3 还有一些特殊功能寄存器(非 32 位),如图 4-1 所示,这些寄存器使得 Cortex-M3 具有了一些快速配置的特性。

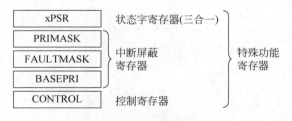

图 4-1　Cortex-M3 特殊寄存器

这些特殊功能寄存器的主要功能如表 4-2 所示。

表 4-2　特殊功能寄存器的主要功能

寄　存　器	功　　能
xPSR	记录 ALU 标志(0 标志,进位标志,负数标志,溢出标志),执行状态,以及当前正服务的中断号
PRIMASK	除能所有的中断。当然,不可屏蔽中断(NMI)例外
FAULTMASK	除能所有的 fault。NMI 依然不受影响,而且被除能的 faults 会"上访",见后续章节的叙述
BASEPRI	除能所有优先级不高于某个具体数值的中断
CONTROL	定义特权状态(见后续章节对特权的叙述),并且决定使用哪一个堆栈指针

下面依次来讲解如何使用这些特殊寄存器。

1. PRIMASK、FAULTMASK 和 BASEPRI 寄存器

PRIMASK、FAULTMASK 和 BASEPRI 寄存器被用来禁用异常,也被称为中断屏蔽寄存器,如表 4-3 所示。

表 4-3　Cortex-M3 中断屏蔽寄存器

寄　存　器　名	描　　述
PRIMASK	一个 1bit 寄存器。当置位时,它允许 NMI 和硬件默认异常;所有其他的中断和异常将被屏蔽
FAULTMASK	一个 1bit 寄存器。当置位时,它只允许 NMI,所有中断和默认异常处理被忽略
BASEPRI	一个 9 位寄存器。它定义了屏蔽优先级。当它置位时,所有同级或低级的中断被忽略

当访问 PRIMASK、FAULTMASK 和 BASEPRI 寄存器时,MRS 和 MSR 指令被使用。例子:

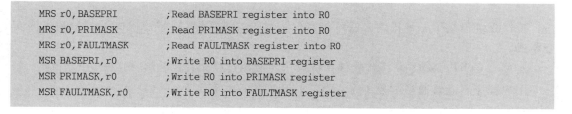

```
MRS r0,BASEPRI          ;Read BASEPRI register into R0
MRS r0,PRIMASK          ;Read PRIMASK register into R0
MRS r0,FAULTMASK        ;Read FAULTMASK register into R0
MSR BASEPRI,r0          ;Write R0 into BASEPRI register
MSR PRIMASK,r0          ;Write R0 into PRIMASK register
MSR FAULTMASK,r0        ;Write R0 into FAULTMASK register
```

在用户访问级,PRIMASK、FAULTMASK 和 BASEPRI 寄存器不能被置位。

2. 控制寄存器

控制寄存器被用来定义特权级和堆栈指针的选择。这个寄存器有两位,如表 4-4 所示。

表 4-4　Cortex-M3 控制寄存器

位	功　　能
CONTROL[1]	堆栈状态:(当访问级别改变时自动改变) 1＝进程堆栈(PSP)被使用(针对用户级) 0＝默认堆栈(MSP)被使用(针对特权级)
CONTROL[0]	指定的访问级别: 0＝特权的线程模式 1＝用户状态的线程模式

在 Cortex-M3 中,在处理模式中 CONTROL[1]位总是 0(MSP)。但是,在线程或基本级别,它可以为 0 或 1。CONTROL[0]位只在特权状态可写。

使用 MRS 和 MSR 指令来访问控制寄存器示例:

```
MRS r0,CONTROL          ;读 CONTROL 到 R0
MSR CONTROL,r0          ;写 R0 到 CONTROL
```

这里需要解释一下操作模式。Cortex-M3 有两种模式和两种权限级别,如表 4-5 所示。

表 4-5　Cortex-M3 控制模式和特权关系

	特　权	用　户
当运行一个异常	处理器模式	
当运行主程序	线程模式	线程模式

操作模式决定处理器运行正常程序或运行异常处理程序,如图 4-2 所示。

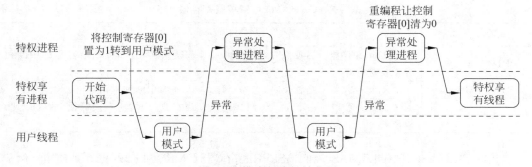

图 4-2　模式与特权转化图

特权级别提供了一种机制来保障访问存储器的关键区域,同时还提供了一个基本的安全模式。

通过写 CONTROL[0]=1,软件在特权访问级别可以使程序转换到用户访问级别。

用户程序不能够通过写控制寄存器直接变回特权状态。

它要经过一个异常处理程序设置 CONTROL[0]=0 使得处理器切换回特权访问级别。

1. 通过控制寄存器或异常来切换操作模式

由控制寄存器来定义处理器的模式和访问级别,如图 4-3 所示。当 CONTROL[0]=0,异常发生时只有处理器的模式发生了变化。访问级别始终停留在特权状态。

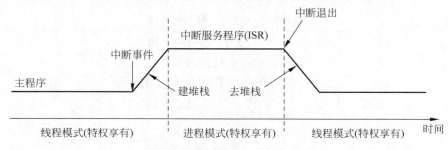

图 4-3　通过控制寄存器或异常来切换操作模式

2. 在中断时改变处理器模式

对于用户级别程序转换到特权状态,需要在处理程序产生一个中断(如 SVC 或呼叫系统服务)和写 CONTROL[0]=0,如图 4-4 所示。

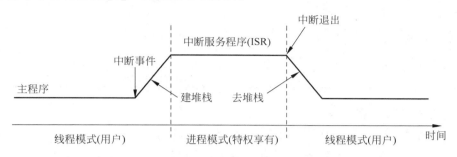

图 4-4 在中断时改变处理器模式

向量中断控制器,简称 NVIC,是 Cortex-M3 不可分离的一部分,它与 Cortex-M3 内核的逻辑紧密耦合。NVIC 的寄存器以存储器映射的方式来访问,除了包含控制寄存器和中断处理的控制逻辑之外,NVIC 还包含了 MPU 的控制寄存器、SysTick 定时器以及调试控制。

NVIC 共支持 1～240 个外部中断输入(通常外部中断写作 IRQs)。具体的数值由芯片厂商在设计芯片时决定。此外,NVIC 还支持一个不可屏蔽中断(NMI)输入。NMI 的实际功能也由芯片制造商决定。在某些情况下,NMI 无法由外部中断源控制。

NVIC 的访问地址是 0xE000_E000。所有 NVIC 的中断控制/状态寄存器都只能在特权级下访问。不过有一个例外——软件触发中断寄存器可以在用户级下访问以产生软件中断。所有的中断控制/状态寄存器均可按字、半字、字节的方式访问。此外,有几个中断屏蔽寄存器也与中断控制密切相关,它们是第 3 章中讲到的"特殊功能寄存器",只能通过 MRS/MSR 及 CPS 来访问。

每个外部中断都在 NVIC 的下列寄存器中"挂号"。

1. 使能与除能寄存器

Cortex-M3 中可以有 240 对使能位/除能位,每个中断拥有一对。这 240 对分布在 8 对 32 位寄存器中(最后一对没有用完)。欲使能一个中断,需要写 1 到对应 SETENA 的位中;欲除能一个中断,需要写 1 到对应的 CLRENA 位中;如果往它们中写 0,不会有任何效果。SETENA 位和 CLRENA 位可以有 240 对,对应的 32 位寄存器可以有 8 对,因此使用数字后缀来区分这些寄存器,如 SETENA0,SETENA1,…,SETENA7,如表 4-6 所示。但是在特定的芯片中,只有该芯片实现的中断,其对应的位才有意义。

表 4-6 SETENA 与 CLRENA 寄存器说明

名　　称	类型	地　　址	复位值	描　　述
SETENA0	R/W	0xE000_E100	0	中断 0～31 的使能寄存器,共 32 个使能位[n],中断♯n 使能(异常号 16+n)
SETENA1	R/W	0xE000_E104	0	中断 32～63 的使能寄存器,共 32 个使能位
…	…	…	…	…
SETENA7	R/W	0xE000_E11C	0	中断 224～239 的使能寄存器,共 16 个使能位

续表

名　　称	类型	地　　址	复位值	描　　述
CLRENA0	R/W	0xE000_E180	0	中断 0～31 的除能寄存器,共 32 个除能位[n],中断 #n 除能(异常号 16+n)
CLRENA1	R/W	0xE000_E184	0	中断 32～63 的除能寄存器,共 32 个除能位
...	...	...	...	...
CLRENA7	R/W	0xE000_E19C	0	中断 224～239 的除能寄存器,共 16 个除能位

2. 悬起与"解悬"寄存器

如果中断发生时,正在处理同级或高优先级异常,或者被掩蔽,则中断不能立即得到响应。此时中断被悬起。中断的悬起状态可以通过"中断设置悬起寄存器(SETPEND)"和"中断悬起清除寄存器(CLRPEND)"来读取,还可以写它们来手工悬起中断。具体使用说明如表 4-7 所示。

表 4-7　SETPEND 与 CLRPEND 寄存器说明

名　　称	类型	地　　址	复位值	描　　述
SETPEND0	R/W	0xE000_E200	0	中断 0～31 的悬起寄存器,共 32 个悬起位[n],中断 #n 使能(异常号 16+n)
SETPEND1	R/W	0xE000_E204	0	中断 32～63 的悬起寄存器,共 32 个悬起位
...	...	...	...	...
SETPEND7	R/W	0xE000_E21C	0	中断 224～239 的悬起寄存器,共 16 个悬起位
CLRPEND0	R/W	0xE000_E280	0	中断 0～31 的解悬寄存器,共 32 个解悬位[n],中断 #n 解悬(异常号 16+n)
CLRPEND1	R/W	0xE000_E284	0	中断 32～63 的解悬寄存器,共 32 个解悬位
...	...	...	...	...
CLRPEND7	R/W	0xE000_E29C	0	中断 224～239 的解悬寄存器,共 16 个解悬位

3. 优先级寄存器

每个外部中断都有一个对应的优先级寄存器,每个寄存器占用 8 位,但是允许最少只使用最高 3 位。4 个相邻的优先级寄存器拼成一个 32 位寄存器。

悬起寄存器和"解悬"寄存器也可以有 8 对,其用法与前面介绍的使能/除能寄存器完全相同。中断优先级寄存器如表 4-8 和表 4-9 所示。

表 4-8　中断优先级寄存器

名　　称	类　　型	地　　址	复　位　值	描　　述
PRI_0	R/W	0xE000_E400	0(8 位)	外中断 #0 的优先级
PRI_1	R/W	0xE000_E401	0(8 位)	外中断 #1 的优先级
...	...	...	...	...
PRI_239	R/W	0xE000_E4EF	0(8 位)	外中断 #239 的优先级

表 4-9　系统异常优先级寄存器

地　　址	名　　称	类　　型	复 位 值	描　　述
0xE000_ED18	PRI_4			存储器管理 fault 的优先级
0xE000_ED19	PRI_5			总线 fault 的优先级
0xE000_ED1A	PRI_6			用法 fault 的优先级
0xE000_ED1B	—	—	—	—
0xE000_ED1C	—	—	—	—
0xE000_ED1D	—	—	—	—
0xE000_ED1E	—	—	—	—
0xE000_ED1F	PRI_11			SVC 优先级
0xE000_ED20	PRI_12			调试监视器的优先级
0xE000_ED21	—	—	—	—
0xE000_ED22	PRI_14			PendSV 的优先级
0xE000_ED23	PRI_15			SysTick 的优先级

4. 活动状态寄存器

每个外部中断都有一个活动状态位。在处理器执行其 ISR 的第一条指令后,它的活动位就被置 1,并且直到 ISR 返回时才硬件清零。由于支持嵌套,允许高优先级异常抢占某个 ISR。然而,哪怕一个中断被抢占,其活动状态也依然为 1。

活动状态寄存器的定义,与前面讲的使能/除能和悬起/解悬寄存器相同,只是不再成对出现。它们也能按字、半字、字节访问,但它们是只读的,如表 4-10 所示。

表 4-10　ACTIVE 寄存器说明

名　　称	类　　型	地　　址	复位值	描　　述
ACTIVE0	RO	0xE000_E300	0	中断 0~31 的活动状态寄存器,共 32 个状态位 位[n],中断♯n 活动状态(异常号 16+n)
ACTIVE1	RO	0xE000_E304	0	中断 32~63 的活动状态寄存器,共 32 个状态位
…	…	…	…	…
ACTIVE7	RO	0xE000_E31C	0	中断 224~239 的活动状态寄存器,共 16 个状态位

另外,下列寄存器也对中断处理有重大影响

5. 异常掩蔽寄存器(PRIMASK、BASEPRI 以及 FAULTMASK)

PRIMASK 用于除能在 NMI 和硬 fault 之外的所有异常,它有效地把当前优先级改为 0(可编程优先级中的最高优先级)。FAULTMASK 把当前优先级改为 -1。这么一来,连硬 fault 都被掩蔽了。使用方案与 PRIMASK 的相似。但要注意的是,FAULTMASK 会在异常退出时自动清零。如果需要对中断掩蔽进行更细腻的控制——只掩蔽优先级低于某一阈值的中断,那么它们的优先级在数字上大于等于某个数。那么这个数存储在哪里?就存储在 BASEPRI 中。

为此,PRIMASK 用于开关中断,BASEPRI 用于屏蔽某些优先级的中断,FAULTMASK 用于设定异常的响应方式。

先看 PRIMASK 的使用例子。

例子：关中断。

```
MOV RO, #1
MSR PRIMASK,RO
```

例子：开中断。

```
MOV RO, #0
MSR PRIMASK,RO
```

也可以通过 CPS 指令快速完成上述功能：

```
CPSID i                    ;关中断
CPSIE i                    ;开中断
```

再看一下 BASEPRI 的用法。

例如，如果需要掩蔽所有优先级不高于 0x60 的中断，则可以如下编程：

```
MOV RO, #0x60
MSR BASEPRI,RO
```

如果需要取消 BASEPRI 对中断的掩蔽，则示例代码如下：

```
MOV RO, #0
MSR BASEPRI,RO
```

另外，还可以使用 BASEPRI_MAX 这个名字来访问 BASEPRI 寄存器，二者其实是同一个寄存器。但是当使用这个名字时，会使用一个条件写操作。其中原因如下：尽管二者在硬件水平上是同一个寄存器，但是生成的机器码不一样，从而硬件的行为也不同：使用 BASEPRI 时，可以任意设置新的优先级阈值；但是使用 BASEPRI_MAX 时，则"许进不许出"——只允许新的优先级阈值比原来的那个在数值上更小，也就是说，只能一次次地扩大掩蔽范围，反之则不行。

举例来说，检视下面的程序片断：

```
MOV RO, #0x60
MSR BASEPRI_MAX,RO         ;掩蔽优先级不高于 0x60 的中断
MOV RO, #0xf0
MSR BASEPRI_MAX,RO         ;本次设置被忽略，因为 0xf0 比 0x60 的优先级低
MOV RO, #0x40
MSR BASEPRI_MAX,RO         ;扩大掩蔽范围到优先级不高于 0x40 的中断
```

最后了解一下 FAULTMASK。FAULTMASK 与 Cortex-M3 内核的 Fault 异常有关。Fault 可以捕获非法内存方法和非法编程行为。Fault 异常能够检测到以下情况：

（1）总线 Fault(BUSFault)：在取址、数据读/写、取中断向量、进入/退出中断时寄存器堆栈操作(入栈/出栈)时检测到内存访问错误。

（2）存储器管理 Fault(MEMFault)：检测到内存访问违反了 MPU 定义的区域。

（3）用法 Fault(USGFault)：检测到未定义的指令异常，未对齐的多重加载/存储内存访问。如果使能相应控制位，还可以检测出除数为零以及其他未对齐的内存访问。

（4）硬 Fault：如果上面的总线 Fault、存储器管理 Fault、用法 Fault 的处理程序不能被执行（例如，禁能了总线 Fault、存储器管理 Fault、用法 Fault 异常或者在这些异常处理程序执行过程中又出现了 Fault），则触发硬 Fault。

所有非硬 Fault 具有可编程的优先级。当 Cortex-M 内核复位后，这些非硬 Fault 被禁能，可以在应用软件中通过设置"系统 Handler 控制及状态寄存器（SHCSR）"来使能非硬 Fault 异常。

与 FAULT 有关的标志位 MASK 见表 4-11 中备注勾选的部分。

表 4-11　SCB→SHCSR 寄存器

位	名　称	描　述	备注
[31:19]	—	保留	
[18]	USGFAULTENA	用法 Fault 使能位，设为 1 时使能	√
[17]	BUSFAULTENA	总线 Fault 使能位，设为 1 时使能	√
[16]	MEMFAULTENA	存储器管理 Fault 使能位，设为 1 使能	√
[15]	SVCALLPENDED	SVC 调用挂起位，如果异常挂起，则该位读为 1	
[14]	BUSFAULTPENDED	总线 Fault 异常挂起位，如果异常挂起，则该位读为 1	√
[13]	MEMFAULTPENDED	存储器 Fault 故障异常挂起位，如果异常挂起，则该位读为 1	√
[12]	USGFAULTPENDED	用法 Fault 异常挂起位，如果异常挂起，则该位读为 1	√
[11]	SYSTICKACT	SysTick 异常有效位，如果异常有效，则该位读为 1	
[10]	PENDSVACT	PendSV 异常有效位，如果异常有效，则该位读为 1	
[9]	—	保留	
[8]	MONITORACT	调试监控有效位，如果调试监控有效，则该位读为 1	
[7]	SVCALLACT	SVC 调用有效位，如果 SVC 调用有效，则该位读为 1	
[6:4]	—	保留	
[3]	USGFAULTACT	用法 Fault 异常有效位，如果异常有效，则该位读为 1	√
[2]	—	保留	
[1]	BUSFAULTACT	总线 Fault 异常有效位，如果异常有效，则该位读为 1	√
[0]	MEMFAULTACT	存储器管理 Fault 异常有效位，如果异常有效，则该位读为 1	√

6. 软件触发中断寄存器

软件中断，包括手工产生的普通中断，能以多种方式产生。最简单的就是使用相应的 SETPEND 寄存器；而更专业更快捷的做法，则是通过使用软件触发中断寄存器 STIR，如表 4-12 所示。

表 4-12　软件触发中断寄存器 STIR（地址：0xE000_EF00）

位　段	名　称	类　型	复位值	描　述
8：0	INTID	W	—	影响编号为 INTID 的外部中断，其悬起位被置位。例如，写入 8，则悬起 IRQ♯8

其他的还有优先级分组位段寄存器和向量表偏移量寄存器,这里就不细述了。

4.2 中断建立全过程的演示

下面给出一个简单的例子,以演示如何建立一个外部中断。

(1) 当系统启动后,先设置优先级组寄存器。默认情况下使用组 0(7 位抢占优先级,1 位亚优先级)。

(2) 如果需要重定位向量表,先把硬 fault 和 NMI 服务例程的入口地址写到新表项所在的地址中。

(3) 配置向量表偏移量寄存器,使之指向新的向量表(如果有重定位)。

(4) 为该中断建立中断向量。因为向量表可能已经重定位了,保险起见需要先读取向量表偏移量寄存器的值,再根据该中断在表中的位置,计算出服务例程入口地址应写入的表项,再填写之。如果一直使用 ROM 中的向量表,则无须此步骤。

(5) 为该中断设置优先级。

(6) 使能该中断。

示例汇编代码如下:

```
LDR R0, = 0xE000ED0C          ;应用程序中断及复位控制寄存器
LDR R1, = 0x05FA0500          ;使用优先级组 5 (2/6)

STR R1,[R0]                   ;设置优先级组
...
MOV R4, #8                    ;ROM 中的向量表
LDR R5, = (NEW_VECT_TABLE + 8)
LDMIA R4!,{R0 - R1}           ;读取 NMI 和硬 fault 的向量
STMIA R5!,{R0 - R1}           ;复制它们的向量到新表中
...
LDR R0, = 0xE000ED08          ;向量表偏移量寄存器的地址
LDR R1, = NEW_VECT_TABLE
STR R1,[R0]                   ;把向量表重定位
...
LDR R0, = IRQ7_Handler        ;取得 IRQ #7 服务例程的入口地址
LDR R1, = 0xE000ED08          ;向量表偏移量寄存器的地址
LDR R1,[R1]
ADD R1,R1, #(4 * (7 + 16))    ;计算 IRQ #7 服务例程的入口地址
STR R0,[R1]                   ;在向量表中写入 IRQ #7 服务例程的入口地址
...
LDR R0, = 0xE000E400          ;外部中断优先级寄存器阵列的基地址
MOV R1, #0xC0
STRB R1,[R0, #7]              ;把 IRQ #7 的优先级设置为 0xC0
...
LDR R0, = 0xE000E100          ;SETEN 寄存器的地址
MOV R1, #(1 << 7)             ;置位 IRQ #7 的使能位
STR R1,[R0]                   ;使能 IRQ #7
```

另外,如果优先级组设置使得中断嵌套层次可以很深,则务必确认主堆栈空间足够用。

4.3　复位序列

在离开复位状态后,Cortex-M3 做的第一件事就是读取下列两个 32 位整数的值:

(1)从地址 0x00000000 处取出 MSP 的初始值。

(2)从地址 0x00000004 处取出 PC 的初始值——这个值是复位向量,LSB 必须是 1。然后从这个值所对应的地址处取指。

这与传统的 ARM 架构不同——其实也和绝大多数的其他微处理器不同。传统的 ARM 架构总是从 0 地址开始执行第一条指令。它们的 0 地址处总是一条跳转指令。在 Cortex-M3 中,0 地址处提供 MSP 的初始值,然后就是向量表(向量表在以后还可以被移至其他位置)。向量表中的数值是 32 位的地址,而不是跳转指令。向量表的第一个条目指向复位后应执行的第一条指令。图 4-5 所示是一个初始化示例。

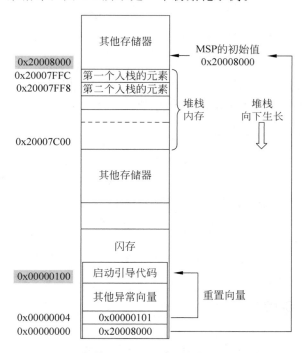

图 4-5　初始 MSP 及 PC 初始化的一个范例

因为 Cortex-M3 使用的是向下生长的满栈,所以 MSP 的初始值必须是堆栈内存的末地址加 1。举例来说,如果堆栈区域在 0x20007C00~0x20007FFF 之间,那么 MSP 的初始值就必须是 0x20008000(见图 4-5)。向量表跟随在 MSP 的初始值之后,也就是第 2 个表目。要注意,因为 Cortex-M3 是在 Thumb 态下执行,所以向量表中的每个数值都必须把 LSB 置 1(也就是奇数)。

4.4　中断咬尾

Cortex-M3 为缩短中断延迟做了很多努力,第一个要提的,就是新增的"咬尾中断"(tail-chaining)机制。当处理器在响应某异常时,如果又发生其他异常,但它们优先级不够高,则被阻塞。

  Cortex-M3 不会 POP 这些寄存器,而是继续使用上一个异常已经 PUSH 好的成果,从而降低了频繁的进出栈消耗(见图 4-6)。这么一来,看上去好像后一个异常把前一个的尾巴咬掉了,前前后后只执行了一次入栈/出栈操作。

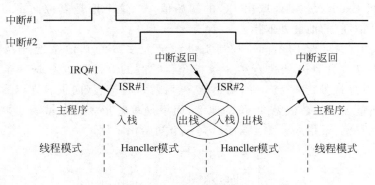

图 4-6 异常咬尾示意图

  如图 4-7 所示,与常规处理比较,代码序列也变得短了很多。一个主要的不同:ARM7是在汇编代码中处理中断,而 Cortex-M3 是在硬件中处理了中断。

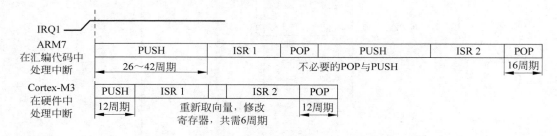

图 4-7 异常咬尾与常规处理的比较(以 ARM7TDMI 为例)

4.5 晚到异常

  Cortex-M3 的中断处理还有另一个机制,它强调了优先级的作用,这就是"晚到的异常处理"。当 Cortex-M3 对某异常的响应序列还处在早期:入栈的阶段,尚未执行其服务例程时,如果此时收到了高优先级异常的请求,则本次入栈就成为高优先级中断了——入栈后,将执行高优先级异常的服务例程。可见,它虽然来晚了,却还是因优先级高而受到偏袒,低优先级的异常为它"火中取栗"。

  例如,若在响应某低优先级异常♯1的早期,检测到了高优先级异常♯2,则只要♯2没有太晚,就能以"晚到中断"的方式处理——在入栈完毕后执行 ISR ♯2,如图 4-8 所示。如果异常♯2来得太晚,以至于已经执行了 ISR ♯1 的指令,则按普通的抢占处理,这会需要更多的处理器时间和额外 32 字节的堆栈空间。

  在 ISR ♯2 执行完毕后,则以"咬尾中断"方式来启动 ISR ♯1 的执行。

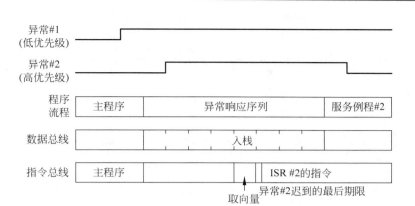

图 4-8 晚到异常的处理模式图

4.6 位带操作

支持位带操作,可以使用普通的加载/存储指令来对单一的比特进行读写。Cortex-M3
支持了位操作后,可以使用普通的加载/存储指令来对单一的比特进行读写。在 Cortex-M3
支持的位带中,有两个区中实现了位带。

其中一个是 SRAM 区的最低 1MB 范围(见图 4-9),0x20000000～0x200FFFFF(SRAM 区
中的最低 1MB);另一个则是片内外设区的最低 1MB 范围,0x40000000～0x400FFFFF(片
上外设区中的最低 1MB)。

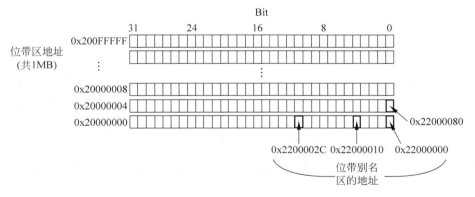

图 4-9 位带区与位带别名区

这两个区中的地址除了可以像普通的 RAM 一样使用外,它们还都有自己的"位带别名
区",位带别名区把每个 bit 膨胀成一个 32 位的字(见图 4-10)。当通过位带别名区访问这
些字时,就可以达到访问原始比特的目的。

例如,RAM 地址 0x20000000(一个字节)扩展到"位带别名区"的 8 个 32 位的字,分别
是 0x20000000.0=0x22000000、0x20000000.1=0x22000004、0x20000000.2=0x22000008、
0x20000000.3=0x2200000C、0x20000000.4=0x22000010、0x20000000.5=0x22000014、
0x20000000.6=0x22000018、0x20000000.7=0x2200001C。

举例:欲设置地址 0x2000_0000 中的比特 2,则使用位带操作的设置过程如图 4-11 所示。

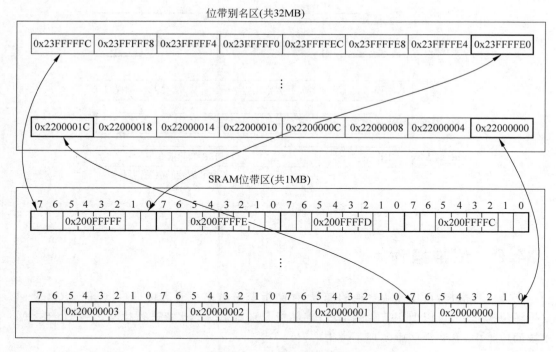

图 4-10   位带区与位带别名区的膨胀对应关系图

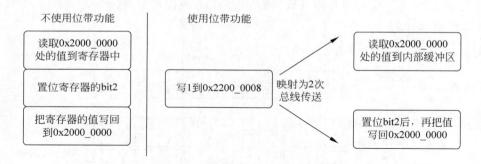

图 4-11   写数据到位带别名区

没有位带操作和用位带操作的汇编指令代码如图 4-12 所示,明显用了位带的指令序列长度短。

无位带		有位带	
LDR R0,=0x20000000	;建立地址	LDR R0,=0x22000008	;建立地址
LDR R1,[R0]	;读	MOV R1,#1	;建立数据
ORR.W R1,#0x4	;修改位	STR R1,[R0]	;写
STR R1,[R0]	;写回结果		

图 4-12   没有位带操作和用位带操作的汇编指令代码

位带读操作相对简单些,如图 4-13 所示。

读取比特时传统方法与位带方法的比较如图 4-14 所示。

图 4-13　从位带别名区读取比特

无位带		有位带	
LDR R0,=0x20000000	;建立地址	LDR R0,=0x22000008	;建立地址
LDR R1,[R0]	;读	LDR R1,[R0]	;读
UBFX.W R1,R1,#2,#1	;提取 bit2		

图 4-14　读取比特时传统方法与位带方法的比较

Cortex-M3 使用如下术语来表示位带存储的相关地址：

(1) 位带区：支持位带操作的地址区。

(2) 位带别名：对别名地址的访问最终作用到位带区的访问上(注意：其中有一个地址映射过程)。带区中的每个比特都映射到别名地址区的一个字，这是只有 LSB 有效的字(位带别名区的字只有最低位有意义)。

对于 SRAM 中的某个比特,该比特在位带别名区的地址：

$AliasAddr = 0x22000000 + ((A - 0x20000000) * 8 + n) * 4 = 0x22000000 + (A - 0x20000000) * 32 + n * 4$

对于片上外设位带区的某个比特,该比特在位带别名区的地址：

$AliasAddr = 0x42000000 + ((A - 0x40000000) * 8 + n) * 4 = 0x42000000 + (A - 0x40000000) * 32 + n * 4$

其中,A 为该比特所在的字节的地址,$0 \leqslant n \leqslant 7$,"* 4"表示一个字为 4 字节,"* 8"表示一个字节中有 8 比特。

当然,位带操作并不只限于以字为单位的传送,也可以按半字和字节为单位传送。位带操作有很多好处,其中重要的一项就是,在多任务系统中,用于实现共享资源在任务间的"互锁"访问。多任务的共享资源必须满足一次只有一个任务访问它,即所谓的"原子操作"。

把"位带地址+位序号"转换别名地址宏：

```
#define BITBAND(addr,bitnum)  ((addr&0xF0000000) + 0x2000000 + ((addr&0xFFFFF)<< 5) + (bitnum << 2)):
```

把该地址转换成一个指针：

```
#define MEM_ADDR(addr)  * ((volatile unsigned long * )(addr))
#define BIT_ADDR(addr,bitnum)  MEM_ADDR(BITBAND(addr,bitnum))
```

可进行位操作：

```
BIT_ADDR(PORTA,2) = 0;          //GPIOA.2 = 0;
BIT_ADDR(PORTB,3) = 1;          //GPIOB.3 = 1;
```

在位带区中,每个比特都映射到别名地址区的一个字,这是只有 LSB 有效的字。当一个别名地址被访问时,会先把该地址变换成位带地址。对于读操作,读取位带地址中的一个字,再把需要的位右移到 LSB,并把 LSB 返回。对于写操作,把需要写的位左移至对应的位序号处,然后执行一个原子的"读-改-写"过程。

位带究竟有什么优越性呢? 最容易想到的就是通过 GPIO 的引脚来单独控制每盏 LED 的亮灭。另外,也对操作串行接口器件提供了很大的方便(典型如 74HC165、CD4094)。总之,位带操作对于硬件 I/O 密集型的底层程序最有用处。

位带操作还能用来化简跳转的判断。当跳转依据是某个位时,以前必须这样做:读取整个寄存器,掩蔽不需要的位和比较并跳转。现在只需要带别名区读取状态位,然后比较并跳转。

使代码更简洁,这只是位带操作优越性的初等体现,位带操作还有一个重要的好处是在多任务中,用于实现共享资源在任务间的"互锁"访问。多任务的共享资源必须满足一次只有一个任务访问它,即所谓的"原子操作"。以前的"读-改-写"需要三条指令,导致这中间留有两个能被中断的空当。

同样的紊乱危象可以出现在多任务的执行环境中。其实,图 4-15 所演示的情况可以看作是多任务的一个特例:主程序是一个任务,ISR 是另一个任务,这两个任务并发执行。主程序从中断中回到线程模式化后,中断时修改的位值就丢失了。通过使用 Cortex-M3 的位带操作,就可以消灭上例中的紊乱危象。Cortex-M3 把这个"读-改-写"做成一个硬件级别支持的原子操作,不能被中断,如图 4-16 所示。

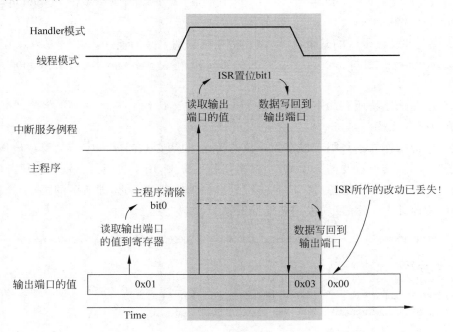

图 4-15　多任务传统方法中读写位时可能出现被中断

位带操作并不只限于以字为单位的传送,可以按半字和字节为单位传送。例如,可以使用 LDRB/STRB 来以字节为长度单位去访问位带别名区,同理可用于 LDRH/STRH。但

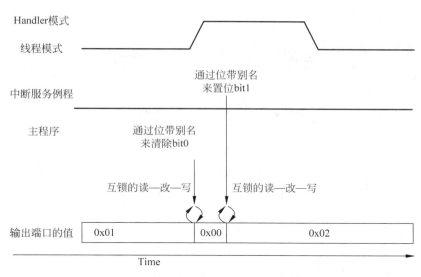

图 4-16 通过位带操作实现互锁访问从而避免紊乱现象

是不管用哪一个对子,都必须保证目标地址对齐到字的边界上。

Cortex-M3 存储器映像包括两个位段(bit-band)区。这两个位段区将别名存储器区中的每个字映射到位段存储器区的一个位,在别名存储区写入一个字具有对位段区的目标位执行读—改—写操作的相同效果。

在 STM32F10xxx 里,外设寄存器和 SRAM 都被映射到一个位段区里,这允许执行单一的位段的写和读操作。

下面的映射公式给出了别名区中的每个字是如何对应位带区的相应位的:

bit_word_addr = bit_band_base+(byte_offset x 32)+(bit_number × 4)

其中,bit_word_addr 是别名存储器区中字的地址,它映射到某个目标位;bit_band_base 是别名区的起始地址;byte_offset 是包含目标位的字节在位段里的序号;bit_number 是目标位所在位置(0~31)。

在 Cortex-M3 支持的位段中,有两个区中实现了位段。其中一个是 SRAM 区的最低 1MB 范围,0x20000000~0x200FFFFF(SRAM 区中的最低 1MB);另一个则是片内外设区的最低 1MB 范围,0x40000000~0x400FFFFF(片上外设区中的最低 1MB)。

在 C 语言中使用位段操作,在 C 编译器中并没有直接支持位段操作。例如,C 编译器并不知道对于同一块内存,能够使用不同的地址来访问,也不知道对位段别名区的访问只对 LSB 有效。欲在 C 中使用位段操作,最简单的做法就是 #define 一个位段别名区的地址。例如:

```
#define DEVICE_REG0 ((volatile unsigned long *) (0x40000000))
#define DEVICE_REG0_BIT0 ((volatile unsigned long *) (0x42000000))
#define DEVICE_REG0_BIT1 ((volatile unsigned long *) (0x42000004))
...
* DEVICE_REG0 = 0xab;          //使用正常地址访问寄存器
* DEVICE_REG0_BIT1 = 0x1;
```

还可以更简化：

```
//把"位带地址 + 位序号" 转换成别名地址的宏
#define BITBAND(addr, bitnum)((addr& 0xF0000000) + 0x2000000 + ((addr& 0xFFFF) << 5) +
(bitnum << 2))
//把该地址转换成一个指针
#define MEM_ADDR(addr) *((volatile unsigned long *)(addr))
```

于是：

```
MEM_ADDR(DEVICE_REG0) = 0xAB;                    //使用正常地址访问寄存器
MEM_ADDR(BITBAND(DEVICE_REG0,1)) = 0x1;          //使用位段别名地址
```

注意：当使用位段功能时，要访问的变量必须用 volatile 来定义。因为 C 编译器并不知道同一个比特可以有两个地址。所以就要通过 volatile，使得编译器每次都如实地把新数值写入存储器，而不再会出于优化的考虑，在中途使用寄存器来操作数据的副本，直到最后才把副本写回。

实际上，在写程序时都有这样的定义：

```
#define BITBAND(addr, bitnum) ((addr& 0xF0000000) + 0x2000000 + ((addr&0xFFFF) << 5) +
(bitnum << 2))
#define MEM_ADDR(addr) *((volatile unsigned long *)(addr))
#define BIT_ADDR(addr,bitnum) MEM_ADDR(BITBAND(addr,bitnum))
```

然后定义：

```
#define GPIOA_ODR_Addr (GPIOA_BASE + 12)    //0x4001080C
```

最后操作：

```
#define PAout(n) BIT_ADDR(GPIOA_ODR_Addr,n)    //输出 ODR 保存要输出的数据；IDR 保存读入的数据
```

4.7 互斥访问

Cortex-M3 中没有类似 SWP 的指令。在传统的 ARM 处理器中，SWP 指令是实现互斥体所必需的。到了 Cortex-M3，由所谓的互斥访问取代了 SWP 指令，以实现更加老练的共享资源访问保护机制。

互斥体在多任务环境中使用，也在中断服务例程和主程序之间使用，用于给任务申请共享资源(如一块共享内存)。再在某个(排他型)共享资源被一个任务拥有后，直到这个任务释放它之前，其他任务是不得再访问它的。为建立一个互斥体，需要定义一个标志变量，以指示其对应的共享资源是否已经被某任务拥有。当另一个任务欲取得此共享资源时，它要先检查这个互斥体，看资源是否无人使用。在传统的 ARM 处理器中，这种检查操作是通过 SWP 指令来实现的。SWP 保证互斥体检查是原子操作的，从而避免了一个共享资源同时

被两个任务占有(这是紊乱危象的一种常见表现形式)。

在新版的 ARM 处理器中,读/写访问往往使用不同的总线,导致 SWP 无法再保证操作的原子性,因为只有在同一条总线上的读/写能实现一个互锁的传送。因此,互锁传送必须用另外的机制实现,这就引入了"互斥访问"。互斥访问的理念同 SWP 非常相似,不同点在于:在互斥访问操作下,允许互斥体所在的地址被其他总线 master 访问,也允许被其他运行在本机上的任务访问,但是 Cortex-M3 能够"驳回"有可能导致竞态条件的互斥写操作。

互斥访问分为加载和存储,相应的指令对为 LDREX/STREX、LDREXH/STREXH、LDREXB/STREXB,分别对应于字、半字、字节。这些指令的使用前面已经介绍过。

## 第 5 章

C 语言与汇编语言混编

从前面章节里可以看到,汇编指令代码的阅读与一般语言相差太远,而比较困难。为此常在编写嵌入式程序时,不直接全部使用指令集。C 语言最初就是针对汇编难读写而发展出来的,其采用指针的使用与指令汇编中的地址概念非常相似,将程序中的部分代码使用 C 编写也是一个很常见的选择。

5.1 ATPCS 与 AAPCS

为了使单独编译的 C 语言程序和汇编程序之间能够相互调用,必须为子程序之间的调用规定一定的规则。ATPCS 就是 ARM 程序和 THUMB 程序中子程序调用的基本规则。

1. ATPCS 概述

ATPCS 规定了一些子程序之间调用的基本规则。这些基本规则包括子程序调用过程中寄存器的使用规则、数据栈的使用规则、参数的传递规则。为适应一些特定的需要,对这些基本的调用规则进行一些修改得到几种不同的子程序调用规则,这些特定的调用规则包括支持数据栈限制检查的 ATPCS、支持只读段位置无关的 ATPCS、支持可读写段位置无关的 ATPCS、支持 ARM 程序和 THUMB 程序混合使用的 ATPCS、处理浮点运算的 ATPCS。

有调用关系的所有子程序必须遵守同一种 ATPCS。编译器或者汇编器在 ELF 格式的目标文件中设置相应的属性,标识用户选定的 ATPCS 类型。对应不同类型的 ATPCS 规则,有相应的 C 语言库,连接器根据用户指定的 ATPCS 类型连接相应的 C 语言库。

使用 ADS 的 C 语言编译器编译的 C 语言子程序满足用户指定的 ATPCS 类型。而对于汇编语言程序来说,完全要依赖用户来保证各子程序满足选定的 ATPCS 类型。具体来说,汇编语言子程序必须满足下面三个条件:在子程序编写时必须遵守相应的 ATPCS 规则;数据栈的使用要遵守 ATPCS 规则;在汇编编译器中使用-atpcs 选项。

2. 基本 ATPCS

基本 ATPCS 规定了在子程序调用时的一些基本规则,包括以下三个方面的内容:各寄存器的使用规则及其相应的名字;数据栈的使用规则;参数传递的规则。相对于其他类型的 ATPCS,满足基本 ATPCS 程序的执行速度更快,所占用的内存更少。但是它不能提供以下的支持:ARM 程序和 THUMB 程序相互调用;数据以及代码的位置无关的支持;子程序的可重入性;数据栈检查的支持。而派生的其他几种特定的 ATPCS 就是在基本

ATPCS 的基础上再添加其他的规则而形成的。其目的就是提供上述的功能。

寄存器的使用规则：

（1）子程序通过寄存器 R0～R3 来传递参数。这时寄存器可以记作 A0～A3，被调用的子程序在返回前无须恢复寄存器 R0～R3 的内容。

（2）在子程序中，使用 R4～R11 来保存局部变量，这时寄存器 R4～R11 可以记作 V1～V8。如果在子程序中使用到 V1～V8 的某些寄存器，子程序进入时必须保存这些寄存器的值，在返回前必须恢复这些寄存器的值，对于子程序中没有用到的寄存器则不必执行这些操作。在 THUMB 程序中，通常只能使用寄存器 R4～R7 来保存局部变量。

（3）寄存器 R12 用作子程序间 scratch 寄存器，记作 IP；在子程序的连接代码段中经常会有这种使用规则。

（4）寄存器 R13 用作数据栈指针，记作 SP，在子程序中寄存器 R13 不能用作其他用途。寄存器 SP 在进入子程序时的值和退出子程序时的值必须相等。

（5）寄存器 R14 用作连接寄存器，记作 IR；它用于保存子程序的返回地址，如果在子程序中保存了返回地址，则 R14 可用作其他的用途。

（6）寄存器 R15 是程序计数器，记作 PC；它不能用作其他用途。

ATPCS 中的各寄存器在 ARM 编译器和汇编器中都是预定义的，如表 5-1 所示。

表 5-1　ATPCS 中寄存器的定义

寄 存 器	别　　名	特殊名称	使 用 规 则
R15		PC	程序计数器
R14		LR	连接寄存器
R13		SP	数据栈指针
R12		IP	子程序内部调用的 Scratch 寄存器
R11	V8		ARM 状态局部变量寄存器 8
R10	V7	Sl	ARM 状态局部变量寄存器 7 在支持数据检查的 ATPCS 中为数据栈限制指针
R9	V6	SB	ARM 状态局部变量寄存器 6 在支持 RWPI 的 ATPCS 中为静态基址寄存器
R8	V5		ARM 状态局部变量寄存器 5
R7	V4	WR	ARM 状态局部变量寄存器 4 Thumb 状态工作寄存器
R6	V3		局部变量寄存器 3
R5	V2		局部变量寄存器 2
R4	V1		局部变量寄存器 1
R3	A4		参数/结果/Scratch 寄存器 4
R2	A3		参数/结果/Scratch 寄存器 3
R1	A2		参数/结果/Scratch 寄存器 2
R0	A1		参数/结果/Scratch 寄存器 1

3．数据栈的使用规则

栈指针通常可以指向不同的位置。当栈指针指向栈顶元素（即最后一个入栈的数据元素)时,称为满(FULL)栈。当栈指针指向与栈顶元素相邻的一个元素时,称为空(Empty)栈。数据栈的增长方向也可以不同。当数据栈向内存减小的地址方向增长时,称为Descending栈;当数据栈向着内存地址增加的方向增长时,称为Ascending栈。综合这两种特点可以有以下4种数据栈:FD、ED、FA和EA。FD表示满递减;ED表示空递减;FA表示满递增;EA表示空递增。

ATPCS规定数据栈为FD类型,并对数据栈的操作是8字节对齐的。下面是一个数据栈的示例及相关的名词。

(1)数据栈栈指针。stack pointer指向最后一个写入栈的数据的内存地址。

(2)数据栈的基地址。stack base是指数据栈的最高地址。由于ATPCS中的数据栈是FD类型的,实际上数据栈中最早入栈数据占据的内存单元是基地址的下一个内存单元。

(3)数据栈界限。stack limit是指数据栈中可以使用的最低的内存单元地址。

(4)已占用的数据栈。used stack是指数据栈的基地址和数据栈栈指针之间的区域。其中包括数据栈栈指针对应的内存单元。

(5)数据栈中的数据帧(stack frames)是指在数据栈中,为子程序分配而用来保存寄存器和局部变量的区域。

异常中断的处理程序可以使用被中断程序的数据栈,这时用户要保证中断的程序数据栈足够大。使用ADS编译器产生的目标代码中包含了DRFAT2格式的数据帧。在调试过程中,调试器可以使用这些数据帧来查看数据栈中的相关信息。而对于汇编语言来说,用户必须使用FRAME伪操作来描述数据栈中的数据帧。ARM汇编器根据这些伪操作在目标文件中产生相应的DRFAT2格式的数据帧。

在ARMv5TE中,批量传送指令LDRD/STRD要求数据栈是8字节对齐的,以提高数据的传送速度。用ADS编译器产生的目标文件中,外部接口的数据栈都是8字节对齐的,并且编译器将告诉连接器:本目标文件中的数据栈是8字节对齐的。而对于汇编程序来说,如果目标文件中包含了外部调用,则必须满足以下条件:外部接口的数据栈一定是8位对齐的,也就是要保证在进入该汇编代码后,直到该汇编程序调用外部代码之间,数据栈的栈指针变化为偶数个字;在汇编程序中使用PRESERVE8伪操作告诉连接器,本汇编程序是8字节对齐的。

4. 参数的传递规则

根据参数个数是否固定,可以将子程序分为参数个数固定的子程序和参数个数可变的子程序。这两种子程序的参数传递规则是不同的。

1) 参数个数可变的子程序参数传递规则

对于参数个数可变的子程序,当参数不超过4个时,可以使用寄存器R0~R3来进行参数传递,当参数超过4个时,还可以使用数据栈来传递参数。在参数传递时,将所有参数看作存放在连续的内存单元中的字数据。然后,依次将各名字数据传送到寄存器R0、R1、R2、R3;如果参数多于4个,则将剩余的字数据传送到数据栈中,入栈的顺序与参数顺序相反,即最后一个字数据先入栈。按照上面的规则,一个浮点数参数可以通过寄存器传递,还可以通过数据栈传递,还可能一半通过寄存器传递,另一半通过数据栈传递。

2) 参数个数固定的子程序参数传递规则

对于参数个数固定的子程序,参数传递与参数个数可变的子程序参数传递规则不同,如果系统包含浮点运算的硬件部件，浮点参数将按照下面的规则传递：各个浮点参数按顺序处理；为每个浮点参数分配 FP 寄存器。分配的方法是，满足该浮点参数需要的且编号最小的一组连续的 FP 寄存器。第一个整数参数通过寄存器 R0～R3 来传递，其他参数通过数据栈传递。子程序结果返回规则：

（1）结果为一个 32 位的整数时，可以通过寄存器 R0 返回。

（2）结果为一个 64 位整数时，可以通过 R0 和 R1 返回，依此类推。

（3）结果为一个浮点数时，可以通过浮点运算部件的寄存器 f0、d0 或者 s0 来返回。

（4）结果为一个复合的浮点数时，可以通过寄存器 f0～fN 或者 d0～dN 来返回。

（5）对于位数更多的结果，需要通过调用内存来传递。

5．支持数据栈限制检查的 ATPCS

如果在程序设计期间能够准确地计算出程序所需的内存总量，就不需要进行数据栈的检查，但是在通常情况下这是很难做到的，这时需要进行数据栈的检查。在进行数据栈的检查时，使用寄存器 R10 作为数据栈限制指针，这时寄存器 R10 又记作 sl。用户在程序中不能控制该寄存器。具体来说，支持数据栈限制的 ATPCS 要满足下面的规则：在已经占有的栈的最低地址和 sl 之间必须有 256 字节的空间，也就是说，sl 所指的内存地址必须比已经占用的栈的最低地址低 256 个字节。当中断处理程序可以使用用户的数据栈时，在已经占用的栈的最低地址和 sl 之间除了必须保留的 256 个字节的内存单元外，还必须为中断处理预留足够的内存空间；用户在程序中不能修改 sl 的值；数据栈栈指针 sp 的值必须不小于 sl 的值。

与支持数据栈限制检查的 ATPCS 相关的编译/汇编选项有下面 3 种：

（1）选项/SWST。指示编译器生成的代码遵守支持数据栈限制检查的 ATPCS，用户在程序设计期间不能够准确计算程序所需的数据栈大小时，需要指定该选项。

（2）选项/noswst。指示编译器生成的代码不支持数据栈限制检查的功能，用户在程序设计期间能够准确计算出程序所需的数据栈大小，可以指定该选项，这个选项是默认的。

（3）选项/SWSTNA。如果汇编程序对于是否进行数据栈检查无所谓，而与该汇编程序连接的其他程序指定了选项 swst/noswst，这时使用该选项。

编写遵守支持数据栈限制检查的 ATPCS 的汇编语言程序。

对于 C 程序和 C++ 程序来说，如果在编译时指定了选项 SWST，生成的目标代码将遵守支持数据栈限制检查的 ATPCS。对汇编语言程序来说，如果要遵守支持数据栈限制检查的 ATPCS，用户在编写程序时必须满足支持数据栈限制检查的 ATPCS 所要求的规则，然后指定选项 SWST。下面介绍用户编写汇编语言程序时的一些要求。

叶子子程序是指不调用别的程序的子程序。数据栈小于 256 字节的叶子子程序不需要进行数据栈检查，如果几个子程序组合起来构成的叶子子程序数据栈也小于 256 字节，这个规则同样适用。数据栈小于 256 字节的非叶子子程序可以使用下面的代码段来进行数据栈检查。

ARM 程序使用：

```
SUB sp,sp,♯size    ;♯size 为 sp 和 sl 之间必须保留的空间大小
CMP sp,sl;
BLLO _ARM_stack_overflow
```

THUMB 程序使用:

```
ADD sp,#－size   ;#size 为 sp 和 sl 之间必须保留的空间大小
CMP sp,sl;
BLLO _THUMB_stack_overflow
```

数据栈大于 256 字节的子程序,为了保证 sp 的值不小于数据栈可用的内存单元最小的
地址值,需要引入相应的寄存器。

ARM 程序使用下列代码:

```
SUB ip,sp,#size;
CMP ip,sl;
BLLO _ARM_stack_overflow
```

THUMB 程序使用下列代码:

```
LDR wr,#－size;
ADD wr,sp;
CMP wr,sl;
BLLO _THUMB_stack_overflow
```

在编译或汇编时,使用/interwork 告诉编译器或汇编器生成的目标代码遵守支持
ARM 程序和 THUMB 程序混合使用的 ATPCS,它用在以下场合:程序中存在 ARM 程序
调用 THUMB 程序的情况;程序中存在 THUMB 程序调用 ARM 程序的情况;需要连接器
来进行 ARM 状态和 THUMB 状态切换的情况。在下述情况下使用选项 nointerwork:程
序中不包含 THUMB 程序;用户自己进行 ARM 程序和 THUMB 程序切换。需要注意的
是:在同一个 C/C++程序中不能同时有 ARM 指令和 THUMB 指令。

5.2　嵌入式 C 编写与编译

由于 C 语言的广泛接受和飞速发展,各种版本的 C 语言层出不穷。从最初做简单运算
的 C 到能够表达更加近人的逻辑的面向对象的 C++、C♯。嵌入式程序的 C 语言和其他 C
语言有什么区别呢? 首先要告诉大家,嵌入式的 C 程序编写与现在的很多高级编程很不
相同。

很多文献都写,由于空间受限,要求嵌入式程序必须短小。其实这里的短小,并非指编
写的代码长短,而是指编译成二进制文件的大小。为此,要达到这个目标,必须对 C 语言是
如何变成二进制的有一个粗略的了解。

C 语言是被编译器一句一句先翻译成汇编指令集,然后再由指令集到二进制的。由前
面章节的介绍可以知道,不同的指令会有相应的一串二进制代码来对应,这串二进制代码是
与微处理器指令长度一致的。例如,ARM 有 32 位,也有 16 位指令。如果是 Thumb 指令
集,那么一句指令对应一个 16 位的二进制是一定的。那么一句 C 语言程序会被翻译成几
句指令集,就跟这句 C 语言会被翻译成几句指令有关了。

之前有一个模糊的概念,认为所有的代码都存在一个连续的内存空间里。但通过编译后,其实不是所有代码都存在连续空间的。微处理器里的存储空间有 Flash ROM 和 RAM 之分,一般会将常量、常数等存在 Flash ROM 中,不用常被修改。而把变量、函数堆栈等都存在 RAM 中,以方便在运行时常常改变。寄存器是微处理器里被频繁使用的存储空间,常用来存放做计算的操作数。因此,一个程序被编译成二进制后,会变得四分五裂,分别保存在不同的地方。

从图 5-1 中可以看到:一小段 C 语言代码,int a,b;a 和 b 这两个变量是存在 RAM 中的初始化数据中;c=123,是 const 标明的常量,被存在了 Flash ROM 的常数段落。

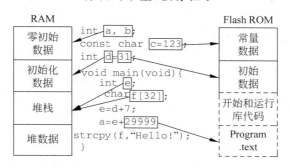

图 5-1　程序编译后在内存的可能分配示例

d=31,d 是变量存在 RAM,而赋给的值 31 是常量,被存在 Flash ROM 里。下面的 e、f 等由于是处于函数 main 里,所以是动态变量,被放在 ROM 的函数堆栈区域,赋给的常量或者运算的值是常量,在 ROM 常数的程序相关部分。这个图里面还没有表示出这些代码编译成二进制时所运用的寄存器。

为此,逐一来看各种 C 语言元素被编译成指令集的过程,从而更加认识到在写嵌入式 C 程序的时候需要注意的一些地方。

第一个不同点:数据类型尽量考虑整型。

处理器的指令集是非常简单的,只有一个单一的数据类型,即整型。而 C 语言的数据类型很丰富,包括整型、浮点型、字符型等。为了减少转换带来的额外开销,编写嵌入式 C 程序的时候,尽量采用整型,或能够用整型直接表达的类型,如字符型。总而言之,越简单越好。对局部变量、函数参数和返回值要使用 signed 和 unsigned int 类型。这样可以避免类型转换,而且可高效地使用 ARM 的 32 位数据操作指令。

char 或 short 类型的函数参数和返回值都会产生额外的开销,导致性能的下降,并增加了代码尺寸。所以,即使是传输一个 8 位的数据,函数参数和返回值使用 int 类型也会更有效。

请看图 5-2。假定 a1 是任意可能的寄存器,存储函数的局部变量。同样完成加 1 的操作,32 位的 int 型变量最快,只用一条加法指令。而 8 位和 16 位变量,完成加法操作后,还需要在 32 位的寄存器中进行符号扩展,其中带符号的变量,要用逻辑左移(LSL)接算术右移(ASR)两条指令才能完成符号扩展;无符号的变量,要使用一条逻辑与(AND)指令对符号位进行清零。所以,使用 32 位的 int 或 unsigned int 局部变量最有效。某些情况下,函数从外部存储器读入局部变量进行计算,这时,把不是 32 位的变量转换成 32 位(至于把 8 位或 16 位变量扩展成 32 位后,隐藏了原来可能的溢出异常这个问题,需要进一步地仔细考虑)。

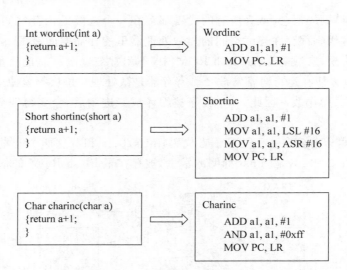

图 5-2　不同类型局部变量的编译结果

变量定义虽然很简单,但是也有很多值得注意的地方。

先看下面的例子(见图 5-3):这里定义的 4 个变量只是顺序不同,却导致了最终的映像不同的数据布局。显然,图 5-3(b)所示的方式节约了更多的空间。注意:图 5-3(a)中,pad为无意义的填充数据。

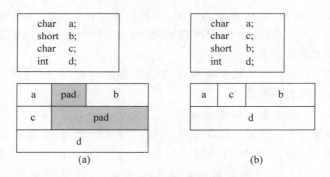

图 5-3　变量在数据区里的布局

由此可见,在变量声明的时候,需要考虑怎样最佳地控制存储器布局。当然,编译器在一定程度上能够优化这类问题,但是最好的方法还是在编程的时候,把所有相同类型的变量放在一起定义。

第二个不同点:计算符号多加减、少乘,不除。尽量采用移位运算代替乘法、除法。

处理器的指令集一般是不支持除法的,所以不要轻易使用除法,对于乘法也有若干限制,如是否在 32 位相乘。前面做过 64 位长乘法,会带来指令上的翻倍。所以慎用乘法。对于 a * 2、a * 8 或者 a * 16,也要尽量用移位操作来代替。这样做是因为在微处理器中一般会有专门的移位部件,比做乘法要快速。

如果有求余运算,可以将一些典型的求余运算进行转换,以避免在程序中使用除法运算。例如:

```
uint counter1(uint count)
{
    return (++count % 60);
}
```

转换成：

```
uint counter2(uint count)
{
    if (++count >= 60)
    count = 0;
    return (count);
}
```

第三个不同点：变量尽量用局部变量，少使用全局变量。

由于一个 C 语言的变量，就需要一个专用的地址区来对应。全局变量会放在离程序正在运行区域较远的位置。很多指令的执行寻址范围都是小于 32MB 的。为了能够顺利找到这个位置，编译程序会在运行程序段附近开一个地址空间，存放这个全局变量实际的专用地址。从而使得编译出的指令变成间接寻址的方式来访问该变量。

例如：

```
AREA ||.text||,CODE,READONLY,ALIGN = 2
;;;20        siA = 2;
00000e 2102  MOVS     r1,#2
000010 4a37  LDR      r2,|L1.240|
000012 6011  STR      r1,[r2,#0]   ; siA
;;;21        aiB = siC + siA;
000014 4937  LDR      r1,|L1.244|
000016 6809  LDR      r1,[r1,#0]   ; siC
000018 6812  LDR      r2,[r2,#0]   ; siA
00001a 1889  ADDS     r1,r1,r2
...
|L1.240|
      DCD   ||siA||
|L1.244|
      DCD           ||siC||
    AREA ||.data||,DATA,ALIGN = 2
||siC||
      DCD     0x00000003
||siA||
      DCD     0x00000000
```

;;;后面是 C 语言的语句，下面紧接着是这条语句被翻译成的汇编指令。如 siA = 2;这条 C 语言语句就被翻译成：

```
00000e 2102 MOVS  r1,#2
000010 4a37 LDR   r2,|L1.240|
000012 6011 STR   r1,[r2,#0]; siA
```

00000e 是这条指令存放的地址,2102 是翻译成的二进制代码。MOVS r1,♯2,是指把 2 这个常数存入 R1 寄存器。为了将 2 赋给 siA,所以需要用寄存器来参与操作。

后面的|L1.240|,就是在程序段 32MB 之内开辟的一个临时空间,存放的是 siA 这个变量的真正存放地址值。通过 LDR r2,|L1.240|,把 siA 的真正地址值赋给 r2,然后 STR r1,[r2,♯0],才把 r2 的地址所对应的位置放入 r1 的内容,而 r1 就是数据 2,从而完成了给 siA 赋值 2 的操作。

通过这个例子可以看到,如果使用全局变量,最少的开销是需要在程序附近的 32MB 内多开辟一个单元来存放真正变量的存储地址。一条 C 语句赋值要翻译出最少三条指令,外加两个空间。

而如果是内部变量,那么这个代价就小多了。

对于子程序来说,内存里开辟的是相应的栈空间。这个子程序中的所有变量都可以通过 SP 指针来开空间、访问。

例如:

```
;;;14      void
Static_auto_local(void){
000000 b50f PUSH{r0-r3,lr}
;;;15     int aiB;
;;;16     static int siC = 3;
;;;17     int * apD;
;;;18     int aiE = 4, aiF = 5, aiG = 6;
000002   2104 MOVS r1, ♯4
000004   9102 STR r1,[sp, ♯8]
000006   2105 MOVS r1, ♯5
000008   9101 STR r1,[sp, ♯4]
00000a   2106 MOVS r1, ♯6
00000c   9100 STR r1,[sp, ♯0]
...
;;;21    aiB = siC + siA;
...
00001c   9103 STR r1,[sp, ♯0xc]
```

在上面的程序段里,aiB、aiE 等都是子程序里的变量。由于任何子程序运行时都会开一个堆栈空间,堆栈空间的指针用 R13,也就是 SP 来记录,SP 会一直指向栈顶。栈里的元素都可以用 SP 进行计算后得到。栈底放的是最初压进去的东西,如 lr 这个子程序返回地址,会被压在最下方,紧接着根据 AAPCS 规则,R3～R0 是子程序参数,会被依次压入。然后才是程序中的变量。第 15 句先声明的是 aiB,则先压入 aiB。随后是一个静态变量,如前面所讲,它会存在专门的区域,而不是在堆栈区。指针也一样,也不在本堆栈区。后面依次声明的是 aiF、aiE,则为它们依次开辟堆栈空间。

为此,对这些变量的访问,只要 SP 计算就可以得到,基本上可以实现一条 C 赋值对应一条汇编指令。上述例子的堆栈区内容如表 5-2 所示。

表 5-2　堆栈区内容

地　　址	存 储 内 容
SP	aiG
SP＋4	aiF
SP＋8	aiE
SP＋0xC	aiB
SP＋0x10	r0
SP＋0x14	r1
SP＋0x18	r2
SP＋0x1C	r3
SP＋0x20	lr

另外,C 语言的指针,必须需要具体绑定值。如果绑定的是局部变量,就用 SP 来实现访问;如果绑定的是全局变量,就需要用间接寻址来访问。上述程序段里,只是声明了 apD 是一个指针,而还没有为其绑定,为此,这句是不用翻译的。直到为它绑定了某个具体的变量地址,才需要做相应的访问。

例如:

```
;;;22      apD = & aiB;
00001e a803 ADD r0,sp,#0xc
;;;23      ( * apD)++;
000020 6801 LDR r1,[r0,#0]
000022 1c49 ADDS r1,r1,#1
000024 6001 STR r1,[r0,#0]
```

因为 apD 绑定了局部变量 aiB,那么 apD 就自然分配一个寄存器来取得 aiB 的地址。

第四个不同点:子程序嵌套越少越好。

在子程序运行时,当调用下一个子程序时就需要开辟一个堆栈空间,直到执行到 return 语句,才会把这个栈去掉。为此,嵌套层次越多,需要的堆栈空间越大(见图 5-4)。

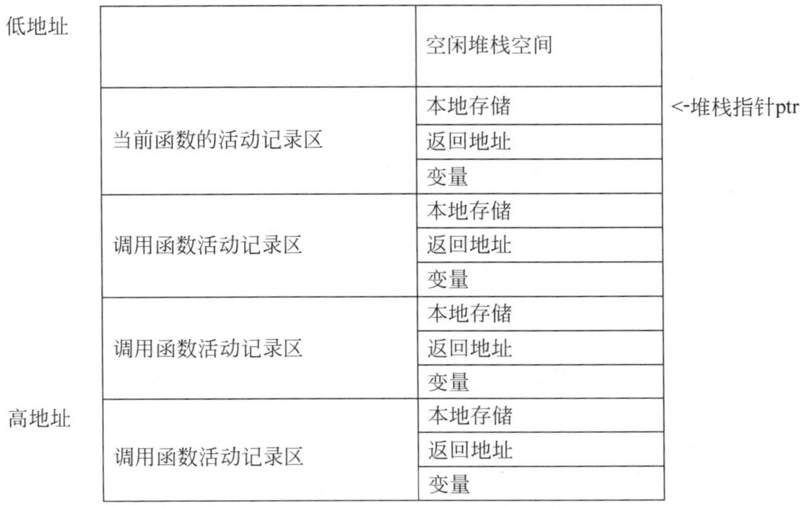

图 5-4　嵌套堆栈布局

第五个不同点：循环体多用 do-while，少用 for、while 等结构。

这里比较以下几种循环体 C 所对应的汇编指令。

先看 while 循环。

```
;;;57      while (x < 10) {
000078 e000  B    |L1.124|
            |L1.122|
;;;58          x = x + 1;
00007a 1c49  ADD   r1,♯0xa    ;57
00007e d3fc  BCC   |L1.122|
;;;59      }
```

如图 5-5 和编译后的程序所示，为了能够找到跳出的位置，需要开辟两个空间来存放 T 和 F 的程序段的入口位置。

再看 for 循环：

```
;;;61      for (i = 0; i < 10; i++){
000080 2300  MOVS  r3,♯0
000082 e001  B    |L1.136|
            |L1.132|
;;;62          x += i;
000084 18c9  ADDS  r1,r1,r3
000086 1c5b  ADDS  r3,r3,♯1    ;61
        |L1.136|
000088 2b0a  CMP   r3,♯0xa
;61
00008a d3fb  BCC   |L1.132|
;;;63      }
```

如图 5-6 和编译后的程序所示，for 循环需要开辟两个空间，一个放判断语句所在的程序的循环的入口，一个放正常循环时的入口地址。

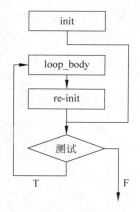

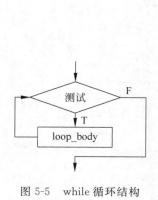

图 5-5　while 循环结构　　　　　图 5-6　for 循环结构

最后看 do-while 循环：

```
;;;65      do {
```

```
00008c bf00 NOP
                |L1.142|
;;;66          x += 2;
00008e 1c89 ADDS   r1,r1,#2
;;;67         } while (x < 20);
000090  2914 CMP    r1,#0x14
000092  d3fc BCC    |L1.142|
```

从图 5-7 和编译后的代码可以看出,do-while 循环只需要
一个空间放退出的地址即可。

相比较而言,do-while 循环额外的开销小。如果事先知道
循环体至少会执行一次,这样可以使编译器省去检查循环计数
值是否为零的步骤。

第六个不同点:子程序参数个数受限制(根据混编规范,
不多于 4 个参数)。

尽可能把函数参数的个数限制在 4 个以内。如果函数参
数都存放在寄存器内,那么函数调用就会快得多。而对于多于
4 个参数的函数,函数调用者和被调用者必须通过访问堆栈来传递一些参数。

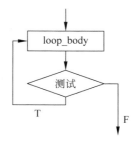

图 5-7　do-while 循环结构

例如:

```
fun3 PROC
;;;81      int fun3(int arg3_1,int arg3_2,int arg3_3,int arg3_4) {
0000ba  b510 PUSH  {r4,lr}
...
;;;103     volatile int x[8];
;;;104 return  arg3_1 * arg3_2 * arg3_3 * arg3_4;

0000c0  4348 MULS   r0,r1,r0
0000c2  4350 MULS   r0,r2,r0
0000c4  4358 MULS   r0,r3,r0
0000c6  bd10 POP    {r4,pc}
```

该段代码的数据映像如图 5-8 所示。

如果参数多于 4 个,则可以用也可以将几个相关的参数组织在一个结构体中,用传递结
构体指针来代替多个参数。

返回值也一样,一般都用 r0 来默认返回,如果有特殊需求,请参考表 5-3。若传递过来
的参数一样,也同样可以使用结构体指针来返回。

表 5-3　传递参数形式

返回值大小	传递的寄存器	
	基本数据类型	复合数据类型
1—4 字节	r0	r0
8 字节	r0—r1	堆栈
16 字节	r0—r3	堆栈
不定大小	n/a	堆栈

低地址	x[0]的空间	数组x	<-3.SP的位置，执行sub sp, sp, #0x20后
	x[1]的空间		
	x[2]的空间		
	x[3]的空间		
	x[4]的空间		
	x[5]的空间		
	x[6]的空间		
	x[7]的空间		
	R0		
	R1		
	R2		
	R3		
	Lr	返回地址	<-2.SP位置，执行push {r4, lr}之后
	r4	保留寄存器	
高地址		调用者堆栈	<-1.SP位置，函数的初始位置，执行push{r4, lr}之前

图 5-8 代码的数据映像

5.3 C 语言与汇编语言混编规范

C 语言与汇编语言混编主要有三种方式实现：内嵌汇编、汇编程序中访问 C 全局变量、C 语言与汇编语言的相互调用。

5.3.1 内嵌汇编

在 C 程序中嵌入汇编程序，可以实现一些高级语言没有的功能，提高程序执行效率。armcc 编译器的内嵌汇编器支持 ARM 指令集，tcc 编译器的内嵌汇编支持 Thumb 指令集。

内嵌汇编的语法：

```
__asm
{ 指令[; 指令] /* 注释 */
  …
  [指令]
}
```

嵌入式汇编程序的例子如下所示,其中 enable_IRQ 函数为使能 IRQ 中断,而 disable_IRQ 函数为关闭 IRQ 中断。

使能/禁能 IRQ 中断:

```
__inline void enable_IRQ(void)
{
    Int tmp
    _asm                         //嵌入汇编代码
        {
            MRS tmp,CPSR         //读取 CPSR 的值
            BIC tmp,tmp,♯0x80    //将 IRQ 中断禁止位 I 清零,即允许 IRQ 中断
            MSR CPSR_c,tmp       //设置 CPSR 值
        }
}
```

1. 关于 inline 内联函数

普通函数在调用时会出栈入栈,频繁的出栈入栈会大量消耗栈空间。在实际系统中,栈空间是有限的,如果频繁大量地使用就因栈空间不足而造成程序出错。

inline 是内联函数,即为函数的调用函数实体替换,节约了函数调用的成本。inline 适合函数体内代码简单的函数,不能包含复杂的结构控制语句,如 while、switch 等。并且内联函数不能直接调用递归函数。

```
__inline void disable_IRQ(void)
{
    Int tmp;
    _asm
    {
        MRS tmp,CPSR
        ORR tmp,tmp,♯0x80
        MSR CPSR_c,tmp
    }
}
```

2. 内嵌汇编的指令用法

内嵌的汇编指令中作为操作数的寄存器和常量可以是表达式,这些表达式可以是 char、short 或 int 类型,而且这些表达式都是作为无符号进行操作。若需要带符号数,则用户需要自己处理与符号有关的操作。编译器将会计算这些表达式的值,并为其分配寄存器。

内嵌汇编中使用物理寄存器有以下限制:

(1) 不能直接向 PC 寄存器赋值,程序跳转只能使用 B 或 BL 指令实现。

(2) 使用物理寄存器的指令中,不要使用过于复杂的 C 表达式。因为表达式过于复杂时,将会需要较多的物理寄存器,这些寄存器可能与指令中的物理寄存器使用冲突。

(3) 编译器可能会使用 R12 或 R13 存放编译的中间结果,在计算表达式的值时可能会将寄存器 R0~R3、R12 和 R14 用于子程序调用。因此在内嵌的汇编指令中,不要将这些寄存器同时指定为指令中的物理寄存器。

(4) 通常内嵌的汇编指令中不要指定物理寄存器,因为这可能会影响编译器分配寄存器,进而影响代码的效率。

在内嵌汇编指令中,常量前面的"♯"可以省略。

内嵌汇编指令中,如果包含常量操作数,该指令有可能被内嵌汇编器展开成几条指令。

C 程序中的标号可以被内嵌的汇编指令使用,但是只有指令 B 可以使用 C 程序中的标号,指令 BL 则不能使用。

所有的内存分配均由 C 编译器完成,分配的内存单元通过变量供内嵌汇编器使用。内嵌汇编器不支持内嵌汇编程序中用于内存分配的伪指令。

在内嵌的 SWI 和 BL 指令中,除了正常的操作数外,还必须增加以下三个可选的寄存器列表:

(1) 第 1 个寄存器列表中的寄存器用于输入的参数。

(2) 第 2 个寄存器列表中的寄存器用于存储返回的结果。

(3) 第 3 个寄存器列表中的寄存器的内容可能被调用的子程序破坏,即这些寄存器是供被调用的子程序作为工作寄存器。

3. 内嵌汇编器与 armasm 汇编器的差异

内嵌汇编器不支持通过"."指示符或 PC 获取当前指令地址;不支持 LDR Rn,＝expr 伪指令,而使用 MOV Rn,expr 指令向寄存器赋值;不支持标号表达式;不支持 ADR 和 ADRL 伪指令;不支持 BX 指令;不能向 PC 赋值。

使用 0x 前缀代替"&",表示十六进制数,使用 8 位移位常数导致 CPSR 的标志更新时,N、Z、C 和 V 标志中的 C 不具有真实意义。

4. 内嵌汇编注意事项

必须小心使用物理寄存器,如 R0～R3、IP、LR 和 CPSR 中的 N、Z、C、V 标志位,因为汇编代码中使用 C 表达式时,可能会使用这些物理寄存器,并会修改 N、Z、C、V 标志位。例如:

```
_asm
{ MOV R0,x
  ADD y,R0,x/y
}
```

在计算 x/y 时 R0 会被修改,从而影响 R0＋x/y 的结果,用一个 C 程序的变量代替 R0 就可以解决这个问题:

```
_asm
{
    MOV var,x
    ADD y,var,x/y
}
```

内嵌汇编器探测到隐含的寄存器冲突就会报错。

不要使用寄存器代替变量,尽管有时寄存器明显对应某个变量,但也不能直接使用寄存器代替变量。

```
Int bad_f(int x)                        //x 存放在 R0 中
{
    _asm
        {
            ADD R0,R0,#1                //发生寄存器冲突,实际上 x 的值没有变化
        }
    return(x);
}
```

尽管根据编译器的编译规则似乎可以确定 R0 对应 x,但这样的代码会使内嵌汇编器认为发生了寄存器冲突,用其他寄存器代替 R0 存放参数 x,使得该函数将 x 原封不动地返回。

这段代码正确的写法如下:

```
Int bad_f(int x)
{ _asm
    {
        ADD x,x,#1
    }
    return(x)
}
```

使用内嵌式汇编无须保存和恢复寄存器,事实上,除了 CPSR 和 SPSR 寄存器,对物理寄存器先读后写都会引起汇编器报错。例如:

```
Int f(int x)
{
        _asm
        {
        STMFD   SP!{R0}
        ADD    R0,X,1
        EOR    x,R0,X
        LDMFD   SP!,{R0}
        }
    return(x);
}
```

LDM、STM 指令和寄存器列表中只允许使用物理寄存器,内嵌汇编可以修改处理器模式,协处理器模式和 FP、SL、SB 等 APCS 寄存器,但是编译器在编译时并不了解这些变化,所以必须保证在执行 C 代码前恢复相应被修改的处理器模式。

汇编语言中的“.”号作为操作数分隔符号。如果有 C 表达式作为操作数,若表达式包含有“.”,则必须使用“(”号和“)”号将其归纳为一个汇编操作数。例如:

```
_asm
{
    ADD x,y,(f(),z)                 //"f(),z"为一个带有"."的 C 表达式
}
```

5.3.2 汇编程序中访问 C 全局变量

使用 IMPORT 伪指令引入全局变量,并利用 LDR 和 STR 指令根据全局变量的地址访问它们,对于不同类型的变量,需要采用不同选项的 LDR 和 STR 指令:

```
unsigned char    LDRB/STRB
unsigned short   LDRH/STRH
unsigned int     LDR/STR
char             LDRSB/STRSB
short            LDRSH/STRSH
```

对于结构,如果知道各个数据项的偏移量,则可以通过存储/加载指令访问;如果结构所占空间小于 8 个字,则可以使用 LDM 和 STM 一次性读写。

下面的例子是一个汇编代码的函数,它读取全局变量 glovbvar,将其加 1 后写回。

访问 C 程序的全局变量:

```
        AREA globats,CODE,READONLY
        EXPORT asmsubroutime
        IMPORt glovbvar              ;声明外部变量 glovbvar
asmsubroutime
        LDR R1, = glovbvar           ;装载变量地址
        LDR R0,[R1]                  ;读出数据
        ADD R0,R0,♯1                 ;加 1 操作
        STR R0,[R1]                  ;保存变量值
        MOV PC LR
        END
```

汇编程序的设置要遵循 ATPCS 规则,保证程序调用时参数的正确传递。

(1) 在汇编程序中使用 EXPORT 伪指令声明本子程序,使其他程序可以调用此子程序。

(2) 在 C 语言程序中使用 extern 关键字声明外部函数(声明要调用的汇编子程序),即可调用此汇编子程序。

5.3.3 C 语言与汇编语言的相互调用

汇编程序的设计要遵守 ATPCS。在汇编程序中使用 EXPORT 伪操作来声明,使得本程序可以被其他程序调用。

在 C 程序调用该汇编程序之前使用 extern 关键词来声明该汇编程序。调用汇编的 C 函数:

```
♯ include < stdio. h >
extern void strcopy(char * d,const char * s)      //声明外部函数,即要调用的汇编子程序
int main(void)
{
    const char * srcstr = "First string - source";   //定义字符串常量
```

```
char dstsrt[] = "Second string - destination";  //定义字符串变量
printf("Before copying: \n");
printf("'%s'\n'%s\n," srcstr,dststr);        //显示源字符串和目标字符串的内容
strcopy(dststr,srcstr);                      //调用汇编子程序,R0 = dststr,R1 = srcstr
printf("After copying: \n")
printf("'%s'\n'%s\n," srcstr,dststr);        //显示 strcopy 复制字符串结果
return(0);
}
```

被调用汇编子程序:

```
    AREA SCopy,CODE,READONLY
    EXPORT strcopy                ;声明 strcopy,以便外部程序引用
strcopy
    ;R0 为目标字符串的地址
    ;R1 为源字符串的地址
    LDRB R2,[R1],♯1
    STRB R2,[R0],♯1
    CMP r2,♯0
    BNE strcopy
    MOV pc,lr
    END
```

汇编程序调用 C 程序时,汇编程序的设置要遵循 ATPCS 规则,保证程序调用时参数的正确传递;在汇编程序中使用 IMPORT 伪指令声明将要调用的 C 程序函数;在调用 C 程序时,要正确设置入口参数,然后使用 BL 调用。

以下程序清单使用了 5 个参数,分别使用寄存器 R0 存储第 1 个参数,R1 存储第 2 个数,R2 存储第 3 个参数,R3 存储第 4 个参数,第 5 个参数利用堆栈传送,由于利用了堆栈传递参数,在程序调用结果后要调整堆栈指针。

汇编调用 C 程序的 C 函数:

```
/* 函数 sum5()返回 5 个整数的和 */
int sum5(int a, int b, int c, int d, int e)
{
    return (a+b+c+d+e);                      //返回 5 个变量的和
}
```

汇编程序的设计要遵守 ATPCS。在汇编程序调用该 C 程序之前使用 IMPORT 伪操作来声明该 C 程序,通过 BL 指令来调用子程序。

在 C 程序中不需要使用任何关键字来声明将被汇编语言调用的 C 程序。

汇编调用 C 程序的汇编程序:

```
    EXPORT CALLSUM5
    AREA Example,CODE,READONLY
    IMPORT sum5              ;声明外部标号 sum5,即 C 函数 sum5()
CALLSUM5
```

```
        STMFD SP!(LR)                   ;LR 寄存器放栈
        ADD R1,R0,R0                    ;设置 sum5 函数入口参数,R0 为参数 a
        ADD R2,R1,R0                    ;R1 为参数 b,R2 为参数 c
        ADD R3,R1,R2
        STR R3,[SP,# - 4]!              ;参数 e 要通过堆栈传递
        ADD R3,R1,R1                    ;R3 为参数 d
        BL sum5                         ;调用 sum5(),结果保存在 R0
        ADD SP,SP#4                     ;修正 SP 指针
        LDMFD SP,PC                     ;子程序返回
        END
```

例子：C 和汇编混调实例。
C 函数原型：

```
int g(int a,int b,int c,int d,int e)
{
    return a + b + c + d + e;
}
```

汇编程序调用 C 程序 g()计算 5 个整数 i,2 * i,3 * i,4 * i,5 * i 的和。
汇编源程序：

```
EXPORT f
AREA f,CODE,READONLY
IMPORT g                        ;声明该变量函数 g(),i 在 R0 中


STR LR,[SP,# - 4]!              ;预先保存 LR
ADD R1,R0,R0                    ;计算 2 * i(第 2 个参数)
ADD R2,R1,R0                    ;计算 3 * i(第 3 个参数)
ADD R3,R1,R2                    ;计算 5 * i(第 5 个参数)
STR R3,[SP,# - 4]!             ;将第 5 个参数压入堆栈
ADD R3,R1,R1                    ;计算 4 * i(第 4 个参数)
BL g                            ;调用 C 程序 g()
ADD SP,SP,#4                    ;调整数据栈指针,准备返回
LDR PC,[SP],#4                  ;从子程序返回
END
```

5.4 C 语言与汇编语言混编实践

为了能够了解 C 与汇编混编,为此特别找了一个例子来加深理解。下面将以 Keil 公司的编译环境为例,为此先介绍 Keil 的 RVMDK 编译环境和该环境下为 STM32 提供的固件库,然后介绍如何在 RVMDK 下建立自己的程序并带入固件库,以及如何使用固件库进行 C 与汇编的混编。

5.4.1　Keil 使用和 STM32 固件库

RVMDK 源自德国的 Keil 公司,是 RealView MDK 的简称。在全球,RVMDK 被超过 10 万的嵌入式开发工程师使用,RealView MDK 集成了业内最领先的技术,包括 μVision3 集成开发环境与 RealView 编译器。支持 ARM7、ARM9 和最新的 Cortex-M3 核处理器,自动配置启动代码,集成 Flash 烧写模块,强大的 Simulation 设备模拟,性能分析等功能。与 ARM 之前的工具包 ADS1.2 相比,RealView 编译器具有代更小、性能更高的优点,RealView 编译器与 ADS.2 的比较:代码密度比 ADS1.2 编译的代码尺寸小 10%;代码性能比 ADS1.2 编译的代码性能提高 20%。固件(Firmware)就是写入 EROM 或 EPROM (可编程只读存储器)中的程序,通俗的理解就是"固化软件",有的地方也称为"韧体"。更简单地说,固件就是 BIOS 的软件,但又与普通软件完全不同,它是固化在集成电路内部的程序代码,负责控制和协调集成电路的功能。

固件库手册只是对 STM32 的寄存器的管理。例如,想让某个 GPIO 端口输出数据,就需要 * (volatile unsigned long *)addr = xxxx,其中 addr 是某个寄存器的地址,xxxx 是要写入这个寄存器的值,而使用固件库就写成 GPIO_Write(GPIOA,XXXX)。这个就是固件库的好处,它能让开发人员不用关心 STM32 的各个寄存器,只要直接调用固件库的函数就能完成相应的功能,能够大大加快开发进度。

STM32 系列 32 位闪存微控制器使用来自于 ARM 公司的 Cortex-M3 内核,该内核是专门设计用于满足集高性能、低功耗、具有竞争性价格于一体的嵌入式领域的要求。为了使用户方便地访问 STM32 的各个标准外设,并使用它们的所有特性,ST 公司提供了免费的软件包固件库,它由例程、数据结构和宏组成,包括微控制器所有外设的性能特征。该库还包括每一个外设的驱动描述和应用实例。通过使用固件库,无须深入掌握细节,用户可以轻松应用每一个外设。因此,使用固件库可以大大减少用户的程序编写时间,进而降低开发成本。每个外设驱动都由一组函数组成,这组函数覆盖了该外设所有功能。

因为该固件库是通用的,并且包括了所有外设的功能,所以应用程序代码的大小和执行速度可能不是最优的。对大多数应用程序来说,用户可以直接使用,对于那些在代码大小和执行速度方面有严格要求的应用程序,该固件库驱动程序可以作为如何设置外设的参考资料,根据实际需求对其进行调整。

固件库要与 Cortex™ 微控制器软件接口标准(CMSIS)兼容。ARM Cortex™ 微控制器软件接口标准(cortex microcontroller software interface standard,CMSIS)是 Cortex-M 处理器系列的与供应商无关的硬件抽象层(见图 5-9)。使用 CMSIS,可以为处理器和外设实现一致且简单的软件接口,从而简化软件的重用,缩短微控制器新开发人员的学习过程,并缩短新设备的上市时间。软件的创建被嵌入式行业公认为主要成本系数。通过在所有 Cortex-M 芯片供应商产品中标准化软件接口,这一成本会明显降低,尤其是在创建新项目或将现有软件迁移到新设备时。

STM32 的固件库中包含这个文件夹,其实其他的 Cortex 的微控制器也是有这个的。它包含了 STM32 的启动文件和 STM32 外设的定义,以及器件的定义,以实现封装软件接口的作用。

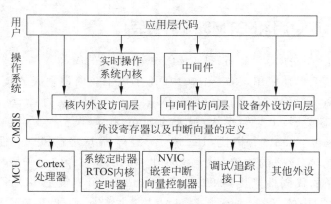

图 5-9　基于 CMSIS 标准的软件架构

CMSIS 层主要分为三部分。

(1) 核内外设访问层(core peripheral access layer,CPAL)。由 ARM 负责实现。包括对寄存器地址的定义,对核寄存器、NVIC、调试子系统的访问接口定义以及对特殊用途寄存器的访问接口(如 CONTROL 和 xPSR)定义。由于对特殊寄存器的访问以内联方式定义,所以 ARM 针对不同的编译器统一用_INLINE 来屏蔽差异。该层定义的接口函数均是可重入的。

(2) 中间件访问层(middleware access layer,MWAL)。由 ARM 负责实现,但芯片厂商需要针对所生产的设备特性对该层进行更新。该层主要负责定义一些中间件访问的 API 函数,如为 TCP/IP 协议栈、SD/MMC、USB 协议以及实时操作系统的访问与调试提供标准软件接口。该层在 1.1 标准中尚未实现。

(3) 设备外设访问层(device peripheral access layer,DPAL)。由芯片厂商负责实现。该层的实现与 CPAL 类似,负责对硬件寄存器地址以及外设访问接口进行定义。该层可调用 CPAL 层提供的接口函数,同时根据设备特性对异常向量表进行扩展,以处理相应外设的中断请求。

Keil 里也有一些库,但是由于更新慢,做实际开发时都会去相应的网站如 ST 官网下载最新(当然刚出来的可能不稳定)的库文件。

库里面需要用到的目录结构有以下几种。

1. CMSIS——基本环境设置

core_cm3.C,核心设置,包括 C 语言类型、汇编语言等,不用改动。

system_STM32f10x.C,系统环境设置,包括寄存器变量、运行频率。

2. DOC——相关文档

Readme.txt 自带的说明文档,包含程序所在存储器的设置文件的说明和如何在 STM32 三个不同等级微处理器中使用这些文件,以便在不同的存储器中调试程序。

3. EWARMv5

启动代码,一般不需要更改。

EWARMv5 下的启动文件根据 MCU 的等级,只添加一个就行,原来模板里面有代码,根据软件设置自动改变,现在清理代码后没有这个功能了,只添加一个即可。MCU 等级参数如下:

（1）startup_STM32f10x_cl. S——Connectivity line devices 通信线产品。

（2）startup_STM32f10x_hd. S——High Density Devices 大容量产品。

（3）startup_STM32f10x_md. S——Medium Density Devices 中等容量产品。

（4）startup_STM32f10x_ld. S——Low Density Devices 小容量产品。

4. StdPeriph_Driver

可以添加的外围硬件模块驱动,库自带的模板已经添加了比较常用的几个。

（1）misc. C,系统内部的驱动。

（2）STM32f10x_exti. C,中断驱动。

（3）STM32f10x_gpio. C,IO 驱动。

（4）STM32f10x_rcc. C,时钟设定驱动。

（5）STM32f10x_usart. C,串口驱动。

（6）STM32f10x_fsmc. C,扩展存储器驱动。

（7）STM32f10x_spi. C,SPI 接口驱动。

可添加的其他模块包括 AD、tim、I2C 等一共 22 个驱动的 C 文件,一般都用得着的是 exti、usart、gpio 和 rcc。

5. STM32-EVAL

针对官方开发板的 LCD 驱动,可以删除。

6. User

用户主要写的程序文件都放在这里,包括自己写的其他 C 程序文件都集中放置在这里,这是用户主要编程的地方。

（1）main. C,主函数,整个程序的默认入口,所有文件调用都在这里。

（2）STM32f10x_it. C,全系统中断程序全部在这里。

7. Output

编译输出的相关文件和设置。

上面提到的 StdPeriph_L ib,也就是 STM32F10xxx 标准外设库。ST 改进了 STM32F10xxx 标准外设库的体系结构并支持 CMSIS 层。根据应用程序的需要,可以采取两种方法使用标准外设库(StdPeriph_L ib):

（1）使用外设驱动:这时应用程序开发基于外设驱动的 API(应用编程接口)。用户只需要配置文件 STM32f10x _ con. f h,并使用相应的文件 STM32f10x_ppp. h/. c 即可。

（2）不使用外设驱动:这时应用程序开发基于外设的寄存器结构和位定义文件。

标准外设库(StdPeriph _ Lib)支持 STM32F10xxx 系列全部成员:大容量、中容量和小容量产品。根据使用的 STM32 产品具体型号。用户可以通过文件 STM32f10x. h 中的预处理 define 来配置标准外设库(StdPeriph_Lib)。一个 define 对应一个产品系列。支持的产品系列包括 STM32F10x _LD (STM32 小容量产品)、STM 32F10x_MD (STM32 中容量产品)和 STM32F10x _HD(STM32 大容量产品)。

这些 define 的作用范围是:

（1）文件 STM3210. f h 中的中断 IRQ 定义。

（2）启动文件中的向量表,小容量、中容量、大容量产品各有一个启动文件。

（3）外设存储器映像和寄存器物理地址。

（4）产品设置：外部晶振（HSE）的值等。

（5）系统配置函数。

（6）非 STM32 全系列兼容或不同型号产品间有差异的功能特征。

每一个外设都有一个源文件 STM32 f10x _ppp. c 和一个相应的头文件 STM32 f10x_
ppp. h。源文件 STM32f10x_ppp. c 中包含了所有要使用 PPP 外设的固件函数。

唯一的一个内存映射文件 STM32 f10x. h，支持所有的外设，包含了所有的寄存器声明
和相应的位定义。要使用固件库，则这个文件要被加到用户的程序中。STM32f10x_con. f h
文件用于设置与固件库交互的一些参数（见图 5-10）。

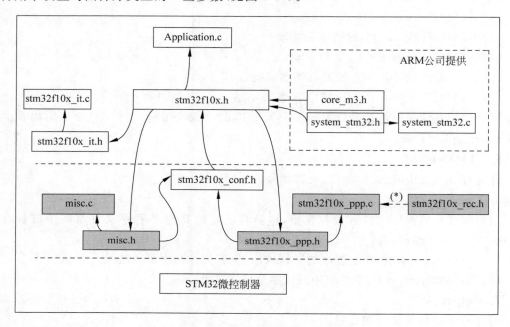

图 5-10　STM32 固件库结构

5.4.2　建立自己的第一个 Keil 程序

以 Keil μVision4 软件和 STM32F103RB 芯片为例，固件库版本为 3.5 版（在 ST 官方
网站下载）。

第一步：建立一些目录做好准备。

（1）在建立新工程之前需要一些准备工作，首先要新建一个文件夹存放工程文件（如 asm）。

（2）在此文件夹下新建两个文件夹 User 和 Project。User 文件夹准备放一些用户的代码。

（3）打开 Project，建立两个文件夹 Obj 和 list。

第二步：把固件库里的相关文件放到合适的文件夹里。

（1）将下载的固件库 STM32F10x_StdPeriph_Lib_V3.5.0\Libraries 下的两个文件夹
CMSIS 和 STM32F10x_StdPeriph_Driver 复制到 asm 文件夹下。此时 asm 文件夹下就有
4 个子文件夹。

（2）在库文件的例程中找到文件 STM32f10x_conf. h、system_STM32f10x. c 等，并将
其复制到工程下的 User 文件夹中。

第三步：建立 Keil 工程。

(1) 打开 Keil 软件界面，选择 Project→New μVision Project 命令，更换路径到 asm 文件夹处。然后保存在工程 Project 文件夹下，命名为 asm。

(2) 单击"保存"按钮后弹出窗口，在窗口上选择硬件编译对象和编译用的固件库。选择 ARM，然后选择所用的芯片，这里选择 STM32F103RB，则把要用的固件库和带固件库的启动代码增加到工程中。

这样工程 target1 就建好了。但是为了能够让程序放到相应的位置，还需要做一些设定。

在工程名 target 上右击，从弹出的快捷菜单中选择 Manage Componts。用 Manage Componts 添加文件组和文件。

例如，先用菜单 File 来新建一个.C 和.asm 文件，就可以分别保存到 asm 文件夹 User 目录下。

然后用 Manage Componts 在 User 文件组下添加工程文件夹下的.C 和.asm 文件。这样文件就会比较整齐地分组，也同时让编译器能够按照不同的规则来编译这些程序。

第四步：选择固件库的核文件和启动文件，然后选择工程下 CMSIS、Cortex-M3、CoreSupport、core_cm3 添加入 CMSIS 文件组。

添加工程中 CMSIS\Cortex-M3\DeviceSupport\ST\STM32F10x\startup\arm 下的文件到 Startup 文件组。（前面添加的都是 C 文件，这里添加时，文件类型需要选择 All file，可以选择芯片对应的文件，这里只选择第二个文件 startup_STM32f10x_hd.s，否则在下面的程序编译中会出现重复错误）。此时，一个包含相关文件的工程就算建立了。

第五步：配置工程。这一步非常重要，将直接影响产生的代码质量。

右击工程，从弹出的快捷菜单中选择 Options for Target "asm"命令来配置工程。在 output 页面下单击 Select Folder Objects，选择 Project 目录下的 Obj 文件夹；选中 Create HEX File 选项。

在 Listing 页面下单击 Select Folder Objects，选择 Project 目录下的 List 文件夹。

在 C/C++ 页面下配置，这是预编译的定义；Define 中写入 USE_STDPERIPH_DRIVER，STM32F10X_HD 中第一个 USE_STDPERIPH_DRIVER 定义了使用外设库，定义此项会包含 *_conf.h 文件，从而使用外设库；而第二个 STM32F10X_HD 从字面理解应该是定义了大等容量的 STM32MCU，STM32F10X_MD 则为中等容量等。

然后设置 Include paths：单击相应链接，设置头文件路径，如图 5-11 所示。

设置完毕单击 OK 按钮。

第六步：设置程序存储位置和运行位置。

以下以 Keil 下如何设定程序在 RAM 中运行调试为例。

(1) 选择 Options for target→target 选项，将 IROM1 地址空间设在 RAM 段内（如起始地址 0x40000000，大小 0x8000），将 IRAM1 地址空间设在剩余的 RAM 段内（如起始地址 0x40008000，大小 0x2000）。注意：确保程序大小小于设定的 RAM 空间，如果程序太大，超过 RAM 地址范围，则无法装载运行。

(2) 选择 Options for target→Debug 选项中的 ULINK 等硬件调试器，同时在 Initialization file 下导入 RAM 初始化文件 RAM.ini。此文件用于装载目标文件到 RAM 中，并赋给程序

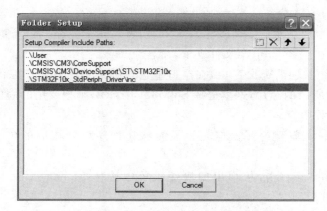

图 5-11 第一个工程中配置的文件路径

运行的初始指针。具体代码如下：

```
FUNC void Setup (void) {
//<o> Program Entry Point
  PC = 0x40000000;
}
LOAD .\NorFlashMain.axf INCREMENTAL              //下载
Setup();                                         //运行建立
g,main
```

（3）编辑 RAM.ini，修改 LOAD .\NorFlashMain.axf INCREMENTAL//Download
语句中的红色字体部分，将需要导入的文件名改为当前项目生成的目标文件名。当前项目
生成的文件名在 Options for target→Output 中可设定。

（4）确保程序运行后，中断向量 REMAP 到 RAM。在旧的 Startup.s 下，是通过在
target.c 文件中设定的。代码如下：

```
# ifdef __DEBUG_RAM
  MEMMAP = 0x2;               /* 重定向到内部 RAM 存储地址 */
# endif
# ifdef __DEBUG_FLASH
  MEMMAP = 0x1;               /* 重定向到内部 flash 地址 */
# endif
```

此时，只需要在 Options for target→C/C++选项卡下的 Define 栏中填写__DEBUG_
RAM 即可。

如果是用新的 Keil 自动生成的 startup.s，则无须做任何处理。

（5）如果在 Options for target→Linker 选项卡下的 Misc controls 中定义有程序入口地
址（如-entry 0x00000000），则应修改为相应的-entry 0x40000000。

## 第 6 章

STM32 输入/输出

以下根据 STM32 能接的外部设备,对输入/输出做如何连接,如何编程进行介绍。

6.1 pin 配置

首先了解一下 STM32 的结构。STM32F103xx 的总体结构框图如图 6-1 所示。内部总线和两条 APB 总线将片上系统和外设资源紧密地连接起来,其中内部总线是主系统总线,连接了 CPU、存储器和系统时钟等。APB1 总线连接高速外设,APB2 总线连接系统通用外设和中断控制。I/O 端口包括 PA、PB、PC、PD、PE、PF 和 PG 七个 16 位的端口,其他的外设接口引脚都和 I/O 端口的引脚功能复用,图中的 AF 即表示功能复用引脚。

1. 集成嵌入式 Flash 和 SRAM 存储器的 ARM ® Cortex-M3 内核

ARM Cortex-M3 处理器是用于嵌入式系统的最新一代的 ARM 处理器。用于提供一个满足 MCU 实现需要的低开销平台,具有更少的引脚数和更低的功耗,并且提供了更好的计算表现和更快的中断系统应答。与 8 位/16 位设备相比,ARM Cortex-M3 32 位 RISC 处理器提供了更高的代码效率。STM32F103xx 微控制器带有一个嵌入的 ARM 核,所以可以兼容所有的 ARM 工具和软件。

2. 嵌入式 Flash 存储器和 RAM 存储器

内置了多达 512KB 的嵌入式 Flash,可用于存储程序和数据。多达 64KB 的嵌入式 SRAM 可以以 CPU 时钟速度进行读写(不带等待状态)。

3. 嵌套矢量中断控制器(NVIC)

STM32F103xx 系列微控制器嵌入了一个嵌套矢量中断控制器,可以处理 43 个可屏蔽中断通道(不包括 Cortex-M3 的 16 根中断线),提供 16 个中断优先级。

(1) 紧密耦合的 NVIC 实现了更低的中断处理延迟。

(2) 直接向内核传递中断入口向量表地址。

(3) 紧密耦合的 NVIC 内核接口。

(4) 允许中断提前处理。

(5) 对后到的更高优先级的中断进行处理。

(6) 支持尾链。

(7) 自动保存处理器状态。

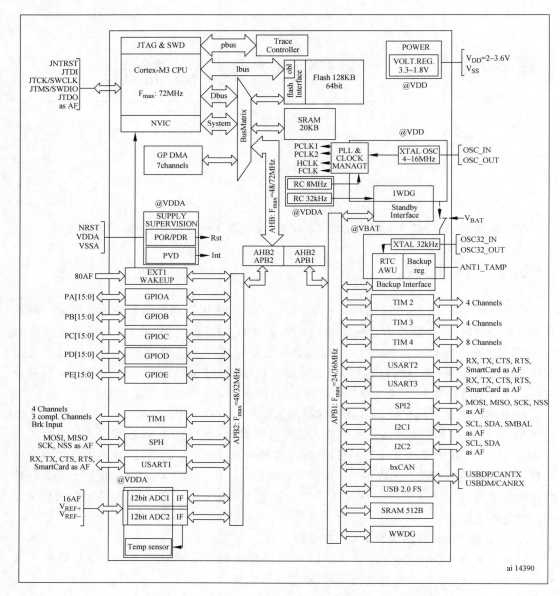

图 6-1　STM32F103xx 的总体结构框图

（8）中断入口在中断退出的时候自动恢复，不需要指令干预。

这一硬件模块提供了更加灵活的中断管理，并且有最小的中断延迟。

4. 外部中断/事件控制器（EXTI）

外部中断/事件控制器由用于 19 条产生中断/事件请求的边沿探测器线组成。每条线可以被单独配置用于选择触发事件（上升沿、下降沿或者两者都可以），也可以被单独屏蔽。有一个挂起寄存器来维护中断请求的状态。当外部线上出现长度超过内部 APB2 时钟周期的脉冲，EXTI 能够探测到。多达 112 个 GPIO 连接到 16 个外部中断线。

5．时钟和启动

在启动的时候还是要进行系统时钟选择,但复位的时候内部 8MHz 的晶振被选作 CPU 时钟。可以选择一个外部的 4～16MHz 时钟,并且会被监视来判定是否成功。在这期间,控制器被禁能并且软件中断管理也随后被禁能。同时,如果有需要(例如碰到一个间接使用的晶振失败),PLL 时钟的中断管理完全可用。

多个预比较器可用于配置 AHB 频率,包括高速 APB(APB2)和低速 APB(APB1)。高速 APB 最高的频率为 72MHz,低速 APB 最高的频率可为 36MHz。

6．Boot 模式

在启动的时候,boot 引脚被用来在三种 boot 选项中选择一种:从用户 Flash 导入、从系统存储器导入、从 SRAM 导入。

boot 导入程序位于系统存储器,用于通过 USART1 重新对 Flash 存储器进行编程。

7．电源供电方案

(1) VDD,电压为 2.0～3.6V:外部电源通过 VDD 引脚提供,用于 I/O 和内部调压器。

(2) VSSA,VDDA,电压为 2.0～3.6V:外部模拟电压输入,用于 ADC、复位模块、RC 和 PLL,在 VDD 范围之内(ADC 被限制在 2.4V),VSSA 和 VDDA 必须相应连接到 VSS 和 VDD。

(3) VBAT,电压为 1.8～3.6V:当 VDD 无效时,为 RTC、外部 32kHz 晶振和备份寄存器供电(通过电源切换实现)。

8．电源管理

设备有一个完整的上电复位(POR)和掉电复位(PDR)电路。这条电路一直有效,用于确保从 2V 启动或者掉到 2V 的时候进行一些必要的操作。当 VDD 低于一个特定的下限 VPOR/PDR 时,不需要外部复位电路,设备也可以保持在复位模式。

设备特有一个嵌入的可编程电压探测器(PVD),PVD 用于检测 VDD,并且和 VPVD 限值比较。当 VDD 低于 VPVD 或者 VDD 大于 VPVD 时会产生一个中断。中断服务程序可以产生一个警告信息或者将 MCU 置为一个安全状态。PVD 由软件使能。

9．电压调节

调压器有三种运行模式:主(MR)、低功耗(LPR)和掉电。

(1) MR 用在传统意义上的调节模式(运行模式)。

(2) LPR 用在停止模式。

(3) 掉电用在待机模式:调压器输出为高阻,核心电路掉电,包括零消耗(寄存器和 SRAM 的内容不会丢失)。

10．低功耗模式

STM32F101xx 支持三种低功耗模式,从而在低功耗、短启动时间和可用唤醒源之间达到一个最好的平衡点。

(1) 休眠模式。在休眠模式中,只有 CPU 停止工作,所有的外设继续运行,在中断/事件发生的时候唤醒 CPU。

（2）停止模式。停止模式允许以最小的功耗来保持 SRAM 和寄存器的内容。1.8V 区域的时钟都停止，PLL、HSI 和 HSE RC 振荡器被禁能，调压器也被置为正常或者低功耗模式。设备可以通过外部中断线从停止模式唤醒。外部中断源可以是 16 个外部中断线之一、PVD 输出或者 TRC 警告。

（3）待机模式。待机模式追求最少的功耗。内部调压器被关闭，这样 1.8V 区域被断电。PLL、HSI 和 HSE RC 振荡器也被关闭。在进入待机模式之后，除了备份寄存器和待机电路，SRAM 和寄存器的内容也会丢失。当外部复位（NRST 引脚）、IWDG 复位、WKUP 引脚出现上升沿或者 TRC 警告发生的时候，设备退出待机模式。

注意：进入停止或者待机模式时，TRC、IWDG 和相关的时钟源不会停止。

在这里以 STM32F103xx 增强型处理器 GPIO 为例讲解 STM32 输入/输出引脚（GPIO），其他的处理器都是大同小异。

如图 6-2 所示，STM32F103xx 有 PA、PB、PC、PD 四组，PA～PC 每组各 16 个（PA0～PA15、PB0～PB15、PC0～PC15）输入/输出口，这里介绍的 LQFP64 中 PD 只有三个引脚 PD0～PD2，所以 GPIO 一共有 51 个 I/O 口。

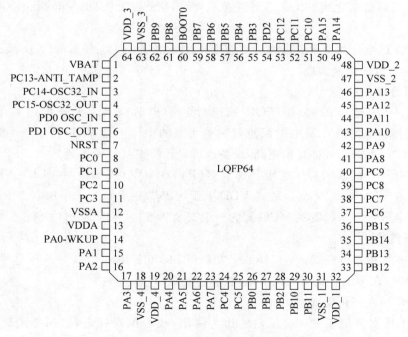

图 6-2　STM32F103xx 增强型芯片引脚

每个 GPIO 端口有两个 32 位配置寄存器（GPIOx_CRL、GPIOx_CRH）、两个 32 位数据寄存器（GPIOx_IDR、GPIOx_ODR）、一个 32 位置位/复位寄存器（GPIOx_BSRR）、一个 16 位复位寄存器（GPIOx_BRR）和一个 32 位锁定寄存器（GPIOx_LCKR）。

GPIO 端口的每个位可以由软件分别配置成多种模式，如表 6-1 所示。输入浮空、输入上拉、输入下拉、模拟输入、开漏输出、推挽式输出、推挽式复用功能、开漏复用功能。其中 mode 的含义如表 6-2 所示。

表 6-1　端口位配置

配 置 模 式		CNF1	CNF0	MODE1	MODE0	PxODR 寄存器
通用输出	推挽式(push-pull)	0	0	01 10 11		0 或 1
	开漏(open-drain)		1			0 或 1
复用功能 输出	推挽式(push-pull)	1	0			不使用
	开漏(open-drain)		1			不使用
输入	模拟输入	0	0	00		不使用
	浮空输入		1			不使用
	下拉输入	1	0			0
	上拉输入					1

表 6-2　输出模式位

MODE[1:0]	意　　义
00	保留
01	最大输出速度为 10MHz
10	最大输出速度为 2MHz
11	最大输出速度为 50MHz

通常有 5 种方式使用某个引脚功能,它们的配置方式如下:

(1) 作为普通 GPIO 输入:根据需要配置该引脚为浮空输入、带弱上拉输入或带弱下拉输入,同时不要使能该引脚对应的所有复用功能模块。

(2) 作为普通 GPIO 输出:根据需要配置该引脚为推挽输出或开漏输出,同时不要使能该引脚对应的所有复用功能模块。

(3) 作为普通模拟输入:配置该引脚为模拟输入模式,同时不要使能该引脚对应的所有复用功能模块。

(4) 作为内置外设的输入:根据需要配置该引脚为浮空输入、带弱上拉输入或带弱下拉输入,同时使能该引脚对应的某个复用功能模块。

(5) 作为内置外设的输出:根据需要配置该引脚为复用推挽输出或复用开漏输出,同时使能该引脚对应的所有复用功能模块。

注意:如果有多个复用功能模块对应同一个引脚,只能使能其中之一,其他模块保持非使能状态。

每个 I/O 端口位可以自由编程,然而 I/O 端口寄存器必须按 32 位字被访问(不允许半字或字节访问),GPIOx_BSRR 和 GPIOx_BRR 寄存器允许对任何 GPIO 寄存器的读/更改的独立访问。这样,在读和更改访问之间产生 IRQ 时不会发生危险。

复位期间和刚复位后,复用功能未开启,I/O 端口被配置成浮空输入模式(CNFx[1:0]=01b,MODEx[1:0]=00b)。

复位后,JTAG 引脚被置于输入上拉或下拉模式。其中,PA15 表示 JTDI 置于上拉模式;PA14 表示 JTCK 置于下拉模式;PA13 表示 JTMS 置于上拉模式;PB4 表示 JNTRST 置于上拉模式。

6.1.1 单独的位设置或位清除

当对 GPIOx_ODR 的个别位编程时,软件不需要禁止中断。在单次 APB2 写操作里,可以只更改一个或多个位。

这是通过对"置位/复位寄存器"(GPIOx_BSRR,复位是 GPIOx_BRR)中想要更改的位写 1 来实现的,没被选择的位将不被更改。

6.1.2 外部中断/唤醒线

所有端口都有外部中断能力。为了使用外部中断线,端口必须配置成输入模式。

6.1.3 复用功能

若使用通用和复用功能(AF)I/O,当作为输出配置时,写到输出数据寄存器上的值(GPIOx_ODR)输出到相应的 I/O 引脚。可以以推挽模式或开漏模式(当输出 0 时,只有 N-MOS 被打开)使用输出驱动器。寄存器(GPIOx_IDR)在每个 APB2 时钟周期捕捉 I/O 引脚上的数据。所有 GPIO 引脚有一个内部弱上拉和弱下拉,当配置为输入时,它们可以被激活,也可以被断开。

使用默认复用功能前必须对端口位配置寄存器编程。

(1) 对于复用的输入功能,端口必须配置成输入模式(浮空、上拉或下拉)且输入引脚必须由外部驱动。

注意:也可以通过软件来模拟复用功能输入引脚,这种模拟可以通过对 GPIO 控制器编程来实现。此时,端口应当被设置为复用功能输出模式。显然,这时相应的引脚不再由外部驱动,而是通过 GPIO 控制器由软件来驱动。

(2) 对于复用输出功能,端口必须配置成复用功能输出模式(推挽或开漏)。

(3) 对于双向复用功能,端口必须配置成复用功能输出模式(推挽或开漏)。这时,输入驱动器被配置成浮空输入模式。

如果把端口配置成复用输出功能,则引脚和输出寄存器断开,并和片上外设的输出信号连接。如果软件把一个 GPIO 脚配置成复用输出功能,但是外设没有被激活,则它的输出将不确定。

6.1.4 软件重新映射 I/O 复用功能

为了使不同器件封装的外设 I/O 功能的数量达到最优,可以把一些复用功能重新映射到其他一些脚上。这可以通过软件配置相应的寄存器来完成(参考 AFIO 寄存器描述)。这时,复用功能就不再映射到它们的原始引脚上。

6.1.5 GPIO 锁定机制

锁定机制允许冻结 I/O 配置。当在一个端口位上执行了锁定(LOCK)程序,在下一次复位之前,将不能再更改端口位的配置。

6.1.6　输入配置

当I/O端口配置为输入时,输出缓冲器被禁止;施密特触发输入被激活;根据输入配置(上拉、下拉或浮动)的不同,弱上拉和下拉电阻被连接;出现在I/O脚上的数据在每个APB2时钟被采样到输入数据寄存器;对输入数据寄存器的读访问可得到I/O状态通用和复用功能I/O。

6.1.7　输出配置

当I/O端口被配置为输出时,首先输出缓冲器被激活。在开漏模式,输出寄存器上的0激活N-MOS,而输出寄存器上的1将端口置于高阻状态(P-MOS从不被激活)。在推挽模式,输出寄存器上的0激活N-MOS,而输出寄存器上的1将激活P-MOS。

其次,施密特触发输入被激活;然后弱上拉和下拉电阻被禁止;最后出现在I/O脚上的数据在每个APB2时钟被采样到输入数据寄存器。在开漏模式时,对输入数据寄存器的读访问可得到I/O状态;在推挽式模式时,对输出数据寄存器的读访问得到最后一次写的值。

6.1.8　复用功能配置

当I/O端口被配置为复用功能时,在开漏或推挽式配置中,输出缓冲器被打开;内置外设的信号驱动输出缓冲器(复用功能输出);施密特触发输入被激活;弱上拉和下拉电阻被禁止;在每个APB2时钟周期,出现在I/O脚上的数据被采样到输入数据寄存器;开漏模式时,读输入数据寄存器时可得到I/O口状态;在推挽模式时,读输出数据寄存器时可得到最后一次写的值。

6.1.9　模拟输入配置

当I/O端口被配置为模拟输入配置时,输出缓冲器被禁止;禁止施密特触发输入,实现了每个模拟I/O引脚上的零消耗。施密特触发输出值被强置为0;弱上拉和下拉电阻被禁止;读取输入数据寄存器时数值为0。

6.2　输入/输出基本概念(寄存器、输入/输出类型)

介绍了输入/输出的相关配置后,对配置中提到的很多名词寄存器将在这节进行详细的解答,以便从感性认识提升到理性认识,达到对STM32输入/输出的透彻理解。

6.2.1　基本概念

STM32输入/输出类型包括模拟输入、浮空输入、上拉输入、下拉输入、推挽输出、开漏输出、复用推挽输出、复用开漏输出。该如何对丰富的输入/输出配置进行操作,通过对寄存器的介绍将会有一个很直观的了解。

上拉输入(GPIO_Mode_IPU):区别在于没有输入信号的时候默认输入高电平(因为有弱上拉)。

下拉输入(GPIO_Mode_IPD)：区别在于没有输入信号的时候默认输入低电平(因为有弱下拉)。

上拉下拉中的电阻作用就是为了达到以上目的。上拉电阻的目的是保证在没有信号输入时,输入端的电平为高电平。而在信号输入为低电平时,输入端的电平应该也为低电平。如果没有上拉电阻,在没有外界输入的情况下输入端是悬空的,它的电平是未知的、无法保证的。同样,下拉电阻是为了保证无信号输入时输入端的电平为低电平。

浮空输入(GPIO_Mode_IN_FLOATING)：顾名思义,就是信号不确定,输入什么信号才是什么信号,所以要保证有明确的信号。

模拟输入(GPIO_Mode_AIN)：通常用在 AD 采样,或者低功耗下省电。

开漏输出(GPIO_Mode_Out_OD)：就是 IO 不输出电压,IO 输出 0(低电平)接 GND,IO 输出 1(高电平)悬空,需要外接上拉电阻,才能实现输出高电平。当输出为 1 时,IO 口的状态由上拉电阻拉高电平(拉到上拉电阻的电源电压),但由于是开漏输出模式,这样 IO 口也就可以由外部电路改变为低电平或不变。可以读 IO 输入电平变化,实现 C51(微处理器)的 IO 双向功能。这种方式适合在连接的外设电压比微处理器电压低的时候,以及做电流型的驱动,其吸收电流的能力相对强(一般 20mA 以内)。开漏的 IO 口上拉电平到不了5V,只有 FT 引脚才能达到 5V,数据手册中有详细的说明。

推挽输出(GPIO_Mode_Out_PP)：推挽输出就是微处理器引脚可以直接输出高电平电压。低电平时接地,高电平时输出微处理器电源电压(IO 输出 0 时接 GND,IO 输出 1 时接VCC,读输入值是未知的)。这种方式可以不接上拉电阻。

复用开漏输出(GPIO_Mode_AF_OD)：片内外设功能(TX1、MOSI、MISO、SCK、SS)。

复用推挽输出(GPIO_Mode_AF_PP)：片内外设功能(I2C 的 SCL、SDA)。

也就是说,复用开漏输出和复用推挽输出是 GPIO 口被用作第二功能时的配置情况(即并非作为通用 IO 口使用)。

6.2.2　寄存器详解

首先看看关于寄存器的一些缩写(见表 6-3),本书中都会用到。

表 6-3　寄存器缩写

read/write(rw)	软件能读写此位
read-only(r)	软件只能读此位
write-only(w)	软件只能写此位,读此位将返回复位值
read/clear(rc_w1)	软件可以读此位,也可以通过写 1 清除此位,写 0 对此位无影响
read/clear(rc_w0)	软件可以读此位,也可以通过写 0 清除此位,写 1 对此位无影响
toggle(t)	软件只能通过写 1 来翻转此位,写 0 对此位无影响
Reserved(Res)	保留位,必须保持默认值不变

GPIO 的寄存器有七个,每个 GPIO 端口有两个 32 位配置寄存器(GPIOx_CRL、GPIOx_CRH),分别控制每个端口的高八位和低八位(如果 IO 口是 0~7,则写 CRL 寄存器,如果IO 口是 8~15,则写 CRH 寄存器);两个 32 位数据寄存器(GPIOx_IDR、GPIOx_ODR),一个是只读,作为输入数据寄存器,一个是只写,作为输出寄存器;一个 32 位置位/复位寄存器(GPIOx_BSRR);一个 16 位复位寄存器(GPIOx_BRR);以及一个 32 位锁定寄存器

（GPIOx_LCKR）。常用的 IO 端口寄存器只有四个：CRH、CRL、IDR、ODR。下面进一步介绍每个寄存器的功能。

1. 端口配置低寄存器（GPIOx_CRL）（x＝A..E）

在 GPIO 地址中的偏移地址为 0x00；复位值为 0x4444 4444。功能是配置每个端口的低八位，例如，配置 PA 口的 PA0～PA7。

该寄存器一共 32 位，每位的含义如图 6-3 所示，其中具体值设置见表 6-1。

31	30	29	28	27	26	25	24	23	22	21	20	19	18	17	16
CNF7[1:0]		MODE7[1:0]		CNF6[1:0]		MODE6[1:0]		CNF5[1:0]		MODE5[1:0]		CNF4[1:0]		MODE4[1:0]	
rw	rw	rw	rw	rw	rw	rw	rw	rw	rw	rw	rw	rw	rw	rw	rw

15	14	13	12	11	10	9	8	7	6	5	4	3	2	1	0
CNF3[1:0]		MODE3[1:0]		CNF2[1:0]		MODE2[1:0]		CNF1[1:0]		MODE1[1:0]		CNF0[1:0]		MODE0[1:0]	
rw	rw	rw	rw	rw	rw	rw	rw	rw	rw	rw	rw	rw	rw	rw	rw

位 31:30 27:26 23:22 19:18 15:14 11:10 7:6 3:2	CNFy[1:0]：端口 x 配置位（y＝0…7） 软件通过这些位配置相应的 I/O 端口，请参考表 6-1。 在输入模式（MODE[1:0]＝00）： 00：模拟输入模式 01：浮空输入模式（复位后的状态） 10：上拉/下拉输入模式 11：保留 在输出模式（MODE[1:0]＞00）： 00：通用推挽输出模式 01：通用开漏输出模式 10：复用功能推挽输出模式 11：复用功能开漏输出模式
位 29:28 25:24 21:20 17:16 13:12 9:8,5:4 1:0	MODEy[1:0]：端口 x 的模式位（y＝0…7） 软件通过这些位配置相应的 I/O 端口，请参考表 6-1。 00：输入模式（复位后的状态） 01：输出模式，最大速度 10MHz 10：输出模式，最大速度 2MHz 11：输出模式，最大速度 50MHz

图 6-3　端口配置低寄存器（GPIOx_CRL）每一位含义

2. 端口配置高寄存器（GPIOx_CRH）（x＝A..E）

在 GPIO 地址中的偏移地址为 0x04；复位值为 0x4444 4444。功能是配置每个端口的高八位，例如，配置 PA 口的 PA8～PA15。该寄存器一共 32 位，每位的含义如图 6-4 所示，其中具体值设置见表 6-1。

31	30	29	28	27	26	25	24	23	22	21	20	19	18	17	16
CNF15[1:0]		MODE15[1:0]		CNF14[1:0]		MODE14[1:0]		CNF13[1:0]		MODE13[1:0]		CNF12[1:0]		MODE12[1:0]	
rw	rw	rw	rw	rw	rw	rw	rw	rw	rw	rw	rw	rw	rw	rw	rw
15	14	13	12	11	10	9	8	7	6	5	4	3	2	1	0
CNF11[1:0]		MODE11[1:0]		CNF10[1:0]		MODE10[1:0]		CNF9[1:0]		MODE9[1:0]		CNF8[1:0]		MODE8[1:0]	
rw	rw	rw	rw	rw	rw	rw	rw	rw	rw	rw	rw	rw	rw	rw	rw

位 31:30 27:26 23:22 19:18 15:14 11:10 7:6 3:2	CNFy[1:0]：端口 x 配置位(y=8…15) 软件通过这些位配置相应的 I/O 端口,请参考表 6-1。 在输入模式(MODE[1:0]=00)： 00：模拟输入模式 01：浮空输入模式(复位后的状态) 10：上拉/下拉输入模式 11：保留 在输出模式(MODE[1:0]>00)： 00：通用推挽输出模式 01：通用开漏输出模式 10：复用功能推挽输出模式 11：复用功能开漏输出模式
位 29:28 25:24 21:20 17:16 13:12 9:8,5:4 1:0	MODEy[1:0]：端口 x 的模式位(y=8…15) 软件通过这些位配置相应的 I/O 端口,请参考表 6-1。 00：输入模式(复位后的状态) 01：输出模式,最大速度 10MHz 10：输出模式,最大速度 2MHz 11：输出模式,最大速度 50MHz

图 6-4 端口配置高寄存器(GPIOx_CRH)每一位含义

3. 端口输入数据寄存器(GPIOx_IDR)(x=A..E)

在 GPIO 地址中的偏移地址为 0x08；复位值为 0x0000 XXXX。功能是保存输入到端口的每个位的数据。该寄存器一共 32 位,每位的含义如图 6-5 所示,其中具体值设置见表 6-1。

31	30	29	28	27	26	25	24	23	22	21	20	19	18	17	16
保留															
15	14	13	12	11	10	9	8	7	6	5	4	3	2	1	0
IDR15	IDR14	IDR13	IDR12	IDR11	IDR10	IDR9	IDR8	IDR7	IDR6	IDR5	IDR4	IDR3	IDR2	IDR1	IDR0
r	r	r	r	r	r	r	r	r	r	r	r	r	r	r	r

位 31:16	保留,始终读为 0
位 15:0	IDRy[15:0]：端口输入数据(y=0…15) 这些位为只读并只能以字(16 位)的形式读出。读出的值为对应 I/O 口的状态

图 6-5 端口输入数据寄存器(GPIOx_IDR)每一位含义

4. 端口输出数据寄存器(GPIOx_ODR)(x＝A..E)

在 GPIO 地址中的偏移地址为 0x0C；复位值为 0x0000 0000。功能是保存输出到端口的每个位的数据。该寄存器一共 32 位，每位的含义如图 6-6 所示，其中具体值设置见表 6-1。

31	30	29	28	27	26	25	24	23	22	21	20	19	18	17	16
保留															

15	14	13	12	11	10	9	8	7	6	5	4	3	2	1	0
ODR15	ODR14	ODR13	ODR12	ODR11	ODR10	ODR9	ODR8	ODR7	ODR6	ODR5	ODR4	ODR3	ODR2	ODR1	ODR0
rw	rw	rw	rw	rw	rw	rw	rw	rw	rw	rw	rw	rw	rw	rw	rw

位 31:16	保留，始终读为 0
位 15:0	ODRy[15:0]：端口输出数据(y=0…15) 这些位可读可写并只能以字(16 位)的形式操作 注：对 GPIOx_BSRR(x=A…E)，可以分别对各个 ODR 位进行独立的设置/清除

图 6-6　端口输出数据寄存器(GPIOx_ODR)每一位含义

5. 端口位设置/清除寄存器(GPIOx_BSRR)(x＝A..E)

在 GPIO 地址中的偏移地址为 0x10；复位值为 0x0000 0000。功能是置位和清除在输出数据寄存器 ODR 的位，高 16 位写 1 完成清除，低 16 位写 1 完成置位。该寄存器一共 32 位，每位的含义如图 6-7 所示，其中具体值设置见表 6-1。

31	30	29	28	27	26	25	24	23	22	21	20	19	18	17	16
BR15	BR14	BR13	BR12	BR11	BR10	BR9	BR8	BR7	BR6	BR5	BR4	BR3	BR2	BR1	BR0
w	w	w	w	w	w	w	w	w	w	w	w	w	w	w	w

15	14	13	12	11	10	9	8	7	6	5	4	3	2	1	0
BS15	BS14	BS13	BS12	BS11	BS10	BS9	BS8	BS7	BS6	BS5	BS4	BS3	BS2	BS1	BS0
w	w	w	w	w	w	w	w	w	w	w	w	w	w	w	w

位 31:16	BRy：清除端口 x 的位 y(y=0…15) 这些位只能写入并只能以字(16 位)的形式操作 0：对对应的 ODRy 位不产生影响 1：清除对应的 ODRy 位为 0 注：如果同时设置了 BSy 和 BRy 的对应位，BSy 位起作用
位 15:0	BSy：设置端口 x 的位 y(y=0…15) 这些位只能写入并只能以字(16 位)的形式操作 0：对对应的 ODRy 位不产生影响 1：设置对应的 ODRy 位为 1

图 6-7　端口位设置/清除寄存器(GPIOx_BSRR)每一位含义

6. 端口位清除寄存器(GPIOx_BRR)(x＝A..E)

在 GPIO 地址中的偏移地址为 0x14；复位值为 0x0000 0000。功能是清除在输出数据寄存器 ODR 的位，高 16 位保留，低 16 位写 1。该寄存器一共 32 位，每位的含义如图 6-8 所示，其中具体值设置见表 6-1。

31	30	29	28	27	26	25	24	23	22	21	20	19	18	17	16
保留															

15	14	13	12	11	10	9	8	7	6	5	4	3	2	1	0
BR15	BR14	BR13	BR12	BR11	BR10	BR9	BR8	BR7	BR6	BR5	BR4	BR3	BR2	BR1	BR0
w	w	w	w	w	w	w	w	w	w	w	w	w	w	w	w

位 31:16	保留
位 15:0	BRy：清除端口 x 的位 y(y＝0…15) 这些位只能写入并只能以字(16 位)的形式操作 0：对对应的 ODRy 位不产生影响 1：清除对应的 ODRy 位为 0

图 6-8　端口位复位寄存器(GPIOx_BRR)每一位含义

BSRR 和 BRR 这两个寄存器其实没有区别，根据需要使用即可。

以下举个例子以便更好地理解 BSRR 和 BRR 这两个寄存器。假设 GPIOA 的 16 个 IO 都被设置成输出，而每次操作仅需要改变低 8 位的数据而保持高 8 位不变，假设新的 8 位数据在变量 data 中，可以通过操作这两个寄存器实现，STM32 的固件库中有两个函数 GPIO_SetBits() 和 GPIO_ResetBits() 使用了这两个寄存器操作端口。

```
GPIO_SetBits(GPIOE,data & 0xff);
GPIO_ResetBits(GPIOE,(~data & 0xff))
```

也可以直接操作这两个寄存器：

```
GPIOE -> BSRR = data & 0xff;
GPIOE -> BRR  = ~data & 0xff;
```

还可以一次完成对 8 位的操作：

```
GPIOE -> BSRR = (data & 0xff) | (~data & 0xff)<< 16;
```

从最后这个操作可以看出使用 BSRR 寄存器，可以实现 8 个端口位的同时修改操作。如果不是用 BRR 和 BSRR 寄存器，则上述要求就需要这样实现：

```
GPIOE -> ODR = GPIOE -> ODR & 0xff00 | data;
```

使用 BRR 和 BSRR 寄存器可以方便、快速地实现对端口某些特定位的操作，而不影响其他位的状态。例如，若希望快速地对 GPIOE 的位 7 进行翻转，则可以：

```
GPIOE -> BSRR = 0x80;            //置'1'
GPIOE -> BRR  = 0x80;            //置'0'
```

如果使用常规"读-改-写"的方法：

```
GPIOE - > ODR = GPIOE - > ODR | 0x80;              //置'1'
GPIOE - > ODR = GPIOE - > ODR & 0xFF7F;            //置'0'
```

这样大家会疑问是否 BSRR 的高 16 位是多余的,看看下面这个例子。

假如想在一个操作中对 GPIOE 的位 7 置 1,位 6 置 0,则使用 BSRR 非常方便:

```
GPIOE - > BSRR = 0x4080;
```

如果没有 BSRR 的高 16 位,则要分两次操作,结果造成位 7 和位 6 的变化不同步。

```
GPIOE - > BSRR = 0x80;
GPIOE - > BRR = 0x40;
```

7. 端口配置锁定寄存器(GPIOx_LCKR)(x＝A..E)

在 GPIO 地址中的偏移地址为 0x18;复位值为 0x0000 0000。功能是锁定端口设置。更详细的内容会在下一节介绍。该寄存器一共 32 位,每位的含义如图 6-9 所示。

31	30	29	28	27	26	25	24	23	22	21	20	19	18	17	16
保留															LCKK

15	14	13	12	11	10	9	8	7	6	5	4	3	2	1	0
LCK15	LCK14	LCK13	LCK12	LCK11	LCK10	LCK9	LCK8	LCK7	LCK6	LCK5	LCK4	LCK3	LCK2	LCK1	LCK0
rw	rw	rw	rw	rw	rw	rw	rw	rw	rw	rw	rw	rw	rw	rw	rw

位 31:17	保留
位 16	LCKK:锁键 该位可随时读出,它只可通过锁键写入序列修改 0:端口配置锁键位激活 1:端口配置锁键位被激活,下一次系统复位前 GPIOx_LCKR 寄存器被锁住 锁键的写入序列: 写 1→写 0→写 1→读 0→读 1 最后一个读可省略,但可以用来确认锁键已被激活 注:在操作锁键的写入序列时,不能改变 LCK[15:0]的值 操作锁键写入序列中的任何错误将不能激活锁键
位 15:0	LCKy:端口 x 的锁位 y(y＝0···15) 这些位可读可写,但只能在 LCKK 位为 0 时写入 0:不锁定端口的配置 1:锁定端口的配置

图 6-9　端口配置锁定寄存器(GPIOx_LCKR)每一位含义

6.2.3　复用 I/O 配置寄存器

这些寄存器的配置是为了优化芯片封装的外设数目,通过把一些复用功能重新映射到其他引脚上实现。配置实现后,复用功能就不再映射到它们原始的分配上。例如,USART1

的重新映射如表 6-4 所示。

表 6-4　复用 USART1 后寄存器和引脚配置

复 用 功 能	USART1_REMAP＝0	USART1_REMAP＝1
USART1_TX	PA9	PB6
USART1_RX	PA10	PB7

更多、更详细的功能重新映射可以查看芯片的参考手册,这里只讲述与复用功能有关的寄存器。

1. 事件控制寄存器(AFIO_EVCR)

在 AFIO 地址中的偏移地址为 0x00;复位值为 0x0000 0000。功能是控制 Cortex-M3 内部事件输出到相应引脚。该寄存器一共 32 位,每位的含义如图 6-10 所示。

31	30	29	28	27	26	25	24	23	22	21	20	19	18	17	16
							保留								

15	14	13	12	11	10	9	8	7	6	5	4	3	2	1	0
		保留						EVOE	PORT[2:0]			PIN[3:0]			
								rw	rw	rw	rw	rw	rw	rw	rw

位 31:8	保留
位 7	EVOE:允许事件输出 该位可由软件读写。当设置该位后,Cortex 的 EVENTOUT 将连接到由 PORT[2:0]和 PIN[3:0]选定的 I/O 口
位 6:4	PORT[2:0]:端口选择 选择用于输出 Cortex 的 EVENTOUT 信号的端口: 000:选择 PA　　001:选择 PB　　010:选择 PC　　011:选择 PD 100:选择 PE
位 3:0	PIN[3:0]:引脚选择 选择用于输出 Cortex 的 EVENTOUT 信号的引脚: 0000:选择 Px0　　0001:选择 Px1　　0010:选择 Px2　　0011:选择 Px3 0100:选择 Px4　　0101:选择 Px5　　0110:选择 Px6　　0111:选择 Px7 1000:选择 Px8　　1001:选择 Px9　　1010:选择 Px10　　1011:选择 Px11 1100:选择 Px12　　1101:选择 Px13　　1110:选择 Px14　　1111:选择 Px15

图 6-10　事件控制寄存器各位含义

2. 复用重映射和调试 I/O 配置寄存器(AFIO_MAPR)

在 AFIO 地址中的偏移地址为 0x04;复位值为 0x0000 0000。功能是实现引脚的重新映射,所有功能重新映射都是通过配置它来实现的,如图 6-11 所示。

31	30	29	28	27	26	25	24	23	22	21	20	19	18	17	16
保留					SWJ_CFG[2:0]			保留							
					rw	rw	rw								

15	14	13	12	11	10	9	8	7	6	5	4	3	2	1	0
PD01_REMAP	CAN_REMAP[1:0]		TIM4_REMAP	TIM3_REMAP[1:0]		TIM2_REMAP[1:0]		TIM1_REMAP[1:0]		USART3_REMAP[1:0]		USART2_REMAP	USART1_REMAP	I2C1_REMAP	SPI1_REMAP
rw	rw	rw	rw	rw	rw	rw	rw	rw	rw	rw	rw	rw	rw	rw	rw

位 31:27	保留
位 26:24	SWJ_CFG[2:0]：串行线 JTAG 配置 这些位可由软件读写,用于配置 SWJ 和跟踪复用功能的 I/O 口。SWJ(串行线 JTAG)支持 JTAG 或 SWD 访问 Cortex 的调试端口。系统复位后的默认状态是启用 SWJ 但没有跟踪功能,这种状态下可以通过 JTMS/JTCK 脚上的特定信号选择 JTAG 或 SW(串行线)模式 000：完全 SWJ(JTAG−DP＋SW−DP)：复位状态 001：完全 SWJ(JTAG−DP＋SW−DP)但没有 JNTRST 010：关闭 JTAG−DP,启用 SW−DP 100：关闭 JTAG−DP,关闭 SW−DP 其他组合：禁用
位 23:16	保留
位 15	PD01_REMAP：端口 D0/端口 D1 映像到 OSC_IN/OSC_OUT 该位可由软件读写,它控制 PD0 和 PD1 的 GPIO 功能映像。当不使用主振荡器 HSE 时(系统运行于内部的 8MHz 阻容振荡器),PD0 和 PD1 可以映像到 OSC_IN 和 OSC_OUT 引脚。此功能只能适用于 36、48 和 64 引脚的封装(PD0 和 PD1 出现在 TQFP100 的封装上,不必重映像) 0：不进行 PD0 和 PD1 的重映像 1：PD0 映像到 OSC_IN,PD1 映像到 OSC_OUT
位 14:13	CAN_REMAP[1:0]：CAN 复用功能重映像 这些位可由软件读写,控制复用功能 CANRX 和 CANTX 的重映像 00：CANRX 映像到 PA11,CANTX 映像到 PA12 01：未用组合 10：CANRX 映像到 PB8,CANTX 映像到 PB9(不能用于 36 脚的封装) 11：CANRX 映像到 PD0,CANTX 映像到 PD1(只适用于 100 脚的封装)
位 12	TIM4_REMAP：定时器 4 的重映像 该位可由软件读写,只控制 100 脚封装中定时器 4 的通道 1～4 的映像 0：没有重映像(TIM4_CH1/PB6、TIM4_CH2/PB7、TIM4_CH3/PB8、TIM4_CH4/PB9) 1：完全映像(TIM4_CH1/PD12、TIM4_CH2/PD13、TIM4_CH3/PD14、TIM4_CH4/PD15) 注：重映像不影响在 PE0 上的 TIM4_ETR
位 11:10	TIM3_REMAP[1:0]：定时器 3 的重映像 这些位可由软件读写,控制定时器 3 的通道 1～4 在 GPIO 端口的映像 00：没有重映像(CH1/PA6、CH2/PA7、CH3/PB0、CH4/PB1) 01：未用组合 10：部分映像(CH1/PB4、CH2/PB5、CH3/PB0、CH4/PB1) 11：完全映像(CH1/PC6、CH2/PC7、CH3/PC8、CH4/PC9) 注：重映像不影响在 PD2 上的 TIM3_ETR

图 6-11　复用重映射和调试 I/O 配置寄存器各位含义

位 9:8	TIM2_REMAP[1:0]：定时器 2 的重映像
	这些位可由软件读写,控制定时器 2 的通道 1~4 和外部触发(ETR)在 GPIO 端口的映像
	00：没有重映像(CH1/ETR/PA0、CH2/PA1、CH3/PA2、CH4/PA3)
	01：部分映像(CH1/ETR/PA15、CH2/PB3、CH3/PA2、CH4/PA3)
	10：部分映像(CH1/ETR/PA0、CH2/PA1、CH3/PB10、CH4/PB11)
	11：完全映像(CH1/ETR/PA15、CH2/PB3、CH3/PB10、CH4/PB11)
位 7:6	TIM1_REMAP[1:0]：定时器 1 的重映像
	这些位可由软件读写,控制定时器 1 的通道 1~4、1N~3N、外部触发(ETR)和断线输入(BKIN)在 GPIO 端口的映像
	00：没有重映像(ETR/PA12、CH1/PA8、CH2/PA9、CH3/PA10、CH4/PA11、BKIN/PB12、CH1N/PB13、CH2N/PB14、CH3N/PB15)
	01：部分映像(ETR/PA12、CH1/PA8、CH2/PA9、CH3/PA10、CH4/PA11、BKIN/PA6、CH1N/PA7、CH2N/PB0、CH3N/PB1)
	10：未用组合
	11：完全映像(ETR/PE7、CH1/PE9、CH2/PE11、CH3/PE13、CH4/PE14、BKIN/PE15、CH1N/PE8、CH2N/PE10、CH3N/PE12)
位 5:4	USART3_REMAP[1:0]：USART3 的重映像
	这些位可由软件读写,控制 USART3 的 CTS、RTS、CK、TX 和 RX 复用功能在 GPIO 端口的映像
	00：没有重映像(TX/PB10、RX/PB11、CK/PB12、CTS/PB13、RTS/PB14)
	01：部分映像(TX/PC10、RX/PC11、CK/PC12、CTS/PB13、RTS/PB14)
	10：未用组合
	11：完全映像(TX/PD8、RX/PD9、CK/PD10、CTS/PD11、RTS/PD12)
位 3	USART2_REMAP：USART2 的重映像
	该位可由软件读写,控制 USART2 的 CTS、RTS、CK、TX 和 RX 复用功能在 GPIO 端口的映像
	0：没有重映像(CTS/PA0、RTS/PA1、TX/PA2、RX/PA3、CK/PA4)
	1：重映像(CTS/PD3、RTS/PD4、TX/PD5、RX/PD6、CK/PD7)
位 2	USART1_REMAP：USART1 的重映像
	该位可由软件读写,控制 USART1 的 TX 和 RX 复用功能在 GPIO 端口的映像
	0：没有重映像(TX/PA9、RX/PA10)
	1：重映像(TX/PB6、RX/PB7)
位 1	I2C1_REMAP：I2C1 的重映像
	该位可由软件读写,控制 I2C1 的 SCL 和 SDA 复用功能在 GPIO 端口的映像
	0：没有重映像(SCL/PB6、SDA/PB7)
	1：重映像(SCL/PB8、SDA/PB9)
位 0	SPI1_REMAP：SPI1 的重映像
	该位可由软件读写,控制 SPI1 的 NSS、SCK、MISO 和 MOSI 复用功能在 GPIO 端口的映像
	0：没有重映像(NSS/PA4、SCK/PA5、MISO/PA6、MOSI/PA7)
	1：重映像(NSS/PA15、SCK/PB3、MISO/PB4、MOSI/PB5)

图 6-11 （续）

3. 外部中断配置寄存器(AFIO_EXTICRx)(x=1…4)

在 AFIO 地址中的偏移地址依次为 0x08、0x0C、0x10、0x14；复位值都为 0x0000。功能如下：

（1）AFIO_EXTICR1（外部中断配置寄存器 1），配置外部中断 EXTI0、EXTI1、EXTI2、EXTI3 给 Px0、Px1、Px2、Px3 引脚(x=A,B,C,D,E…),如图 6-12 所示。

31	30	29	28	27	26	25	24	23	22	21	20	19	18	17	16
保留															

15	14	13	12	11	10	9	8	7	6	5	4	3	2	1	0
EXTI3[3:0]				EXTI2[3:0]				EXTI1[3:0]				EXTI0[3:0]			
rw	rw	rw	rw	rw	rw	rw	rw	rw	rw	rw	rw	rw	rw	rw	rw

位 31:16	保留
位 15:0	EXTIx[3:0]:EXTIx 配置(x=0…3) 这些位可由软件读写,用于选择 EXTIx 外部中断的输入源 0000: PA[x]脚 0001: PB[x]脚 0010: PC[x]脚 0011: PD[x]脚 0100: PE[x]脚

图 6-12 外部中断配置寄存器 1 各位含义

(2) AFIO_EXTICR2(外部中断配置寄存器 2),配置外部中断 EXTI4、EXTI5、EXTI6、EXTI7 给 Px4、Px5、Px6、Px7 引脚(x=A,B,C,D,E…),如图 6-13 所示。

31	30	29	28	27	26	25	24	23	22	21	20	19	18	17	16
保留															

15	14	13	12	11	10	9	8	7	6	5	4	3	2	1	0
EXTI7[3:0]				EXTI6[3:0]				EXTI5[3:0]				EXTI4[3:0]			
rw	rw	rw	rw	rw	rw	rw	rw	rw	rw	rw	rw	rw	rw	rw	rw

位 31:16	保留
位 15:0	EXTIx[3:0]:EXTIx 配置(x=4…7) 这些位可由软件读写,用于选择 EXTIx 外部中断的输入源 0000: PA[x]脚 0001: PB[x]脚 0010: PC[x]脚 0011: PD[x]脚 0100: PE[x]脚

图 6-13 外部中断配置寄存器 2 各位含义

(3) AFIO_EXTICR3(外部中断配置寄存器 3),配置外部中断 EXTI8、EXTI9、EXTI10、EXTI11 给 Px8、Px9、Px10、Px11 引脚(x=A,B,C,D,E…),如图 6-14 所示。

(4) AFIO_EXTICR4(外部中断配置寄存器 4),配置外部中断 EXTI12、EXTI13、EXTI14、EXTI15 给 Px12、Px13、Px14、Px15 引脚(x=A,B,C,D,E…),如图 6-15 所示。

至此,有关通用 I/O 和 AFIO 的寄存器以及它们的功能讲述完了,为了能够使用,下面介绍 I/O 的配置流程。

31	30	29	28	27	26	25	24	23	22	21	20	19	18	17	16
保留															

15	14	13	12	11	10	9	8	7	6	5	4	3	2	1	0
EXTI11[3:0]				EXTI10[3:0]				EXTI9[3:0]				EXTI8[3:0]			
rw	rw	rw	rw	rw	rw	rw	rw	rw	rw	rw	rw	rw	rw	rw	rw

位 31:16	保留
位 15:0	EXTIx[3:0]:EXTIx 配置(x=8…11) 这些位可由软件读写,用于选择 EXTIx 外部中断的输入源 0000:PA[x]脚 0001:PB[x]脚 0010:PC[x]脚 0011:PD[x]脚 0100:PE[x]脚

图 6-14　外部中断配置寄存器 3 各位含义

31	30	29	28	27	26	25	24	23	22	21	20	19	18	17	16
保留															

15	14	13	12	11	10	9	8	7	6	5	4	3	2	1	0
EXTI15[3:0]				EXTI14[3:0]				EXTI13[3:0]				EXTI12[3:0]			
rw	rw	rw	rw	rw	rw	rw	rw	rw	rw	rw	rw	rw	rw	rw	rw

位 31:16	保留
位 15:0	EXTIx[3:0]:EXTIx 配置(x=12…15) 这些位可由软件读写,用于选择 EXTIx 外部中断的输入源 0000:PA[x]脚 0001:PB[x]脚 0010:PC[x]脚 0011:PD[x]脚 0100:PE[x]脚

图 6-15　外部中断配置寄存器 4 各位含义

6.2.4　通用 I/O 和 AFIO 使用的配置步骤

因为 Cortex-M3 是时钟驱动型,STM32 的每一个端口在使用前都要将其时钟使能,GPIO 的时钟统一挂接在 APB2 总线上,具体的使能寄存器为 RCC_APB2ENR,该寄存器的 2～6 位(该寄存器的第 3～第 7 位)分别控制 GPIOx(x=A,B,C,D,E)端口的时钟使能,当外设时钟没有启用时,程序不能读出外设寄存器的数值。

例如,使能 PA 时钟:

```
RCC -> APB2ENR| = 1 << 2;              //使能 PORTA 时钟
```

使用固件库更方便操作。以下是使用固件库时,GPIO 的操作步骤:

（1）定义 GPIO_InitTypeDef 类型变量,例如:

```
GPIO_InitTypeDef GPIO_InitStructure;
```

（2）调用 RCC_APB2PeriphClockCmd()函数使能相应的 GPIOx 端口(所有 GPIO 端口都挂载到 APB2 总线上的)时钟。注意:使能 GPIOx 端口时钟的函数必须在 GPIO 端口配置函数之前调用,否则 GPIO 端口会初始化不成功。

（3）调用 GPIO_DeInit()函数初始化要使用的 GPIOx 端口所属寄存器为默认值(可略)。

（4）调用 GPIO_StructInit()函数初始化前面定义的 GPIO_InitTypeDef 类型变量为默认值(可略)。

（5）按开发者的需求给 GPIO_InitTypeDef 类型变量相应成员赋值,然后调用 GPIO_Init()函数实现 GPIO 端口的初始化。

（6）以上步骤完成后,就可以对相应的端口进行操作:读/写,或配置为复用功能(步骤中出现过的函数详情,请查看固件库)。

针对 AFIO 配置要注意的地方比较多,所以从以下几方面进行一些说明。

（1）何时才需要使能 AFIO 时钟。不是说使用了 I/O 的复用功能就一定要启动 RCC_APB2Periph_AFIO()函数使能时钟。例如,AFIO_MAPR 寄存器的 2 位。如果该位为 0,表示没有重映像。如果该位为 1,表示重映像。

最常用的 USART1,默认用的就是 PA9 和 PA10 这两个 I/O 作为 USART1 的 TX 和 RX,那么也就是没有重映射,No Remap,这样根本不需要开启 AFIO 时钟,只要开启 USART1 的外设时钟即可。

USART1 可以重映射到 PB6 和 PB7 上,这时如果配置 AFIO_MAPR 位,映射 USART1 到 PB6 和 PB7,就需要先通过启动上面提到的使能函数使能时钟了。也就是说,需要对寄存器 AFIO_EVCR、AFIO_MAPR、AFIO_EXTICRX 进行读写操作前,应当首先打开 AFIO 的时钟。另外,芯片的原理图封装中都不会在 PB6 和 PB7 的复用功能上标出它可以当 USART1 用,因为几乎所有外设都可以重映射,每个都标出来会非常混乱。

（2）如何重映射。在 STM32 中,USART2 和 TIM2 是共同使用相同的 I/O 端口,如果要同时使用 USART2 和 TIM2 该怎么办? 先看 AFIO_MAPR 的位 3 和位 8~9,如图 6-16 所示。

位 3	USART2_REMAP:USART2 的重映像
	该位可由软件读写,控制 USART2 的 CTS、RTS、CK、TX 和 RX 复用功能在 GPIO 端口的映像
	0：没有重映像(CTS/PA0、RTS/PA1、TX/PA2、RX/PA3、CK/PA4)
	1：重映像(CTS/PD3、RTS/PD4、TX/PD5、RX/PD6、CK/PD7)
位 9:8	TIM2_REMAP[1:0]：定时器 2 的重映像
	这些位可由软件读写,控制定时器 2 的通道 1~4 和外部触发(ETR)在 GPIO 端口的映像
	00：没有重映像(CH1/ETR/PA0、CH2/PA1、CH3/PA2、CH4/PA3)
	01：部分映像(CH1/ETR/PA15、CH2/PB3、CH3/PA2、CH4/PA3)
	10：部分映像(CH1/ETR/PA0、CH2/PA1、CH3/PB10、CH4/PB11)
	11：部分映像(CH1/ETR/PA15、CH2/PB3、CH3/PB10、CH4/PB11)

图 6-16　AFIO_MAPR 的位 3 和位 8~9

在不重映射的情况下,USART2 的 CTS、RTS、TX、RX 和 TIM2 的 CH1~CH4 都使用了 PA0~PA3 端口。如果同时使用这两个外设,就需要同时开启 USART2 的外设时钟和开启 TIM2 的外设时钟,那么同时开启,在 PA0~PA3 上会出现什么情况,不妨自己试试,这里不做说明了。如果一定要在 PA0~PA3 上使用这两个功能,只能采用时分复用,显然比较麻烦。现在看看通过重映射如何解决同时使用 USART2 和 TIM2 共用端口的矛盾。

方法 1:保留 USART2 在 PA 口上,将 TIM2 完全重映射(full remap)到其他 I/O 端口上实现它们同时使用。或者,如果不用 USART2 的 RTS 和 CTS 的硬件流控制,TIM2 部分重映射到其他端口上(即 USART2 的 CTS /PA0 和 RTS/PA1 端口对应的 TIM2 的 CH1/ETR 和 CH2 可以不用重映射),只需要在位 9:8 写入 10,这样 CH3 和 CH4 部分重映射到 PB10 和 PB11 端口上,而 CH1 和 CH2 仍继续保留在 PA0 和 PA1 端口上,从而实现 USART2 和 TIM2 同时使用。与此同时,PB10 和 PB11 端口上的 I2C2 和 USART3 就不能再使用了。

而对于在位 9:8 写入 01 的 TIM2 部分重映射,USART2 必须的信号线 TX 和 RX 还是会受影响,这样仍然无法同时使用两者,所以采取上面的部分重映射。

方法 2:保留 TIM2 在 PA 端口,将 USART2 重映射到 PDx(7:3)端口上实现它们的同时使用。同样地,PDx(7:3)端口上 FSMC 就不能使用了。

(3) 通过上面两个说明,可以先总结一下使用 AFIO 进行重映射的操作步骤。

① 使能被重新映射到的 I/O 端口时钟

```
RCC_APB2PeriphClockCmd(RCC_APB2Periph_GPIOx,ENABLE);
```

② 使能被重新映射的外设时钟

```
RCC_APB1PeriphClockCmd(RCC_APB1Periph_USART2,ENABLE);
```

③ 使能 AFIO 功能的时钟(切勿漏掉)

```
RCC_APB2PeriphClockCmd(RCC_APB2Periph_AFIO,ENABLE);
```

④ 进行重映射

```
GPIO_PinRemapConfig(GPIO_Remap_USART2,ENABLE);
```

(4) 系统复位和刚复位后,复用功能未开启,I/O 端口被配置成浮空输入模式(CNFx[1:0]=01b,MODEx[1:0]=00b)。复位后,JTAG 引脚被置于输入上拉或下拉模式:

① PA15:JTDI 置于上拉模式。

② PA14:JTCK 置于下拉模式。

③ PA13:JTMS 置于上拉模式。

④ PB4:JNTRST 置于上拉模式。

因此要使用 JTAG 调试接口作为通用 GPIO 口使用,则必须屏蔽 JTAG 复用功能。具体实现为先调用 RCC_APB2PeriphClockCmd(RCC_APB2Periph_AFIO,ENABLE)使能 AFIO 时钟。然后,调用 GPIO_PinRemapConfig(GPIO_Remap_SWJ_XXXX,ENABLE)关闭 JTAG 的调试复用功能。

(5) 当把端口配置成复用输出功能时,则该端口引脚会和它自己的输出寄存器断开,与复用功能片上外设的输出信号连接。假如没有使能该外设时钟,则其输出信号不确定。

(6) 当使用外部中断或事件时,先按照 GPIO 端口(输入)操作步骤配置,其次,调用函数 GPIO_EXTILineConfig() 将端口引脚与对应的中断线连接起来,然后再配置 NVIC 使能对应的中断通道,最后编写中断处理函数。

下面通过 USART3 重映射例子直观地理解上面介绍的 GPIO 和 AFIO 的配置过程。图 6-17 所示为 USART3 在寄存器 AFIO_MAPR 重映射位图。

位 5:4	USART3_REMAP[1:0]:USART3 的重映像。 这些位可由软件读写,控制 USART3 的 CTS、RTS、CK、TX 和 RX 复用功能在 GPIO 端口的映像 00:没有重映像(TX/PB10、RX/PB11、CK/PB12、CTS/PB13、RTS/PB14) 01:部分映像(TX/PC10、RX/PC11、CK/PC12、CTS/PC13、RTS/PB14) 10:未用组合 11:完全映像(TX/PD8、RX/PD9、CK/PD10、CTS/PD11、RTS/PD12)

图 6-17　USART3 在寄存器 AFIO_MAPR 重映射位图

此例对 USART3 进行部分映射,即把原来的 TX/PB10 和 RX/PB11 重映射到 TX/PC10 和 RX/PC11 上。配置步骤代码部分如下:

(1) 时钟配置。

```
RCC_APB2PeriphClockCmd(RCC_APB2Periph_AFIO,ENABLE);
//重映射时钟
RCC_APB2PeriphClockCmd(RCC_APB2Periph_GPIOC,ENABLE);
//GPIOC 时钟
RCC_APB1PeriphClockCmd(RCC_APB1Periph_USART3,ENABLE);
//USART 时钟
```

也可写成:

```
RCC_APB2PeriphClockCmd(RCC_APB2Periph_AFIO | RCC_APB2Periph_GPIOC,ENABLE);
RCC_APB1PeriphClockCmd(RCC_APB1Periph_USART3,ENABLE);
```

(2) GPIO 配置。

```
GPIO_InitTypeDef GPIO_InitStructure;
/ * USART3 引脚设置 * /
GPIO_PinRemapConfig(GPIO_PartialRemap_USART3,ENABLE);
//将 USART3 局部重映射到 PC10,PC11

GPIO_InitStructure.GPIO_Pin = GPIO_Pin_10;
//引脚 10
GPIO_InitStructure.GPIO_Speed = GPIO_Speed_50MHz;
GPIO_InitStructure.GPIO_Mode = GPIO_Mode_AF_PP;
//复用推挽输出
GPIO_Init(GPIOC,&GPIO_InitStructure);
//TX 初始化
GPIO_InitStructure.GPIO_Pin = GPIO_Pin_11;
//引脚 11
```

```
GPIO_InitStructure.GPIO_Mode = GPIO_Mode_IN_FLOATING;
//浮空输入
GPIO_Init(GPIOC,&GPIO_InitStructure);
```

（3）串口 USART3 的配置 USART3_Configuration()；这个函数里面的代码是具体的串口配置步骤，这里就不展开了。希望通过上面这个例子能更好地掌握 GPIO 和 AFIO 的配置步骤。

至此，把 GPIO 相关的概念、寄存器和配置步骤这些基本的内容介绍完了。下一节将介绍 GPIO 寄存器部分提到的锁存内容。

6.3 通用 I/O 锁定机制

当执行正确的写序列设置了位 16(LCKK)时，该寄存器用来锁定端口位的配置。位[15:0]用于锁定 GPIO 端口的配置。在规定的写入操作期间，不能改变 LCKP[15:0]。当对相应的端口位执行 LOCK 序列后，在下一次系统复位之前将不能再更改端口位的配置，如图 6-18 所示。

31	30	29	28	27	26	25	24	23	22	21	20	19	18	17	16
保留															LCKK
															rw

15	14	13	12	11	10	9	8	7	6	5	4	3	2	1	0
LCK15	LCK14	LCK13	LCK12	LCK11	LCK10	LCK9	LCK8	LCK7	LCK6	LCK5	LCK4	LCK3	LCK2	LCK1	LCK0
rw	rw	rw	rw	rw	rw	rw	rw	rw	rw	rw	rw	rw	rw	rw	rw

位 31:17	保留
位 16	LCKK：锁键 该位可随时读出，它只可通过锁键写入序列修改 0：端口配置锁键位激活 1：端口配置锁键位被激活，下一次系统复位前 GPIOX_LCKR 寄存器被锁住 锁键的写入序列： 写 1→写 0→写 1→读 0→读 1 最后一个读可省略，但可以用来确认锁键已被激活 注：在操作锁键的写入序列时，不能改变 LCK[15:0]的值 操作锁键写入序列中的任何错误将不能激活锁键
位 15:0	LCKy：端口 x 的锁位 y(y=0…15) 这些位可读可写但只能在 LCKK 位为 0 时写入 0：不锁定端口的配置 1：锁定端口的配置

图 6-18 通用 I/O 锁定寄存器各位含义

每个锁定位锁定控制寄存器(CRL、CRH)中相应的 4 个位如图 6-19 所示。

在完成 GPIO 的配置后，可以通过 GPIO_PinLockConfig()函数实现对这个端口的配置锁定，直到系统复位才能再重新配置端口。注意，GPIO_PinLockConfig()函数必须在 GPIO_Init()函数之后执行。否则端口配置被锁定了，GPIO_Init 会失效。

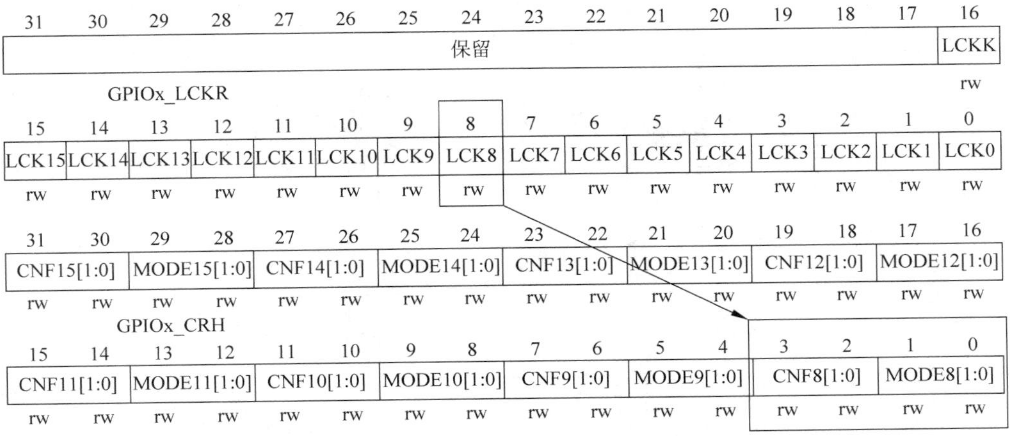

31	30	29	28	27	26	25	24	23	22	21	20	19	18	17	16
保留															LCKK
															rw

GPIOx_LCKR

15	14	13	12	11	10	9	8	7	6	5	4	3	2	1	0
LCK15	LCK14	LCK13	LCK12	LCK11	LCK10	LCK9	LCK8	LCK7	LCK6	LCK5	LCK4	LCK3	LCK2	LCK1	LCK0
rw	rw	rw	rw	rw	rw	rw	rw	rw	rw	rw	rw	rw	rw	rw	rw

31	30	29	28	27	26	25	24	23	22	21	20	19	18	17	16
CNF15[1:0]		MODE15[1:0]		CNF14[1:0]		MODE14[1:0]		CNF13[1:0]		MODE13[1:0]		CNF12[1:0]		MODE12[1:0]	
rw	rw	rw	rw	rw	rw	rw	rw	rw	rw	rw	rw	rw	rw	rw	rw

GPIOx_CRH

15	14	13	12	11	10	9	8	7	6	5	4	3	2	1	0
CNF11[1:0]		MODE11[1:0]		CNF10[1:0]		MODE10[1:0]		CNF9[1:0]		MODE9[1:0]		CNF8[1:0]		MODE8[1:0]	
rw	rw	rw	rw	rw	rw	rw	rw	rw	rw	rw	rw	rw	rw	rw	rw

图 6-19　LCKR 与 CRH 的关系

6.4　系统时钟

系统复位后,HSI 振荡器被选为系统时钟。当时钟源被直接或通过 PLL 间接作为系统时钟时,它将不能被停止。只有当目标时钟源准备就绪(经过启动稳定阶段的延迟或 PLL 稳定),从一个时钟源到另一个时钟源的切换才会发生。在被选择时钟源没有就绪时,系统时钟的切换不会发生。直至目标时钟源就绪,才发生切换。

在时钟控制寄存器(RCC_CR)的状态位指示哪个时钟已经准备好了,哪个时钟目前被用作系统时钟。

6.4.1　时钟配置

在 STM32 上如果使用内部 RC 振荡器而不使用外部晶振,则可按照下面的方法处理:

(1) 对于 100 脚或 144 脚的产品,OSC_IN 应接地,OSC_OUT 应悬空。

(2) 对于少于 100 脚的产品,有两种接法:

① OSC_IN 和 OSC_OUT 分别通过 10kΩ 电阻接地。此方法可提高 EMC 性能。

② 分别重映射 OSC_IN 和 OSC_OUT 至 PD0 和 PD1,再配置 PD0 和 PD1 为推挽输出并输出 0。此方法可以减小功耗(相对上面接法①)并节省两个外部电阻。

HSI 内部 8MHz 的 RC 振荡器的误差在 1% 左右,内部 RC 振荡器的精度通常比用 HSE(外部晶振)要差上 10 倍以上。STM32 的 ISP 就是用 HSI 内部 RC 振荡器。

在 STM32 中,共有五个时钟源,分别是 HSI、HSE、LSI、LSE、PLL。

(1) HSI 是高速内部时钟,RC 振荡器,频率为 8MHz。

(2) HSE 是高速外部时钟,可接石英/陶瓷谐振器,或者接外部时钟源,频率范围为 4~16MHz。

(3) LSI 是低速内部时钟,RC 振荡器,频率为 40kHz。

(4) LSE 是低速外部时钟,接频率为 32.768kHz 的石英晶体。

(5) PLL 为锁相环倍频输出,其时钟输入源可选择为 HSI/2、HSE 或者 HSE/2。倍频可选择为 2~16 倍,但是其输出频率最大不得超过 72MHz。

其中,40kHz 的 LSI 供独立看门狗 IWDG 使用,另外它还可以被选择为实时时钟 RTC 的时钟源。另外,实时时钟 RTC 的时钟源还可以选择 LSE,或者 HSE 的 128 分频。RTC 的时钟源通过 RTCSEL[1:0] 来选择。

图 6-20 所示是 STM32F10xx 系统时钟框图。

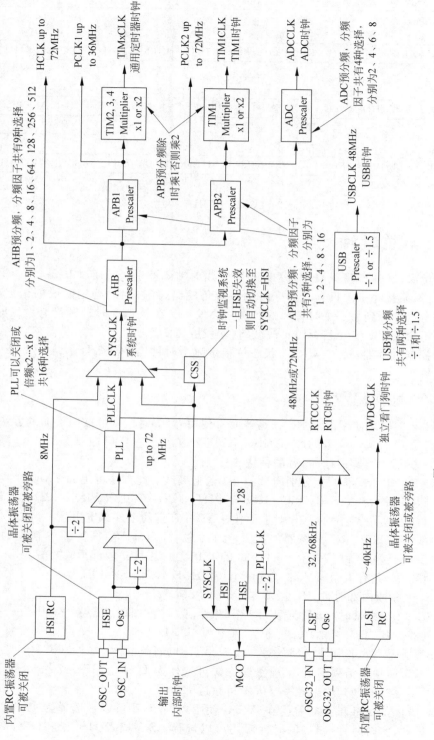

图 6-20 STM32F10xx 系统时钟框图及说明

用户可通过多个预分频器配置 AHB 总线、高速 APB2 总线和低速 APB1 总线的频率。AHB 和 APB2 域的最大频率是 72MHz。APB1 域的最大允许频率是 36MHz。SDIO 接口的时钟频率固定为 HCLK/2。

STM32 中有一个全速功能的 USB 模块,其串行接口引擎需要一个频率为 48MHz 的时钟源。该时钟源只能从 PLL 输出端获取,可以选择为 1.5 分频或者 1 分频,也就是说,当需要使用 USB 模块时,PLL 必须使能,并且时钟频率配置为 48MHz 或 72MHz。

另外,STM32 还可以选择一个 PLL 输出的 2 分频、HSI、HSE,或者系统时钟 SYSCLK 输出到 MCO 脚(PA8)上。

系统时钟 SYSCLK 是供 STM32 中绝大部分部件工作的时钟源。系统时钟可选择为 PLL 输出、HSI 或者 HSE。系统时钟最大频率为 72MHz,它通过 AHB 分频器分频后送给各模块使用,AHB 分频器可选择 1、2、4、8、16、64、128、256、512 分频。其中,AHB 分频器输出的时钟送给 5 大模块使用:

(1) 送给 AHB 总线、内核、内存和 DMA 使用的 HCLK 时钟。

(2) 通过 8 分频后送给 Cortex 的系统定时器时钟。

(3) 直接送给 Cortex 的空闲运行时钟 FCLK。

(4) 送给 APB1 分频器。APB1 分频器可选择 1、2、4、8、16 分频,其输出一路供 APB1 外设使用(PCLK1,最大频率 36MHz),另一路送给定时器(Timer)2、3、4 倍频器使用。该倍频器可选择 1 或者 2 倍频,时钟输出供定时器 2、3、4 使用。

(5) 送给 APB2 分频器。APB2 分频器可选择 1、2、4、8、16 分频,其输出一路供 APB2 外设使用(PCLK2,最大频率 72MHz),另一路送给定时器(Timer)1 倍频器使用。该倍频器可选择 1 或者 2 倍频,时钟输出供定时器 1 使用。另外,APB2 分频器还有一路输出供 ADC 分频器使用,分频后送给 ADC 模块使用。ADC 分频器可选择为 2、4、6、8 分频。

6.4.2 时钟输出的使能控制

在以上的时钟输出中有很多是带使能控制的,如 AHB 总线时钟、内核时钟、各种 APB1 外设、APB2 外设等。

当需要使用某模块时,必须先使能对应的时钟。需要注意的是定时器的倍频器,当 APB 的分频为 1 时,它的倍频值为 1,否则它的倍频值就为 2。

如图 6-21 所示,连接在 APB1(低速外设)上的设备有电源接口、备份接口、CAN、USB、I2C1、I2C2、UART2、UART3、SPI2、窗口看门狗、Timer2、Timer3、Timer4。注意,USB 模块虽然需要一个单独的 48MHz 时钟信号,但它应该不是供 USB 模块工作的时钟,而只是提供给串行接口引擎(SIE)使用的时钟。USB 模块工作的时钟应该是由 APB1 提供的。

连接在 APB2(高速外设)上的设备有 GPIO_A-E、USART1、ADC1、ADC2、ADC3、TIM1、TIM8、SPI1、AFIO。

下面通过一段程序看看使用 HSE 时钟时,程序设置时钟参数的流程:

```
void RCC_Configuration(void)
{
    ErrorStatus HSEStartUpStatus;                          (1)
    RCC_DeInit();                                          (2)
```

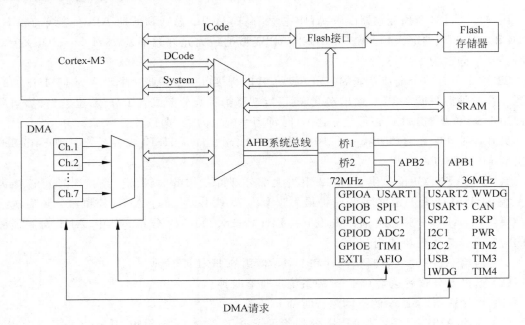

图 6-21 Cortex-M3 中多种时钟分频

```
RCC_HSEConfig(RCC_HSE_ON);                                  (3)
HSEStartUpStatus = RCC_WaitForHSEStartUp();                 (4)
if(HSEStartUpStatus == SUCCESS)                             (5)
{
    RCC_HCLKConfig(RCC_SYSCLK_Div1);                        (6)
    RCC_PCLK2Config(RCC_HCLK_Div1);                         (7)
    RCC_PCLK1Config(RCC_HCLK_Div2);                         (8)
    FLASH_SetLatency(FLASH_Latency_2);                      (9)
    FLASH_PrefetchBufferCmd(FLASH_PrefetchBuffer_Enable);  (10)
    RCC_PLLConfig(RCC_PLLSource_HSE_Div1,RCC_PLLMul_9);    (11)
    RCC_PLLCmd(ENABLE);                                    (12)
    while(RCC_GetFlagStatus(RCC_FLAG_PLLRDY) == RESET);    (13)
    RCC_SYSCLKConfig(RCC_SYSCLKSource_PLLCLK);             (14)
    while(RCC_GetSYSCLKSource() != 0x08);                  (15)
    }
}
```

(1) 定义一个 ErrorStatus 类型的变量 HSEStartUpStatus。

(2) 将时钟树复位至默认设置。

(3) 开启 HSE 晶振。

(4) 等待 HSE 晶振起振稳定,并将起振结果保存至 HSEStartUpStatus 变量中。

(5) 判断 HSE 晶振是否起振成功(假设成功了,进入 IF 内部)。

(6) 设置 HCLK 时钟为 SYSCLK 的 1 分频。

(7) 设置 PLCK2 时钟为 SYSCLK 的 1 分频。

(8) 设置 PLCK1 时钟为 SYSCLK 的 2 分频。

(9) 设置代码延时值为 2 延时周期,Flash 时序延迟几个周期,等待总线同步操作。

（10）使能预取指缓存,加速 Flash 的读取。

（11）选择 PLL 输入源为 HSE 时钟经过 1 分频,并进行 9 倍频。

（12）使能 PLL 输出。

（13）等待 PLL 输出稳定。

（14）选择系统时钟源为 PLL 输出。

（15）等待系统时钟稳定。

对于时钟的寄存器本书就不一一介绍,可以参考手册了解。

6.5　输入/输出常用固件库函数

GPIO 操作的函数一共有 17 个,这些函数都被定义在 stm32f10x_gpio.c 中,使用 stm32f10x_gpio.h 头文件。

6.5.1　GPIO_DeInit 函数

GPIO_DeInit 函数用法如表 6-5 所示。

表 6-5　GPIO_DeInit 函数用法

函数名	GPIO_DeInit
函数原型	void GPIO_DeInit(GPIO_TypeDef * GPIOx)
功能描述	将 GPIOx 外设寄存器重设为它们的默认值
输入	GPIOx:x 可以是(A..G),来选择 GPIO 外设
输出	无
返回值	无

例如:/ * 重置 GPIOA 外设寄存器为默认值 * /
```
GPIO_DeInit(GPIOA);
```

6.5.2　GPIO_AFIODeInit 函数

GPIO_AFIODeInit 函数用法如表 6-6 所示。

表 6-6　GPIO_AFIODeInit 函数用法

函数名	GPIO_AFIODeInit
函数原型	void GPIO_AFIODeInit(void)
功能描述	将复用功能(重映射时间控制和 EXTI 配置)重设为默认值
输入	无
输出	无
返回值	无

例如:/ * 复用功能寄存器复位为默认值 * /
```
GPIO_AFIODeInit();
```

6.5.3 GPIO_Init 函数

GPIO_Init 函数用法如表 6-7 所示。

表 6-7 **GPIO_Init 函数用法**

函数名	GPIO_Init
函数原型	void GPIO_Init（GPIO_TypeDef * GPIOx,GPIO_InitTypeDef * GPIO_InitStruct)
功能描述	根据 GPIO_InitStruct 中指定已赋值初始化外设 GPIOx 寄存器
输入	GPIOx：x 可以是(A..G)，来选择外设 GPIO_InitStruct：指向结构 GPIO_InitTypeDef 的指针，包含了外设 GPIO 的配置信息
输出	无
返回值	无

例如：

```
/* 配置所有的 GPIOA 引脚为输入浮动模式 */
GPIO_InitTypeDef GPIO_InitStructure;
GPIO_InitStructure.GPIO_Pin = GPIO_Pin_All;
GPIO_InitStructure.GPIO_Speed = GPIO_Speed_10MHz;
GPIO_InitStructure.GPIO_Mode = GPIO_Mode_IN_FLOATING;
GPIO_Init(GPIOA,&GPIO_InitStructure);
```

其中，GPIO_InitTypeDef 是结构体。GPIO_InitTypeDef 定义于文件 stm32f10x_gpio.h：

```
typedef struct
{
  uint16_t GPIO_Pin; /*!< Specifies the GPIO pins to be configured
                                   This parameter can be any value of @ref GPIO_pins_
define */
  GPIOSpeed_TypeDef GPIO_Speed; /*!< Specifies the speed for the selected pins.
                                   This parameter can be a value of @ref GPIOSpeed_
TypeDef */
  GPIOMode_TypeDef GPIO_Mode; /*!< Specifies the operating mode for the selected pins.
                                   This parameter can be a value of @ref GPIOMode_
TypeDef */
}GPIO_InitTypeDef;
```

GPIO_Pin 参数用于选择待设置的 GPIO 引脚，使用操作符"|"可以一次选中多个引脚。可以使用下面的任意组合。GPIO_Pin 定义于文件 stm32f10x_gpio.h：

```
#define GPIO_Pin_0              ((uint16_t)0x0001)  /*!< Pin 0 selected */
#define GPIO_Pin_1              ((uint16_t)0x0002)  /*!< Pin 1 selected */
#define GPIO_Pin_2              ((uint16_t)0x0004)  /*!< Pin 2 selected */
#define GPIO_Pin_3              ((uint16_t)0x0008)  /*!< Pin 3 selected */
#define GPIO_Pin_4              ((uint16_t)0x0010)  /*!< Pin 4 selected */
#define GPIO_Pin_5              ((uint16_t)0x0020)  /*!< Pin 5 selected */
#define GPIO_Pin_6              ((uint16_t)0x0040)  /*!< Pin 6 selected */
```

```
#define GPIO_Pin_7             ((uint16_t)0x0080)   /*!< Pin 7 selected */
#define GPIO_Pin_8             ((uint16_t)0x0100)   /*!< Pin 8 selected */
#define GPIO_Pin_9             ((uint16_t)0x0200)   /*!< Pin 9 selected */
#define GPIO_Pin_10            ((uint16_t)0x0400)   /*!< Pin 10 selected */
#define GPIO_Pin_11            ((uint16_t)0x0800)   /*!< Pin 11 selected */
#define GPIO_Pin_12            ((uint16_t)0x1000)   /*!< Pin 12 selected */
#define GPIO_Pin_13            ((uint16_t)0x2000)   /*!< Pin 13 selected */
#define GPIO_Pin_14            ((uint16_t)0x4000)   /*!< Pin 14 selected */
#define GPIO_Pin_15            ((uint16_t)0x8000)   /*!< Pin 15 selected */
#define GPIO_Pin_All           ((uint16_t)0xFFFF)   /*!< All pins selected */
```

GPIO_Speed 用于设置选中引脚的速率。

```
typedef enum
{
    GPIO_Speed_10MHz = 1,        /*最高输出速率10MHz*/
    GPIO_Speed_2MHz,             /*最高输出速率2MHz*/
    GPIO_Speed_50MHz             /*最高输出速率50MHz*/
    }GPIOSpeed_TypeDef;
```

GPIO_Mode 用于设置选中引脚的工作状态。

```
typedef enum
{
    GPIO_Mode_AIN = 0x0,             /*模拟输入*/
    GPIO_Mode_IN_FLOATING = 0x04,    /*浮空输入*/
    GPIO_Mode_IPD = 0x28,            /*下拉输入*/
    GPIO_Mode_IPU = 0x48,            /*上拉输入*/
    GPIO_Mode_Out_OD = 0x14,         /*开漏输出*/
    GPIO_Mode_Out_PP = 0x10,         /*推挽输出*/
    GPIO_Mode_AF_OD = 0x1C,          /*复用开漏输出*/
    GPIO_Mode_AF_PP = 0x18           /*复用推挽输出*/
}GPIOMode_TypeDef;
```

6.5.4 GPIO_StructInit 函数

GPIO_StructInit 函数用法如表 6-8 所示。

表 6-8 GPIO_StructInit 函数用法

函数名	GPIO_StructInit
函数原型	void GPIO_StructInit(GPIO_InitTypeDef * GPIO_InitStruct)
功能描述	把 GPIO_InitStruct 中成员设置为它的默认值
输入	GPIO_InitStruct：一个 GPIO_InitTypeDef 结构体指针,指向待初始化的 GPIO_InitTypeDef 结构体
输出	无
返回值	无

例如：

```
/*使 GPIO 的参数设置为初始化参数初始化结构*/
GPIO_InitTypeDef GPIO_InitStructure;
GPIO_StructInit(&GPIO_InitStructure);
```

其中,GPIO_InitStruct 默认值为

```
GPIO_Pin          GPIO_Pin_All
GPIO_Speed        GPIO_Speed_2MHz
GPIO_Mode         GPIO_Mode_IN_FLOATING
```

6.5.5　GPIO_ReadInputDataBit 函数

GPIO_ReadInputDataBit 函数用法如表 6-9 所示。

表 6-9　GPIO_ ReadInputDataBit 函数用法

函数名	GPIO_ReadInputDataBit
函数原型	u8 GPIO_ReadInputDataBit(GPIO_TypeDef * GPIOx,u16 GPIO_Pin)
功能描述	读取指定端口引脚的输入
输入	GPIOx：x 可以是(A..G),来选择外设 GPIO_Pin：读取指定的端口位,这个参数的值是 GPIO_Pin_x,其中 x 是（0..15）
输出	无
返回值	输入端口引脚值

例如:

```
/*读出 GPIOB 七号针脚的输入数据并将它存储在变量 ReadValue 中*/
u8 ReadValue;
ReadValue = GPIO_ReadInputDataBit(GPIOB,GPIO_Pin_7);
```

6.5.6　GPIO_ReadInputData 函数

GPIO_ReadInputData 函数用法如表 6-10 所示。

表 6-10　GPIO_ ReadInputData 函数用法

函数名	GPIO_ReadInputData
函数原型	u16 GPIO_ReadInputData(GPIO_TypeDef * GPIOx)
功能描述	读取指定端口的输入值
输入	GPIOx：x 可以是(A..G),来选择外设
输出	无
返回值	GPIO 端口输入值

例如:

```
/*读出 GPIOB 端口的输入数据并将它存储在变量 ReadValue 中*/
u16 ReadValue;
ReadValue = GPIO_ReadInputData(GPIOB);
```

6.5.7 GPIO_ReadOutputDataBit 函数

GPIO_ReadOutputDataBit 函数用法如表 6-11 所示。

表 6-11 GPIO_ ReadOutputDataBit 函数用法

函数名	GPIO_ReadOutputDataBit
函数原型	u8 GPIO_ReadOutputDataBit(GPIO_TypeDef * GPIOx,u16 GPIO_Pin)
功能描述	读取指定端口引脚的输出
输入	GPIOx：x 可以是(A..G),来选择外设 GPIO_Pin：读取指定的端口位,这个参数的值是 GPIO_Pin_x,其中 x 是 (0..15)
输出	无
返回值	输出端口引脚值

例如：

```
/ * 读出 GPIOB 七号针脚的输出数据并将它存储在变量 ReadValue 中 * /
u8 ReadValue;
ReadValue = GPIO_ReadOutputDataBit(GPIOB,GPIO_Pin_7);
```

6.5.8 GPIO_ReadOutputData 函数

GPIO_ReadOutputData 函数用法如表 6-12 所示。

表 6-12 GPIO_ ReadOutputData 函数用法

函数名	GPIO_ReadOutputData
函数原型	u16 GPIO_ReadOutputData(GPIO_TypeDef * GPIOx)
功能描述	读取指定 GPIO 端口的输出值
输入	GPIOx：x 可以是(A..G),来选择外设
输出	无
返回值	GPIO 端口输出的值

例如：

```
/ * 读出 GPIOB 的输出数据并将它存储在变量 ReadValue 中 * /
u16 ReadValue;
ReadValue = GPIO_ReadOutputData(GPIOB);
```

6.5.9 GPIO_SetBits 函数

GPIO_SetBits 函数用法如表 6-13 所示。

表 6-13　GPIO_ SetBits 函数用法

函数名	GPIO_SetBits
函数原型	void GPIO_SetBits(GPIO_TypeDef * GPIOx, u16 GPIO_Pin)
功能描述	设置指定的 GPIO 端口位
输入	GPIOx: x 可以是(A..G)，来选择外设 GPIO_Pin: 待设置的端口位，这个参数的值是 GPIO_Pin_x，其中 x 是（0..15）
输出	无
返回值	无

例如：

```
/ * 设置 GPIOB 端口的第 7 和第 10 号引脚 * /
GPIO_SetBits(GPIOB, GPIO_Pin_7 | GPIO_Pin_10);
```

函数原型如下：

```
void GPIO_SetBits(GPIO_TypeDef * GPIOx, uint16_t GPIO_Pin)
{
  / * 检查参数 * /
  assert_param(IS_GPIO_ALL_PERIPH(GPIOx));
  assert_param(IS_GPIO_PIN(GPIO_Pin));
  / * 设置引脚 * /
  GPIOx -> BSRR = GPIO_Pin;
}
```

可以看出该函数实际上是对 BSRR 寄存器进行赋值操作，关于 BSRR 寄存器，详见上面 GPIO 寄存器的介绍。

6.5.10　GPIO_ResetBits 函数

GPIO_ResetBits 函数用法如表 6-14 所示。

表 6-14　GPIO_ ResetBits 函数用法

函数名	GPIO_ResetBits
函数原型	void GPIO_ResetBits(GPIO_TypeDef * GPIOx, u16 GPIO_Pin)
功能描述	清除指定的 GPIO 端口位
输入	GPIOx: x 可以是(A..G)，来选择外设 GPIO_Pin: 待清除的端口位，这个参数的值是 GPIO_Pin_x，其中 x 是（0..15）
输出	无
返回值	无

例如：

```
/ * 清除 GPIOB 端口的第 7 和第 10 号引脚 * /
GPIO_ResetBits(GPIOB, GPIO_Pin_7 | GPIO_Pin_10);
```

该函数原型如下：

```
void GPIO_ResetBits(GPIO_TypeDef * GPIOx,uint16_t GPIO_Pin)
{
    /* 检查参数 */
    assert_param(IS_GPIO_ALL_PERIPH(GPIOx));
    assert_param(IS_GPIO_PIN(GPIO_Pin));
    /* 设置引脚 */
    GPIOx -> BRR = GPIO_Pin;
}
```

可以看出该函数实际上是对 BRR 寄存器进行赋值操作,关于 BRR 寄存器,详见上面 GPIO 寄存器的介绍。

6.5.11　GPIO_WriteBit 函数

GPIO_WriteBit 函数用法如表 6-15 所示。

表 6-15　GPIO_WriteBit 函数用法

函数名	GPIO_WriteBit
函数原型	void GPIO_WriteBit(GPIO_TypeDef * GPIOx,u16 GPIO_Pin,BitAction BitVal)
功能描述	设置或清除指定的 GPIO 端口位
输入	GPIOx:x 可以是(A..G),来选择外设 GPIO_Pin:待设置或清除的端口位,这个参数的值是 GPIO_Pin_x,其中 x 是 (0..15) BitVal:指定待写入的值。该参数是 BitAction 枚举类型,取值必须是: Bit_RESET,清除端口位。或者,Bit_SET,设置端口位
输出	无
返回值	无

例如:

```
/*设置 GPIOB 端口的第 7 号引脚*/
GPIO_WriteBit(GPIOB,GPIO_Pin_7,Bit_SET);
```

该函数原型如下:

```
typedef enum
{
    Bit_RESET = 0,
    Bit_SET
}BitAction;
void GPIO_WriteBit(GPIO_TypeDef * GPIOx,uint16_t GPIO_Pin,BitAction BitVal)
{
    /* 检查参数 */
    assert_param(IS_GPIO_ALL_PERIPH(GPIOx));
    assert_param(IS_GET_GPIO_PIN(GPIO_Pin));
    assert_param(IS_GPIO_BIT_ACTION(BitVal));
    /* 设置引脚数据 */
    if (BitVal != Bit_RESET)
    {
```

```
        GPIOx->BSRR = GPIO_Pin;
    }
    else
    {
        GPIOx->BRR = GPIO_Pin;
    }
}
```

可以看出该函数实际上是对 BSSR 和 BRR 寄存器进行赋值操作,关于 BSSR 和 BRR 寄存器,详见上面 GPIO 寄存器的介绍。

6.5.12　GPIO_Write 函数

GPIO_Write 函数用法如表 6-16 所示。

表 6-16　GPIO_Write 函数用法

函数名	GPIO_Write
函数原型	void GPIO_Write(GPIO_TypeDef * GPIOx,u16 PortVal)
功能描述	向指定的 GPIO 端口写入值
输入	GPIOx:x 可以是(A..G),来选择外设 PortVal:待写入指定端口的值
输出	无
返回值	无

例如:

```
/* 将数据写入 GPIOB 数据端口 */
GPIO_Write(GPIOB,0x1101);
```

该函数原型如下:

```
void GPIO_Write(GPIO_TypeDef * GPIOx,uint16_t PortVal)
{
    /* 检查参数 */
    assert_param(IS_GPIO_ALL_PERIPH(GPIOx));
    /* 设置引脚数据 */
    GPIOx->ODR = PortVal;
}
```

可以看出该函数的实质是对 ODR 寄存器进行赋值操作,关于 ODR 寄存器,详见上面 GPIO 寄存器的介绍。

6.5.13　GPIO_PinLockConfig 函数

GPIO_PinLockConfig 函数用法如表 6-17 所示。

表 6-17 GPIO_ PinLockConfig 函数用法

函数名	GPIO_PinLockConfig
函数原型	void GPIO_PinLockConfig(GPIO_TypeDef * GPIOx,u16 GPIO_Pin)
功能描述	锁定 GPIO 端口引脚的寄存器设置
输入	GPIOx：x 可以是（A..G），来选择外设 GPIO_Pin：待锁定的端口位，这个参数的值是 GPIO_Pin_x,其中 x 是（0..15）
输出	无
返回值	无

例如：

```
/* 锁定 GPIOB 端口第 7 和第 10 号引脚的值 */
GPIO_PinLockConfig(GPIOB,GPIO_Pin_7 | GPIO_Pin_1.0);
```

该函数原型如下：

```
void GPIO_PinLockConfig(GPIO_TypeDef * GPIOx,uint16_t GPIO_Pin)
    {
        uint32_t tmp = 0x00010000;

        /* 检查参数 */ .
    assert_param(IS_GPIO_ALL_PERIPH(GPIOx));
    assert_param(IS_GPIO_PIN(GPIO_Pin));
    /* 向 LCKR 寄存器写入数据 */
    tmp | = GPIO_Pin;
    /* 设置 LCKK 位 */
    GPIOx->LCKR = tmp;
    /* 重设 LCKK 位 */
    GPIOx->LCKR = GPIO_Pin;
    /* 设置 LCKK 位 */
    GPIOx->LCKR = tmp;
    /* 读 LCKK 位 */
    tmp = GPIOx->LCKR;
    /* 读 LCKK 位 */
    tmp = GPIOx->LCKR;
}
```

可以看出该函数的实质是对 LCKK 寄存器进行赋值操作,关于 LCKK 寄存器,详见上面 GPIO 寄存器和锁定的介绍。

6.5.14 GPIO_EventOutputConfig 函数

GPIO_EventOutputConfig 函数用法如表 6-18 所示。

表 6-18   GPIO_ EventOutputConfig 函数用法

函数名	GPIO_EventOutputConfig
函数原型	void GPIO_EventOutputConfig(u8 GPIO_PortSource,u8 GPIO_PinSource)
功能描述	选择 GPIO 端口引脚用于事件输出
输入	GPIO_PortSource：选择用于事件输出的端口 GPIO_PinSource：选择事件输出的引脚
输出	无
返回值	无

例如：

```
/ * 选择 GPIOB 的第 5 号引脚作为事件输出的引脚 * /
GPIO_EventOutputConfig(GPIO_PortSourceGPIOB,GPIO_PinSource5);
```

下面是 STM32F10x.h 中的定义：

```
# define GPIO_PortSourceGPIOA        ((uint8_t)0x00)
# define GPIO_PortSourceGPIOB        ((uint8_t)0x01)
# define GPIO_PortSourceGPIOC        ((uint8_t)0x02)
# define GPIO_PortSourceGPIOD        ((uint8_t)0x03)
# define GPIO_PortSourceGPIOE        ((uint8_t)0x04)
# define GPIO_PortSourceGPIOF        ((uint8_t)0x05)
# define GPIO_PortSourceGPIOG        ((uint8_t)0x06)

# define GPIO_PinSource0             ((uint8_t)0x00)
# define GPIO_PinSource1             ((uint8_t)0x01)
# define GPIO_PinSource2             ((uint8_t)0x02)
# define GPIO_PinSource3             ((uint8_t)0x03)
# define GPIO_PinSource4             ((uint8_t)0x04)
# define GPIO_PinSource5             ((uint8_t)0x05)
# define GPIO_PinSource6             ((uint8_t)0x06)
# define GPIO_PinSource7             ((uint8_t)0x07)
# define GPIO_PinSource8             ((uint8_t)0x08)
# define GPIO_PinSource9             ((uint8_t)0x09)
# define GPIO_PinSource10            ((uint8_t)0x0A)
# define GPIO_PinSource11            ((uint8_t)0x0B)
# define GPIO_PinSource12            ((uint8_t)0x0C)
# define GPIO_PinSource13            ((uint8_t)0x0D)
# define GPIO_PinSource14            ((uint8_t)0x0E)
# define GPIO_PinSource15            ((uint8_t)0x0F)

# define EVCR_PORTPINCONFIG_MASK     ((uint16_t)0xFF80)
```

函数原型如下：

```
void GPIO_EventOutputConfig(uint8_t GPIO_PortSource,uint8_t GPIO_PinSource)
  {
    uint32_t tmpreg = 0x00;
```

```
      /* 检查参数 */
   assert_param(IS_GPIO_EVENTOUT_PORT_SOURCE(GPIO_PortSource));
   assert_param(IS_GPIO_PIN_SOURCE(GPIO_PinSource));
      /* 从 EVCR 寄存器取数据后,清除后几位端口位 */
   tmpreg = AFIO->EVCR;
   tmpreg &= EVCR_PORTPINCONFIG_MASK;
   tmpreg |= (uint32_t)GPIO_PortSource << 0x04;
   tmpreg |= GPIO_PinSource;
   AFIO->EVCR = tmpreg;
}
```

6.5.15 GPIO_EventOutputCmd 函数

GPIO_EventOutputCmd 函数用法如表 6-19 所示。

表 6-19 GPIO_ EventOutputCmd 函数用法

函数名	GPIO_EventOutputCmd
函数原型	void GPIO_EventOutputCmd(FunctionalState NewState)
功能描述	使能或禁止事件输出
输入	NewState：事件输出状态。必须是下面其中一个值：ENABLE 或 DISABLE
输出	无
返回值	无

例如：

```
/* 使能 GPIOB 的引脚 10 的事件输出 */
GPIO_InitStructure.GPIO_Pin = GPIO_Pin_10;
GPIO_InitStructure.GPIO_Speed = GPIO_Speed_50MHz;
GPIO_InitStructure.GPIO_Mode = GPIO_Mode_AF_PP;
GPIO_Init(GPIOB,&GPIO_InitStructure);
GPIO_EventOutputConfig(GPIO_PortSourceGPIOB,GPIO_PinSource10);
GPIO_EventOutputCmd(ENABLE);
```

函数原型：

```
void GPIO_EventOutputCmd(FunctionalState NewState)
{
  /* 检查参数 */
  assert_param(IS_FUNCTIONAL_STATE(NewState));

  *(vu32 *) EVCR_EVOE_BB = (u32)NewState;
}
```

6.5.16 GPIO_PinRemapConfig 函数

GPIO_PinRemapConfig 函数如表 6-20 所示。

表 6-20　GPIO_ PinRemapConfig 函数用法

函数名	GPIO_PinRemapConfig
函数原型	void GPIO_PinRemapConfig(u32 GPIO_Remap,FunctionalState NewState)
功能描述	改变指定引脚的映射
输入	GPIO_Remap：选择重映射的引脚 NewState：重映射引脚的状态。必须是下面其中一个值：ENABLE 或 DISABLE
输出	无
返回值	无

例如：

```
/* I2C1_SCL 映射到 PB.08,I2C1_SDA 映射到 PB.09 */
GPIO_PinRemapConfig(GPIO_Remap_I2C1,ENABLE);
```

GPIO_Remap 用于选择用作事件输出的 GPIO 端口。

6.5.17　GPIO_EXTILineConfig 函数

GPIO_EXTILineConfig 函数用法如表 6-21 所示。

表 6-21　GPIO_ EXTILineConfig 函数用法

函数名	GPIO_EXTILineConfig
函数原型	void GPIO_EXTILineConfig(u8 GPIO_PortSource,u8 GPIO_PinSource)
功能描述	选择 GPIO 引脚用作外部中断线
输入	GPIO_PortSource：选择用作外部中断线源的 GPIO 端口 GPIO_PinSource：待设置的指定中断线
输出	无
返回值	无

例如：

```
/* 选择 GPIOB 的 8 号引脚为 EXTI 的 8 号线 */
GPIO_EXTILineConfig(GPIO_PortSource_GPIOB,GPIO_PinSource8);
```

函数原型如下：

```
void GPIO_EXTILineConfig(uint8_t GPIO_PortSource,uint8_t GPIO_PinSource)
{
  uint32_t tmp = 0x00;
  /* 检查参数 */
  assert_param(IS_GPIO_EXTI_PORT_SOURCE(GPIO_PortSource));
  assert_param(IS_GPIO_PIN_SOURCE(GPIO_PinSource));

  tmp = ((uint32_t)0x0F) << (0x04 * (GPIO_PinSource & (uint8_t)0x03));
  AFIO->EXTICR[GPIO_PinSource >> 0x02] &= ~tmp;
  AFIO->EXTICR[GPIO_PinSource >> 0x02] |= (((uint32_t)GPIO_PortSource) << (0x04 * (GPIO_
PinSource & (uint8_t)0x03)));
}
```

可以看出,函数的实质是对外部中断配置寄存器进行操作。后面将通过 4 个例子在实践中掌握 GPIO 的编程。

6.6　GPIO 控制 LED 灯

6.6.1　硬件设计

发光二极管(light emitting diode,LED)发明于 20 世纪 60 年代,几十年来,发光二极管在各种电路和嵌入式系统中得到了广泛的应用。LED 发光二极管将电能转变成光能,可由Ⅲ-V 族半导体材料制成。当工作在正向偏置状态时,LED 发光二极管与普通的二极管极其相似,其同样具备单向导电特性,不同之处仅在于当加上正向偏置时,LED 发光二极管将向外发光,此时能量通过 PN 结的载流子过程从电能转换为光能。外形如图 6-22 所示。

LED 发光二极管在电路图中的表示符号如图 6-23 所示,与普通的二极管十分相似,只是多了两个向上的箭头表示发出光线。

图 6-22　各种发光二极管　　　　图 6-23　发光二极管在电路图中的符号

LED 发光二极管与微处理器的接口一般可以分为直接式、扫描式与多路复用式三种。

(1) 直接式:每个 LED 发光二极管对应微处理器的一个唯一的输出引脚,即微处理器的一个输出端口(P0、P1 或 P2)就能够控制 8 个 LED 发光二极管。当相应引脚输出为低时,电流从 VCC 流入微处理器,LED 发光二极管开始发光,发光亮度由匹配的串联电阻控制;当相应引脚输出为高时,没有电流通过 LED 发光二极管,LED 发光二极管熄灭。

(2) 扫描式:LED 发光二极管被组织成了行列形式的矩阵,其中各行各列分别对应微处理器一个唯一的输出引脚,此时,当微处理器对应行列的输出引脚分别为高和低时,电流从微处理器的其中一个引脚流入到另一个引脚,LED 发光二极管开始发光,此时,为了让LED 发光二极管显示一个固定的状态,必须有相应的软件扫描维持输出的信号。

(3) 多路复用式:多路复用式与扫描式类似,也是将 LED 发光二极管组织成行列形式的矩阵,但是其各行各列是由微处理器外置的多路解码锁存芯片进行控制,因此实现了多于微处理器输出端口数目的 LED 发光二极管阵列,本质上就是扫描式的扩充。

在前几年的微处理器设计电路中,LED 发光二极管是不能由微处理器的 I/O 输出引脚直接进行驱动的,而要使用诸如 7405 等集电极开路门进行驱动,原因就是微处理器的引脚不能够承受 LED 导通时的电流输入。

随着新技术的应用和微处理器集成技术的不断发展,现在大部分的微处理器端口都集成了集电极开路的输出电路,具备一定外部驱动能力。但是这时外接的 LED 发光二极管电路也必须使用电阻进行限流,否则会损坏微处理器的输出引脚。一般微处理器驱动引脚能够承受的电流输入在 $10\sim15\text{mA}$。

此外,如果没有限流电阻,LED 发光二极管在工作时也会迅速发热。为了防止 LED 发光二极管过热损害,也必须采用限流串联电阻对 LED 发光二极管的功耗进行限制。表 6-22 所示为典型的 LED 发光二极管功率限制指标。

表 6-22 典型的 LED 发光二极管功率限制指标

参　　数	单位	红色 LED	绿色 LED	黄色 LED	橙色 LED
最大功率限制	mW	55	75	60	75
正向电流峰值	mA	160	100	80	100
最大恒定电流	mA	25	25	20	25

LED 发光二极管的发光功率可以由其两端的电压和通过 LED 的电流进行计算得到,公式为

$$P_d = V_d \times I_d$$

LED 发光二极管典型的电压与电流关系如图 6-24 所示。可以根据需要的 LED 发光亮度选择合适的电阻 R 进行限流,但为了保护微处理器的驱动输出引脚,通过 LED 发光二极管的电流一般应限制在 10mA 左右。由图 6-24 所示曲线可知,也就是将 LED 发光二极管的正向电压限制在 2V 左右。

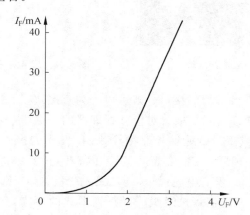

图 6-24 LED 发光二极管典型电压与电流关系曲线

对于采用某些高亮度 LED 发光二极管照明场合,需要 LED 发光二极管通过较大的电流,如果超过 8mA,则此时不能采用微处理器的输出引脚直接驱动 LED 发光二极管,而应该使用专用的驱动芯片,或者如图 6-24 所示,采用一个 NPN 型的三极管进行驱动。可以利用图 6-24 所示的曲线计算限流电阻 R。计算的方法为

$$R = (5U - U_d) / I_d$$

例如,若限制电流 I_d 为 10mA,则由图 6-24 所示曲线得到 LED 发光二极管的正向电压 U_d 约为 2V,从而得到限流电阻值为

$$R=(5V-2V)/10mA=300\Omega$$

在实际设计中,为了有效保护微处理器驱动输出引脚,预留一定的安全系数,一般对 LED 发光二极管驱动采用的限流电阻都要比采用 10mA 计算出的大。常用的典型值为 470Ω。

LED 驱动器拓扑图如图 6-25 所示。设计的实验原理图和面包板接线如图 6-26 所示。

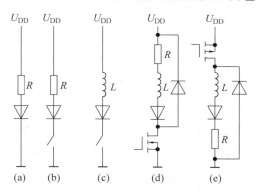

图 6-25　LED 驱动器拓扑

6.6.2　软件设计

根据前面的工程建立方式,新建工程,完成相应配置后,进行 main.c 文件源代码编写。流程图如图 6-27 所示。

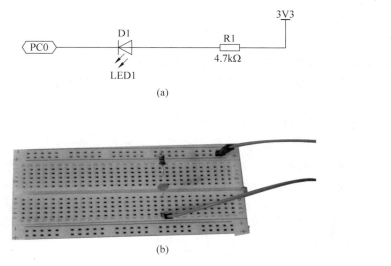

图 6-26　设计实验电路和面包板搭建

图 6-27　点亮 LED 灯软件流程图

程序代码:

```
#include "stm32f10x.h"

void RCC_Configuration(void);
```

```
main(void)
{
    GPIO_InitTypeDef GPIO_InitStructure;                        ①

    RCC_Configuration();                                        ②

    GPIO_InitStructure.GPIO_Pin = GPIO_Pin_0;                   ③
    GPIO_InitStructure.GPIO_Speed = GPIO_Speed_50MHz;           ④
    GPIO_InitStructure.GPIO_Mode = GPIO_Mode_Out_PP;            ⑤
    //IO 配置为输出口
    GPIO_Init(GPIOC,&GPIO_InitStructure);                       ⑥

    GPIO_ResetBits(GPIOC,GPIO_Pin_0);                           ⑦//阴极点亮 LED 灯
}

void RCC_Configuration()
{
    SystemInit();                                               //72MHz
    RCC_APB2PeriphClockCmd(RCC_APB2Periph_GPIOC,ENABLE);
    //使能 GPIOB 的时钟
}
```

程序重要语句解释：①～⑥句就是 GPIO 的配置过程，很容易；⑦句为使用固件库 GPIO_ResetBits()函数进行 PC0 置位点亮小车上的 LED 灯。

6.7 GPIO 控制蜂鸣器

6.7.1 硬件设计

蜂鸣器是一种一体化结构的电子讯响器，采用直流电压供电。在微处理器应用的设计上，很多方案都会用到蜂鸣器，大部分都是使用蜂鸣器来做提示或报警，如按键按下、开始工作、工作结束或故障等。

蜂鸣器分为有源和无源两类。这里的有源不是指电源的"源"，而是指有没有自带振荡电路，有源蜂鸣器自带了振荡电路，一通电就会发声；无源蜂鸣器则没有自带振荡电路，必须由外部提供 2～5kHz 的方波驱动，才能发声。

有源蜂鸣器和无源蜂鸣器的外观如图 6-28 所示。

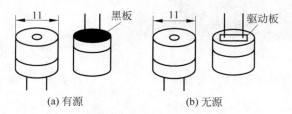

图 6-28 有源蜂鸣器和无源蜂鸣器外观

从图 6-28 所示外观上看，两种蜂鸣器好像一样，但仔细看，两者的高度略有区别，有源蜂鸣器的高度为 9mm，而无源蜂鸣器的高度为 8mm。若将两种蜂鸣器的引脚都朝上放置，

则可以看出有绿色电路板的一种是无源蜂鸣器,没有电路板而用黑胶封闭的一种是有源蜂鸣器。

若想进一步判断有源蜂鸣器和无源蜂鸣器,还可以用万用表电阻挡 R×1 挡测试:用黑表笔接蜂鸣器"－"引脚,红表笔在另一引脚上来回碰触,如果触发出咔咔声且电阻只有 8Ω(或 16Ω)的,则是无源蜂鸣器;如果能发出持续声音的,且电阻在几百欧以上的,则是有源蜂鸣器。

有源蜂鸣器直接接上额定电源(新的蜂鸣器在标签上都有注明)就可连续发声;无源蜂鸣器则和电磁扬声器一样,需要接在音频输出电路中才能发声。

由于蜂鸣器的工作电流一般比较大,以至于微处理器的 I/O 口是无法直接驱动的(但 AVR 可以驱动小功率蜂鸣器),所以要利用放大电路来驱动,一般使用三极管来放大电流即可,如图 6-29 所示。在其两端施加直流电压(有源蜂鸣器)或者方波(无源蜂鸣器)就可以发声,其主要参数是外形尺寸、发声方向、工作电压、工作频率、工作电流、驱动方式(直流/方波)等。这些都可以根据需要来选择。这里采用有源蜂鸣器。

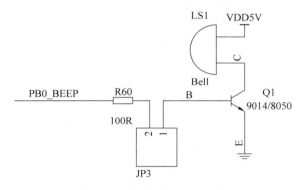

图 6-29　蜂鸣器的放大电路

R60 用来限流,减少 I/O 口输出电流;JP3 是为了防止 I/O 浮空的时候,蜂鸣器可能乱叫。

电路原理图和面包板插线示意图如图 6-30 所示。

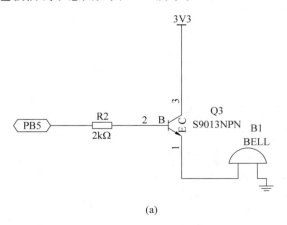

(a)

图 6-30　实验中的电路原理图和面包板搭建

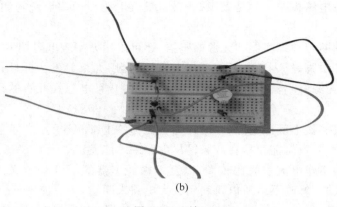

(b)

图 6-30　（续）

6.7.2　软件设计

让 Cortex-M3 连接蜂鸣器流程图如图 6-31 所示。

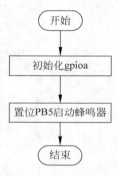

图 6-31　蜂鸣器启动程序流程图

程序代码：

```
# include "stm32f10x.h"

void RCC_Configuration(void);

main(void)
{
  GPIO_InitTypeDef GPIO_InitStructure;

  RCC_Configuration();

  GPIO_InitStructure.GPIO_Pin = GPIO_Pin_5;
  GPIO_InitStructure.GPIO_Speed = GPIO_Speed_50MHz;
  GPIO_InitStructure.GPIO_Mode = GPIO_Mode_Out_PP;          //IO 配置为输出口
  GPIO_Init(GPIOB,&GPIO_InitStructure);

  GPIO_SetBits(GPIOB,GPIO_Pin_5);                           //输入信号通过 PB5 启动蜂鸣器
```

```
}

void RCC_Configuration()
{
  SystemInit();//72M
  RCC_APB2PeriphClockCmd(RCC_APB2Periph_GPIOB,ENABLE);              //使能 GPIOB 的时钟
}
```

6.8　跑马灯实验

所谓跑马灯,就是让几个 LED 灯,在时钟的控制下,依次闪亮和熄灭。主要学习的是时钟的使用。

6.8.1　硬件设计

硬件设计如图 6-32 所示。

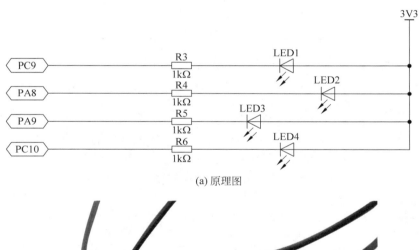

(a) 原理图

(b) 面包板搭建

图 6-32　4 个 LED 灯组成跑马灯的电路

6.8.2 软件设计

软件设计流程图如图 6-33 所示。

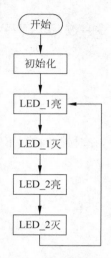

图 6-33 跑马灯程序流程图

led.c 用于定义使用的 LED 实现函数。main.c 是主函数文件。led.h 文件代码:

```c
# include "stm32f10x.h"
# include "stm32f10x_conf.h"

# ifndef LED_H_
# define LED_H_

/* 定义使用引脚 */
# define LEDn                    4
# define LED1_PIN                GPIO_Pin_9
# define LED1_GPIO_PORT          GPIOC
# define LED1_GPIO_CLK           RCC_APB2Periph_GPIOC

# define LED2_PIN                GPIO_Pin_8
# define LED2_GPIO_PORT          GPIOA
# define LED2_GPIO_CLK           RCC_APB2Periph_GPIOA

# define LED3_PIN                GPIO_Pin_9
# define LED3_GPIO_PORT          GPIOA
# define LED3_GPIO_CLK           RCC_APB2Periph_GPIOA

# define LED4_PIN                GPIO_Pin_10
# define LED4_GPIO_PORT          GPIOC
# define LED4_GPIO_CLK           RCC_APB2Periph_GPIOC

/* 定义使用的关键字 */
typedef enum
```

```
{
    LED1  =  0,
    LED2  =  1,
    LED3  =  2,
    LED4  =  3
}Led_TypeDef;
/* 声明 led.c 中函数 */
void LEDInit(Led_TypeDef Led);
void LEDOn(Led_TypeDef Led);
void LEDOff(Led_TypeDef Led);
#endif //LED_H_
```

led.c 文件代码:

```
#include "led.h"

const uint32_t GPIO_CLK[LEDn] = {LED1_GPIO_CLK,LED2_GPIO_CLK,LED3_GPIO_CLK,LED4_GPIO_CLK};

const uint16_t GPIO_PIN[LEDn] = {LED1_PIN,LED2_PIN,LED3_PIN,LED4_PIN};

GPIO_TypeDef * GPIO_PORT[LEDn] = {LED1_GPIO_PORT,LED2_GPIO_PORT,LED3_GPIO_PORT,LED4_GPIO_
PORT};
/**
  * @brief      Configures LED GPIO.
  * @param      Led: Specifies the Led to be configured.
  *             This parameter can be one of following parameters:
  *                 @arg  LED1
  *                 @arg  LED2
  *                 @arg  LED3
  *                 @arg  LED4
  * @retval     None
  */
void LEDInit(Led_TypeDef Led)
{
    GPIO_InitTypeDef GPIO_InitStructure;
    //初始化引脚对应的时钟
    RCC_APB2PeriphClockCmd(GPIO_CLK[Led],ENABLE);
    //配置需要初始化的 GPIO 引脚
    GPIO_InitStructure.GPIO_Pin = GPIO_PIN[Led];
    GPIO_InitStructure.GPIO_Mode = GPIO_Mode_Out_PP;
    GPIO_InitStructure.GPIO_Speed = GPIO_Speed_50MHz;
    //初始化 LED 所在的 GPIO 端口
    GPIO_Init(GPIO_PORT[Led],&GPIO_InitStructure);
}

/**
  * @brief      Turns selected LED Off.
  * @param      Led: Specifies the Led to be set off.
  *             This parameter can be one of following parameters:
  *                     @arg LED1
```

```
    *                @arg LED2
    *                @arg LED3
    *                @arg LED4
    * @retval         None
 */
void LEDOff(Led_TypeDef Led)
{
    GPIO_SetBits(GPIO_PORT[Led],GPIO_PIN[Led]);
    //GPIO_PORT[LEDn] -> BSRR = GPIO_PIN[Led];
}


/**
    * @brief          Turns selected LED on.
    * @param          Led: Specifies the Led to be set on.
    *                 This parameter can be one of the following parameters:
    *                      @arg LED1
    *                      @arg LED2
    *                      @arg LED3
    *                      @arg LED4
    * @retval         None
    */
void LEDOn(Led_TypeDef Led)
{
  GPIO_ResetBits(GPIO_PORT[Led],GPIO_PIN[Led]);
    //GPIO_PORT[LEDn] -> BRR = GPIO_PIN[Led];
}


/**
   * @brief        Toggles the selected LED.
   * @param        Led: specifies the Led to be toggled.
   *               This parameter can be one of following parameters:
   *                    @arg LED1
   *                    @arg LED2
   *                    @arg LED3
   *                    @arg LED4
   * @retval       None
   */
void LEDToggle(Led_TypeDef Led)
{
    GPIO_PORT[Led] -> ODR ^ = GPIO_PIN[Led];
}


/**
   * @brief          Returns the selected LED state.
   * @param          Led:  Specifies the Led to be checked.
   *               This parameter can be one of following parameters:
   *                    @arg LED1
   *                    @arg LED2
   *                    @arg LED3
   *                    @arg LED4
```

```
    * @retval        temp
    */
uint32_t LedGetStatus(Led_TypeDef Led)
{
    uint32_t temp = 0x00;
    temp = GPIO_ReadOutputDataBit(GPIO_PORT[Led],GPIO_PIN[Led]);
    return temp;
}


# include "stm32f10x.h"
# include "led.h"

/**
  * @brief       Delay times.
  * @param       delaytime: Time which need be delayed. unit is millisecond(ms).
  * @retval      None.
  */
void delay(uint32_t delaytime)
{
  for(;delaytime>0;delaytime--);
}
int main(void)
{
    /*** configures LED1 LED2 LED3 LED4 ***/
    LEDInit(LED1);
    LEDInit(LED2);
    LEDInit(LED3);
    LEDInit(LED4);
    /*** Circular light LED1 LED2 LED3 LED4 ***/
    while(1)
    {
        LEDOn(LED1);
        delay(0x3fffff);
        LEDOff(LED1);
        LEDOn(LED2);
        delay(0x3fffff);
        LEDOff(LED2);
        LEDOn(LED3);
        delay(0x3fffff);
        LEDOff(LED3);
        LEDOn(LED4);
        delay(0x3fffff);
        LEDOff(LED4);
    }
}
```

6.9　LCD1602 驱动

很多嵌入式系统设计里主要的显示部件就是 LCD，而 LCD1602 也是用得比较多的。
1602 液晶也叫 1602 字符型液晶，它是一种专门用来显示字母、数字、符号等的点阵型液晶模块。它由若干个 5×7 或者 5×11 等点阵字符位组成,每个点阵字符位都可以显示一个字符,每位之间有一个点距的间隔,每行之间也有间隔,起到了字符间距和行间距的作用,正因为如此,所以它不能很好地显示图形(用自定义 CGRAM,显示效果也不好)。

市面上字符液晶大多数是基于相同的液晶芯片,控制原理是完全相同的,因此学习了 LCD1602 的控制程序可以很方便地应用于市面上大部分的字符型液晶。

6.9.1　硬件设计

工业字符型液晶,能够同时显示 16x02 即 32 个字符(16 列 2 行)。(为了表达的方便,下文以 1 表示高电平,0 表示低电平。)

1602LCD 是指显示的内容为 16×2,即可以显示两行,每行 16 个字符液晶模块(显示字符和数字)。

1602 共 16 个引脚,但是编程用到的主要引脚不过三个,分别为 RS(数据命令选择端)、R/W(读写选择端)、E(使能信号)。以后编程便主要围绕这三个引脚展开进行初始化,写命令,写数据。RS 为寄存器选择,高电平选择数据寄存器,低电平选择指令寄存器。R/W 为读写选择,高电平进行读操作,低电平进行写操作。E 端为使能端,后面和时序联系在一起。此外,D0~D7 分别为 8 位双向数据线。

想要在 LCD1602 屏幕的第一行第一列显示一个 A 字,就要向 DDRAM 的 00H 地址写入 A 字的代码。但具体的写入是要按 LCD 模块的指令格式来进行的,后面会讲到。那么一行可有 40 个地址,在 1602 中用前 16 个就行了。第二行也一样用前 16 个地址。DDRAM 地址与显示位置的对应关系如图 6-34 所示。

```
00H 01H 02H 03H 04H 05H 06H 07H 08H 09H 0AH 0BH 0CH 0DH 0EH 0FH
40H 41H 42H 43H 44H 45H 46H 47H 48H 49H 4AH 4BH 4CH 4DH 4EH 4FH
```

图 6-34　DDRAM 地址与显示位置的对应关系

事实上想往 DDRAM 里的 00H 地址处送一个数据,譬如 0x31(数字 1 的代码)并不能显示 1 出来。这是一个令初学者很容易出错的地方,原因就是如果要想在 DDRAM 的 00H 地址处显示数据,则必须将 00H 加上 80H,即 80H,若要在 DDRAM 的 01H 处显示数据,则必须将 01H 加上 80H 即 81H(从 80H 开始到 9FH 开始才是空余的,自己编写空间,其余的空间都有液晶自己的库文件)。

1602 液晶模块内部的字符发生存储器(CGROM)已经存储了 160 个不同的点阵字符图形(见图 6-35),这些字符有阿拉伯数字、英文字母的大小写、常用的符号、日文假名等,每一个字符都有一个固定的代码。例如,大写的英文字母 A 的代码是 01000001B(41H),显示时模块把地址 41H 中的点阵字符图形显示出来,就能看到字母 A。在微处理器编程中还可以用字符型常量或变量赋值,如 A。因为 CGROM 储存的字符代码与 PC 中的字符代码是基本一致的,因此在向 DDRAM 写 C51 字符代码程序时甚至可以直接用 P1='A'这样的方法。PC 在编译时就把 A 先转换为 41H 代码。

字符代码 0x00~0x0F 为用户自定义的字符图形 RAM(对于 5x8 点阵的字符,可以存放 8 组,5x10 点阵的字符,存放 4 组),就是 CGRAM。

0x20~0x7F 为标准的 ASCII 码,0xA0~0xFF 为日文字符和希腊文字符,其余字符码

图 6-35　CGROM 中字符码与字符字模关系对照表

（0x10～0x1F 及 0x80～0x9F）没有定义。

　　图 6-35 所示是 1602 的十六进制 ASCII 码表地址。读的时候，先读左边那列，再读上面那行，如：感叹号"！"的 ASCII 为 0x21，字母 B 的 ASCII 为 0x42（前面加 0x 表示十六进制）。

　　想要操作 LCD 显示，则需要用到 LCD 控制器的专门指令，如表 6-23 所示。后面依次讲解一些常用指令。

表 6-23　LCD 的指令集

命令	RS	R/W	D7	D6	D5	D4	D3	D2	D1	D0	功　能
清除显示	0	0	0	0	0	0	0	0	0	1	将 DDRAM 填满 20H,并且设定 DDRAM 的地址计数器(AC)到 00H
地址归位	0	0	0	0	0	0	0	0	1	X	设定 DDRAM 的地址计数器(AC)到 00H,并且将游标移到开头原点位置。这个指令不改变 DDRAM 的内容
显示状态开/关	0	0	0	0	0	0	1	D	C	B	[D=1:整体显示 ON][C=1:游标 ON] [B=1:游标位置反白允许]
进入点设定	0	0	0	0	0	0	0	1	I/D	S	指定在数据的读取与写入时,设定游标的移动方向及指定显示的移位
游标或显示移位控制	0	0	0	0	0	1	S/C	R/L	X	X	设定游标的移动与显示的移位控制位。这个指令不改变 DDRAM 的内容
功能设定	0	0	0	0	1	DL	X	RE	X	X	[DL=0/1:4/8 位数据] [RE=0/1:基本指令操作/扩充指令操作]
设定 CGRAM 地址	0	0	0	1	AC5	AC4	AC3	AC2	AC1	AC0	设定 CGRAM 地址
设定 DDRAM 地址	0	0	1	0	AC5	AC4	AC3	AC2	AC1	AC0	设定 DDRAM 地址(显示位址) [第一行:80H~A7H] [第二行:C0H~E7H]
读取忙标志和地址	0	1	BF	AC6	AC5	AC4	AC3	AC2	AC1	AC0	读取忙标志(BF)可以确认内部动作是否完成,同时可以读出地址计数器(AC)的值
写数据到 RAM	1	0	要写入的数据								将数据 D7~D0 写入到内部的 RAM(DDRAM/CGRAM/IRAM/GRAM)
读出 RAM 的值	1	1	要读出的数据								从内部 RAM 读取数据 D7~D0 (DDRAM/CGRAM/IRAM/GRAM)

1. 清屏指令

清屏指令格式如表 6-24 所示。

表 6-24　清屏指令格式

指令功能	指令编码									执行时间/ns
	RS	R/W	DB7	DB6	DB5	DB4	DB3	DB2	DB1	DB0	
清屏	0	0	0	0	0	0	0	0	0	1	1.64

功能：

（1）清除液晶显示器，即将 DDRAM 的内容全部填入"空白"的 ASCII 码 20H。

（2）光标归位，即将光标撤回液晶显示屏的左上方。

（3）将地址计数器（AC）的值设为 0。

2. 光标归位指令

光标归位指令格式如表 6-25 所示。

表 6-25　光标归位指令格式

指令功能	指令编码										执行时间/ns
	RS	R/W	DB7	DB6	DB5	DB4	DB3	DB2	DB1	DB0	
光标归位	0	0	0	0	0	0	0	0	1	X	1.64

功能：

（1）把光标撤回到显示器的左上方。

（2）把地址计数器（AC）的值设置为 0。

（3）保持 DDRAM 的内容不变。

3. 进入模式设置指令

进入模式设置指令格式如表 6-26 所示。

表 6-26　进入模式设置指令格式

指令功能	指令编码										执行时间/us
	RS	R/W	DB7	DB6	DB5	DB4	DB3	DB2	DB1	DB0	
进入模式设置	0	0	0	0	0	0	0	1	I/D	s	40

功能：设定每次定入 1 位数据后光标的移位方向，并且设定每次写入的一个字符是否移动。参数设定的情况如表 6-27 所示。

表 6-27　进入模式设置指令参数设定的情况

位名	设置
I/D	0＝写入新数据后光标左移
	1＝写入新数据后光标右移
S	0＝写入新数据后显示屏不移动
	1＝写入新数据后显示屏整体右移 1 个字

4. 显示开关控制指令

显示开关控制指令格式如表 6-28 所示。

表 6-28　显示开关控制指令格式

指令功能	指令编码										执行时间/us
	RS	R/W	DB7	DB6	DB5	DB4	DB3	DB2	DB1	DB0	
显示开关控制	0	0	0	0	0	0	1	D	C	B	40

功能:控制显示器开/关、光标显示/关闭以及光标是否闪烁。参数设定的情况如表 6-29 所示。

表 6-29 显示开关控制指令参数设定的情况

位　　名	设　　　　　置	
D	0=显示功能关	1=显示功能开
C	0=无光标	1=有光标
B	0=光标闪烁	1=光标不闪烁

5. 设定显示屏或光标移动方向指令

设定显示屏或光标移动方向指令格式如表 6-30 所示。

表 6-30 设定显示屏或光标移动方向指令格式

指 令 功 能	指 令 编 码										执行时间/us
	RS	R/W	DB7	DB6	DB5	DB4	DB3	DB2	DB1	DB0	
设定显示屏或光标移动方向	0	0	0	0	0	1	S/C	R/L	X	X	40

功能:使光标移位或使整个显示屏幕移位。参数设定的情况如表 6-31 所示。

表 6-31 设定显示屏或光标移动方向指令参数设定的情况

S/C	R/L	设定情况
0	0	光标左移 1 格,且 AC 值减 1
0	1	光标右移 1 格,且 AC 值加 1
1	0	显示器上字符全部左移一格,但光标不动
1	1	显示器上字符全部右移一格,但光标不动

6. 功能设定指令

功能设定指令格式如表 6-32 所示。

表 6-32 功能设定指令格式

指令功能	指 令 编 码										执行时间/us
	RS	R/W	DB7	DB6	DB5	DB4	DB3	DB2	DB1	DB0	
功能设定	0	0	0	0	1	DL	N	F	X	X	40

功能:设定数据总线位数、显示的行数和字型。参数设定的情况如表 6-33 所示。

表 6-33 功能设定指令参数设定的情况

位　　名	设　　　　　置
DL	0=数据总线为 4 位
	1=数据总线为 8 位
N	0=显示 1 行
	1=显示 2 行
F	0=5×7 点阵每字符
	1=5×10 点阵每字符

7. 设定 CGRAM 地址指令

设定 CGRAM 地址指令格式如表 6-34 所示。

表 6-34　设定 CGRAM 地址指令格式

指令功能	指令 编 码										执行时间/us
	RS	R/W	DB7	DB6	DB5	DB4	DB3	DB2	DB1	DB0	
设定 CGRAM 地址	0	0	0	1	CGRAM 的地址(6 位)						40

功能：设定下一个要存入数据的 CGRAM 的地址。

8. 设定 DDRAM 地址指令

设定 DDRAM 地址指令格式如表 6-35 所示。

表 6-35　设定 DDRAM 地址指令格式

指令功能	指令 编 码										执行时间/us
	RS	R/W	DB7	DB6	DB5	DB4	DB3	DB2	DB1	DB0	
设定 DDRAM 地址	0	0	1	DDRAM 的地址(7 位)							40

功能：设定下一个要存入数据的 DDRAM 的地址。

注意，这里送地址的时候应该是 0x80＋Address，这也是前面说到写地址命令的时候要加上 0x80 的原因。

9. 读取忙信号或 AC 地址指令

读取忙信号或 AC 地址指令格式如表 6-36 所示。

表 6-36　读取忙信号或 AC 地址指令格式

指令功能	指令 编 码										执行时间/us
	RS	R/W	DB7	DB6	DB5	DB4	DB3	DB2	DB1	DB0	
读取忙碌信号 或 AC 地址	0	1	FB	AC 内容(7 位)							40

功能：

(1) 读取忙碌信号 BF 的内容，BF＝1 表示液晶显示器忙，暂时无法接收微处理器送来的数据或指令；当 BF＝0 时，液晶显示器可以接收微处理器送来的数据或指令。

(2) 读取地址计数器(AC)的内容。

10. 数据写入 DDRAM 或 CGRAM 指令

数据写入 DDRAM 或 CGRAM 指令格式如表 6-37 所示。

表 6-37　数据写入 DDRAM 或 CGRAM 指令格式

指令功能	指令 编 码										执行时间/us
	RS	R/W	DB7	DB6	DB5	DB4	DB3	DB2	DB1	DB0	
数据写入到 DDRAM 或 CGRAM	1	0	要写入的数据 D7～D0								40

功能：

（1）将字符码写入 DDRAM，以使液晶显示屏显示出相对应的字符。

（2）将使用者自己设计的图形存入 CGRAM。

11. 从 CGRAM 或 DDRAM 读出数据的指令

从 CGRAM 或 DDRAM 读出数据的指令格式如表 6-38 所示。

表 6-38 从 CGRAM 或 DDRAM 读出数据指令格式

指令功能	指令编码										执行时间 /us
	RS	R/W	DB7	DB6	DB5	DB4	DB3	DB2	DB1	DB0	
从 CGRAM 或 DDRAM 读出数据	1	1	要读出的数据 D7～D0								40

功能：读取 DDRAM 或 CGRAM 中的内容。

下面以 LCD_1602 初始化为例，根据上面的指令格式和编码，总结上面主要指令。初始化序列包括：

（1）0x38　设置 16×2 显示，5×7 点阵，8 位数据接口。

（2）0x01　清屏。

（3）0x0F　开显示，显示光标，光标闪烁。

（4）0x08　只开显示。

（5）0x0e　开显示，显示光标，光标不闪烁。

（6）0x0c　开显示，不显示光标。

（7）0x06　地址加1，当写入数据的时候光标右移。

（8）0x02　地址计数器 AC＝0（此时地址为 0x80），光标归原点，但是 DDRAM 中断内容不变。

（9）0x18　光标和显示一起向左移动。

基本的操作时序如图 6-36 和图 6-37 所示。

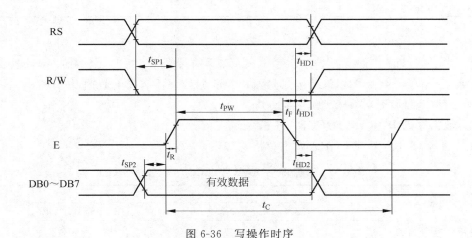

图 6-36　写操作时序

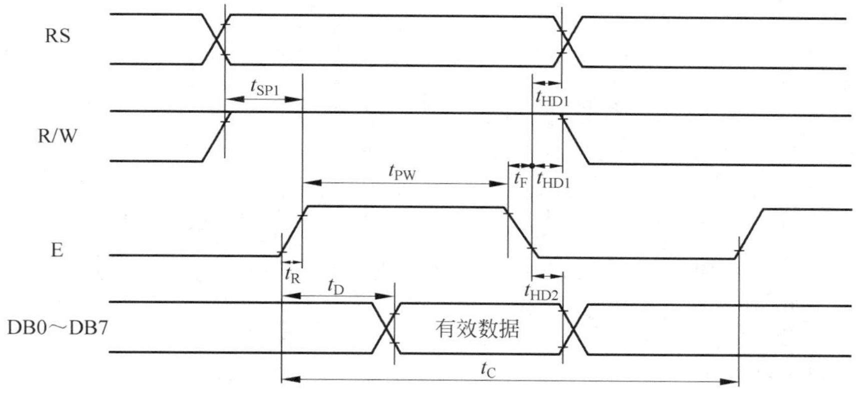

图 6-37   读操作时序

图 6-36 和图 6-37 上第一条竖线画在了 RS 和 R/W 上,也就是说,首先应该从这里开始,即先将 RS 设为高或低(高表示数据读或写,低表示指令读或写),而 R/W 的高低代表是读还是写,图 6-36 是写时序图。

接着就是先把使能信号 E 置底,然后可以延时一小会儿(自己买的开发板自带的示例程序上都带有延时,可是根据操作时序图上面画出来的时序,这个地方根本不需要延时,不过延时也不会出错,就把它理解成是数据线上电平的变化也是需要时间的)。

然后数据线上送数据,从图 6-36 所示的写操作时序图上可以看出,数据线上送完数据后需要延时 t_{SP2}(称为数据建立时间)的时间后才能把 E 拉高。注意,t_{SP2} 的最小时间要求是 40ns,最大时间没有要求。

接下来一步就是把 E 置高电平,并且至少保持 t_{PW}(E 脉冲宽度)的时间(150ns,也是很小的)。

延时完成后再把 E 置为低电平就可以把数据写入 1602。最后不需要延时即可。

还有一点需要注意的问题就是,表 6-39 中各参数的单位都是 ns,时间是很短的,要按照时序一步一步来操作,这样才是万无一失的。

表 6-39   时序操作参数

时 序 参 数	符 号	极 限 值			单 位	测 试 条 件
		最小值	典型值	最大值		
E 信号周期	t_C	400	—	—	ns	引脚 E
E 脉冲宽度	t_{PW}	150	—	—	ns	
E 上升沿/下降沿时间	t_R、t_F	—	—	25	ns	
地址建立时间	t_{SP1}	30	—	—	ns	引脚 E、RS、R/W
地址保持时间	t_{HD1}	10	—	—	ns	
数据建立时间(读操作)	t_D	—	—	100	ns	引脚 DB0~DB7
数据保持时间(读操作)	t_{HD2}	20	—	—	ns	
数据建立时间(写操作)	t_{SP2}	40	—	—	ns	
数据保持时间(写操作)	t_{HD2}	10	—	—	ns	

后面软件设计的硬件电路原理图和实物连接图如图 6-38 所示。

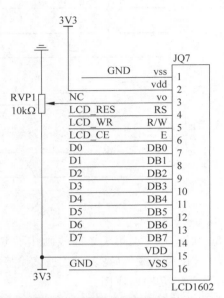

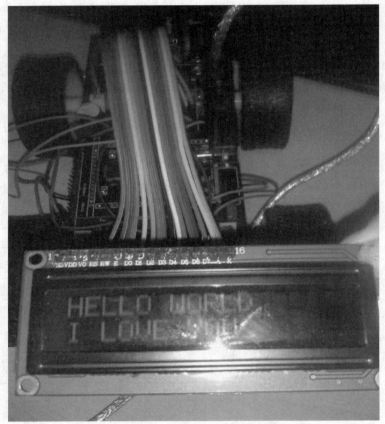

图 6-38 LCD1602 与 Cortex-M3 小车的硬件连接图

6.9.2　软件设计

这里程序分为以下 4 步：

（1）定义 LCD1602 引脚，包括 RS、R/W、E。这里的定义是指这些引脚分别接在微处理器哪些 I/O 口上。

（2）显示初始化，在这一步进行初始化并设置显示模式等操作。

（3）设置显示地址（写显示字符的位置）。

（4）写显示字符的数据。

主要包括以下 4 个文件：Lcd1602_drive.h（LCD1602 驱动.h 文件）、Lcd1602_drive.c（LCD1602 驱动.c 文件）、main.h（主函数.h 文件）、main.c（主函数.c 文件）。

L1602_init()函数的主要流程如图 6-39 所示。

通常推荐的初始化过程如下：延时 15ms，写指令 38H，延时 5ms，写指令 38H，延时 5ms，写指令 38H，延时 5ms。以上写 38H 指令可以看情况省略 1～2 步，都不检测忙信号。以下都要检测忙信号。写指令 38H，写指令 08H 关闭显示，写指令 01H 显示清屏，写指令 06H 光标移动设置，写指令 0CH 显示开及光标设置。

图 6-39　L1602_init()函数的主要流程

```
void L1602_init(void)
{

    delay(10);
    enable(0x38);
    delay(10);
    enable(0x06);
    delay(10);
    enable(0x0C);
    delay(10);
    enable(0x01);
    delay(10);
//  enable(0x00);
//  RS(1);
//  RW(1);
//  E(1);
//  DATA(0x25 << 8);
}
```

其他程序部分见附录 B。

6.10　1-wire 总线

1-wire 总线是一个简单的信号传输电路，可通过一根共用的数据线实现主控制器与一个或一个以上从器件之间的半双工双向通信，可以看成 GPIO 的扩展应用，即在 GPIO 底层硬件基础上,通过软件构建通信交互协议,实现规定的时序信号。

系统中的数据交换、控制都由这根线完成。设备(主机或从机)通过一个漏极开路或三态端口连至该数据线,以允许设备在不发送数据时能够释放总线,而让其他设备使用总线。单总线通常要求外接一个约为 4.7kΩ 的上拉电阻,这样,当总线闲置时,其状态为高电平。

主机和从机之间的通信可通过 3 个步骤完成,分别为初始化 1-wire 器件、识别 1-wire 器件和交换数据。由于它们是主从结构,只有主机呼叫从机时,从机才能应答,因此主机访问 1-wire 器件都必须严格遵循单总线命令序列,即初始化、ROM 操作指令、存储器操作指令。如果出现序列混乱,1-wire 器件将不响应主机(搜索 ROM 命令,报警搜索命令除外)。

DS18B20 是 DALLAS 公司生产的 1-wire 一线式数字温度传感器,具有 3 引脚 TO—92 小体积封装形式,其通信采用 1-wire 总线标准。温度测量范围为 $-55℃\sim +125℃$,可编程为 9 位～12 位 A/D 转换精度,测温分辨率可达 0.0625℃。DS18B20 硬件电路连接原理图如图 6-40 所示,硬件电路连接如图 6-41 所示。

本例 VCC 用 3.3V 供电,将 DQ 连接到 STM32 的 PA1 口。

主机控制 DS18B20 完成温度转换必须经过三个步骤:初始化、ROM 操作指令、存储器操作指令。必须先启动 DS18B20 开始转换,再读出温度转换值。

本程序仅挂接一个芯片,使用默认的 12 位转换精度,外接供电电源,读取的温度值高位字节送 WDMSB 单元,低位字节送 WDLSB 单元,再按照温度值字节的表示格式及其符号位,经过简单的变换即可得到实际温度值。软件程序流程图如图 6-42 所示。

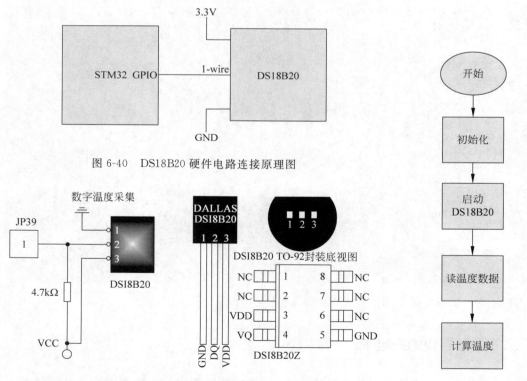

图 6-40　DS18B20 硬件电路连接原理图

图 6-41　硬件电路连接

图 6-42　软件程序流程图

主程序代码如下：

```
int main(void)
{
    float t;
    ds18b20_init();                         //初始化并启动
    t = ds18b20_read();                     //读温度
    printf("温度 = %05.1f", t);
}
```

初始化并启动包含了三个部分：配置温度传感器、初始化和开始数据转换。初始化时就启动了传感器转换。其代码为：

```
void ds18b20_init(void)
{
    DS18B20_Configuration();
    DS18B20Init(DS_PRECISION, DS_AlarmTH, DS_AlarmTL);
    DS18B20StartConvert();
}
```

其中，配置温度传感器代码为：

```
void DS18B20_Configuration(void)
{
    GPIO_InitTypeDef GPIO_InitStructure;

    RCC_APB2PeriphClockCmd(DS_RCC_PORT, ENABLE);        //设置外围时钟

    GPIO_InitStructure.GPIO_Pin = DS_DQIO;              //设置引脚
    GPIO_InitStructure.GPIO_Mode = GPIO_Mode_Out_OD;    //开漏输出
    GPIO_InitStructure.GPIO_Speed = GPIO_Speed_50MHz;   //2M 时钟速度
    GPIO_Init(DS_PORT, &GPIO_InitStructure);
}
```

初始化代码为：

```
void DS18B20Init(unsigned char Precision, unsigned char AlarmTH, unsigned char AlarmTL)
{   //根据硬件的工作原理来启动传感器,两次重置是为了让写入的配置数据有效
    DisableINT();                           //关中断
    ResetDS18B20();                         //重置
    DS18B20WriteByte(SkipROM);              //写字节
    DS18B20WriteByte(WriteScratchpad);      //写字节,写暂存器的温度告警 TH 和 TL
    DS18B20WriteByte(AlarmTL);              //写警报温度低位字节
    DS18B20WriteByte(AlarmTH);              //写警报温度高位字节
    DS18B20WriteByte(Precision);           //写校准字节

    ResetDS18B20();                         //重置
    DS18B20WriteByte(SkipROM);              //写字节
```

```
        DS18B20WriteByte(CopyScratchpad);        //写字节,将暂存器的温度告警复制到 EEPROM,在复
                                                 //制期间总线上输出 0,复制完后输出 1

        EnableINT();                             //开中断

        while(!GetDQ());                         //等待复制完成    //////////
    }
```

开始转换:开始温度转换,在温度转换期间总线上输出 0,转换结束后输出 1。具体代码如下:

```
void DS18B20StartConvert(void)
{
    DisableINT();
    ResetDS18B20();
    DS18B20WriteByte(SkipROM);
    DS18B20WriteByte(StartConvert);
    EnableINT();
}
```

下面是读温度和计算温度的程序代码。

```
float ds18b20_read(void)
{
    unsigned char DL, DH;
    unsigned short TemperatureData;
    float Temperature;

    DisableINT();
    DS18B20StartConvert();
    ResetDS18B20();
    DS18B20WriteByte(SkipROM);
    DS18B20WriteByte(ReadScratchpad);
    DL = DS18B20ReadByte();
    DH = DS18B20ReadByte();
    EnableINT();

    TemperatureData = DH;
    TemperatureData <<= 8;
    TemperatureData |= DL;

    Temperature = (float)((float)TemperatureData * 0.0625);    //测温分辨率为 0.0625℃

    return  Temperature;
}
```

本例完整的程序代码如下,读者可以参考。

```
DB18B20ForStm32.c

# include "ds18b20.h"
# define EnableINT()
# define DisableINT()

# define DS_PORT    GPIOA                        //DS18B20 连接口
# define DS_DQIO    GPIO_Pin_1                   //GPIOA1

# define DS_RCC_PORT   RCC_APB2Periph_GPIOA

# define DS_PRECISION 0x7f                       //精度配置寄存器: 1f = 9 位; 3f = 10 位; 5f =
                                                 //11 位; 7f = 12 位

# define DS_AlarmTH   0x64
# define DS_AlarmTL   0x8a
# define DS_CONVERT_TICK 1000

# define ResetDQ() GPIO_ResetBits(DS_PORT,DS_DQIO)
# define SetDQ()   GPIO_SetBits(DS_PORT,DS_DQIO)
# define GetDQ()   GPIO_ReadInputDataBit(DS_PORT,DS_DQIO)



void Delay_us(u32 Nus)
{
    SysTick - > LOAD = Nus * 9;                  //时间加载
    SysTick - > CTRL| = 0x01;                    //开始倒数
    while(!(SysTick - > CTRL&(1 << 16)));        //等待时间到达
    SysTick - > CTRL = 0X00000000;               //关闭计数器
    SysTick - > VAL = 0X00000000;                //清空计数器
}



unsigned char ResetDS18B20(void)
{
    unsigned char resport;
    SetDQ();
    Delay_us(50);

    ResetDQ();
    Delay_us(500);                               //500µs,该时间范围可以从 480～960µs
    SetDQ();
    Delay_us(40);                                //40µs
    //resport = GetDQ();
    while(GetDQ());
    Delay_us(500);                               //500µs
    SetDQ();
    return resport;
```

```
}

void DS18B20WriteByte(unsigned char Dat)
{
    unsigned char i;
    for(i = 8;i > 0;i -- )
    {
        ResetDQ();                      //在15μs内送数据到数据线上,DS18B20在15~60μs
                                        //读数
        Delay_us(5);                    //5μs
        if(Dat & 0x01)
          SetDQ();
        else
          ResetDQ();
          Delay_us(65);                 //65μs
          SetDQ();
          Delay_us(2);                  //连续两位间应大于1μs
          Dat >>= 1;
    }
}


unsigned char DS18B20ReadByte(void)
{
unsigned char i, Dat;
    SetDQ();
    Delay_us(5);
for(i = 8;i > 0;i -- )
    {
        Dat >>= 1;
            ResetDQ();                  //从读时序开始到采样信号线必须在15μs内,且采样
                                        //尽量安排在15μs的最后
        Delay_us(5);                    //5μs
        SetDQ();
        Delay_us(5);                    //5μs
      if(GetDQ())
            Dat| = 0x80;
        else
            Dat& = 0x7f;
        Delay_us(65);                   //65μs
        SetDQ();
    }
    return Dat;
}


void ReadRom(unsigned char * Read_Addr)
{
    unsigned char i;
```

```
        DS18B20WriteByte(ReadROM);

        for(i = 8;i > 0;i -- )
        {
            * Read_Addr = DS18B20ReadByte();
            Read_Addr++;
        }
    }


void DS18B20Init(unsigned char Precision,unsigned char AlarmTH,unsigned char AlarmTL)
{
    DisableINT();
    ResetDS18B20();
    DS18B20WriteByte(SkipROM);
    DS18B20WriteByte(WriteScratchpad);
    DS18B20WriteByte(AlarmTL);
    DS18B20WriteByte(AlarmTH);
    DS18B20WriteByte(Precision);

    ResetDS18B20();
    DS18B20WriteByte(SkipROM);
    DS18B20WriteByte(CopyScratchpad);
    EnableINT();

    while(!GetDQ());                                //等待复制完成  //////////
}


void DS18B20StartConvert(void)
{
    DisableINT();
    ResetDS18B20();
    DS18B20WriteByte(SkipROM);
    DS18B20WriteByte(StartConvert);
    EnableINT();
}

void DS18B20_Configuration(void)
{
    GPIO_InitTypeDef GPIO_InitStructure;

    RCC_APB2PeriphClockCmd(DS_RCC_PORT, ENABLE);

    GPIO_InitStructure.GPIO_Pin = DS_DQIO;
    GPIO_InitStructure.GPIO_Mode = GPIO_Mode_Out_OD;     //开漏输出
    GPIO_InitStructure.GPIO_Speed = GPIO_Speed_50MHz;    //2M 时钟速度
    GPIO_Init(DS_PORT, &GPIO_InitStructure);
}
```

```
void ds18b20_init(void)
{
    DS18B20_Configuration();
    DS18B20Init(DS_PRECISION, DS_AlarmTH, DS_AlarmTL);
    DS18B20StartConvert();
}


float ds18b20_read(void)
{
    unsigned char DL, DH;
    unsigned short TemperatureData;
    float Temperature;

    DisableINT();
    DS18B20StartConvert();
    ResetDS18B20();
    DS18B20WriteByte(SkipROM);
    DS18B20WriteByte(ReadScratchpad);
    DL = DS18B20ReadByte();
    DH = DS18B20ReadByte();
    EnableINT();

    TemperatureData = DH;
    TemperatureData <<= 8;
    TemperatureData |= DL;

    Temperature = (float)((float)TemperatureData * 0.0625);      //测温分辨率为 0.0625℃

    return  Temperature;
}


//-----------------------------------------------------------------------------
//-----------------------------------------------------------
DB18B20ForStm32.h

#ifndef __DS18B20_H__
#define __DS18B20_H__

#include "stm32f10x.h"
#include "stm32f10x_rcc.h"
#include "stm32f10x_gpio.h"


#define   SkipROM      0xCC          //跳过 ROM
#define   SearchROM    0xF0          //搜索 ROM
#define   ReadROM      0x33          //读 ROM
#define   MatchROM     0x55          //匹配 ROM
#define   AlarmROM     0xEC          //告警 ROM
```

```
#define   StartConvert     0x44        //开始温度转换,在温度转换期间总线上输出 0,转
                                        //换结束后输出 1
#define   ReadScratchpad   0xBE        //读暂存器的 9 个字节
#define   WriteScratchpad  0x4E        //写暂存器的温度告警 TH 和 TL
#define   CopyScratchpad   0x48        //将暂存器的温度告警复制到 EEPROM,在复制期间
                                        //总线上输出 0,复制完后输出 1
#define   RecallEEPROM     0xB8        //将 EEPROM 的温度告警复制到暂存器中,复制期间
                                        //输出 0,复制完成后输出 1
#define   ReadPower        0xB4        //读电源的供电方式:0 为寄生电源供电;1 为外部
                                        //电源供电


void ds18b20_init(void);
float ds18b20_read(void);
//unsigned short ds18b20_read(void);


#endif

int main(void)
{
    float t;
    ds18b20_init();
    t = ds18b20_read();
    printf("温度 = %05.1f", t);
}
```

## 第 7 章

串行通信模块与中断程序

对于 STM32 外接设备,很多都需要串行通信,并依靠中断来保证 STM32 任务运行的处理反应时间。下面介绍一些常用的串行通信协议和实例的中断程序编写方法。通过这部分内容读者将学会如何将各种协议编写在程序中,并且了解中断的概念。

7.1 接口与通信标准

我们都知道,芯片与芯片之间、系统与系统之间是需要通信的。而其最直接的方式是将 I/O 与 I/O 连接,一个输入,一个输出。这也是主要的通信方式。但是,I/O 操作时需要浪费系统时钟。另外随着经验的增多,会慢慢体会到,I/O 是很珍贵的。所以就有了通信协议的出现,根据通信规则,芯片相互通信,并设置相应的控制器,以分担主线程的负担。

在 STM32F103RBT6 增强型芯片中,串口通信有多达 9 个通信接口,多达 2 个 I2C 接口(支持 SMBus / PMBus),多达 3 个 USART(ISO7816 接口、LIN,红外线功能、调制解调器控制),2 个 SPI 接口(18 Mb/s),CAN 接口(2.0B Active),USB 2.0 全速接口。

7.1.1 I2C 接口

I2C(芯片间)总线接口连接微控制器和串行 I2C 总线。它提供多主机功能,控制所有 I2C 总线特定的时序、协议、仲裁和定时。支持标准和快速两种模式,同时与 SMBus 2.0 兼容。I2C 模块有多种用途,包括 CRC 码的生成和校验、SMBus(system management bus,系统管理总线)和 PMBus(power management bus,电源管理总线)。根据特定设备的需要,可以使用 DMA 以减轻 CPU 的负担。

从上面的介绍可以看到 STM32 内置的 I2C 十分强大。除了 I2C 基本功能外,还支持 SMBus。下面以最简单的 I2C 设备,EEPROM 芯片 24CXX 为例讲解 I2C 使用,更详细的工作原理和寄存器等,都可以通过网上和 STM32F103RBT6 芯片用户参考手册查看。

在之前先简单介绍一下 I2C 相关知识,I2C 总线是二线制结构,一条双向的串行数据线 SDA、一条串行同步时钟线 SCL。总线上所有器件同名端都分别挂载在 SDA、SCL 线上,如图 7-1 所示。

发送器是指发送数据到总线的器件;接收器是指从总线接收数据的器件;主机负责初始化发送、产生时钟信号;从机是被主机寻址的器件;多主机是指同时有多于一个主机尝

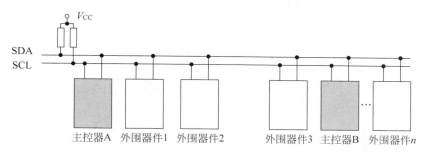

图 7-1　I2C 总线

试控制总线,但不破坏报文;仲裁是一个在多个主机同时尝试控制总线时,只允许其中一个控制总线并使报文不被破坏的过程;同步是两个或多个器件协调时钟信号的过程。

主控制器向从控制器发送数据的过程简述(见图 7-2)。

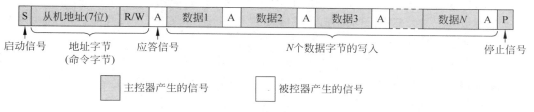

图 7-2　主控器向从控器发送数据的过程

(1) 主控器在检测到总线为"空闲状态"(即 SDA、SCL 线均为高电平)时,发送一个启动信号 S,开始一次通信。

(2) 主控器接着发送一个命令字节。该字节由 7 位的外围器件地址和 1 位读写控制位 R/W 组成(此时 R/W＝0)。

(3) 相对应的被控器收到命令字节后向主控器回馈应答信号 ACK(ACK＝0)。

(4) 主控器收到被控器的应答信号后开始发送第一个字节的数据。

(5) 被控器收到数据后返回一个应答信号 ACK。

(6) 主控器收到应答信号后再发送下一个字节的数据。

(7) 当主控器发送最后一个数据字节并收到被控器的 ACK 后,通过向被控器发送一个停止信号 P 结束本次通信并释放总线。被控器收到 P 信号后也退出与主控器之间的通信。

需要说明的是:①主控器通过发送地址码与对应的被控器建立了通信关系,而挂接在总线上的其他被控器虽然同时也收到了地址码,但因为与其自身的地址不相符合,因此提前退出与主控器的通信;②主控器的一次发送通信,其发送的数据数量不受限制,主控器是通过 P 信号通知发送的结束,被控器收到 P 信号后退出本次通信;③主机的每一次发送都是通过被控器的 ACK 信号了解被控器的接收状况,如果应答错误,则重发。

主控器接收数据的过程简述(见图 7-3):

(1) 主机发送启动信号后,接着发送命令字节(其中 R/W＝1)。

(2) 对应的被控器收到地址字节后,返回一个应答信号并向主控器发送数据。

(3) 主控器收到数据后向被控器反馈一个应答信号。

图 7-3　主控器接收数据的过程

（4）被控器收到应答信号后再向主控器发送下一个数据。

（5）当主机完成接收数据后，向被控器发送一个"非应答信号（ACK＝1）"，被控器收到 ACK＝1 的非应答信号后便停止发送。

（6）主机发送非应答信号后，再发送一个停止信号，释放总线结束通信。

主控器所接收数据的数量由主控器自身决定，当发送"非应答信号/A"时被控器便结束传送并释放总线（非应答信号的两个作用：前一个数据接收成功，停止从机的再次发送）。

EEPROM 芯片 24CXX 的地址码也简要说明一下。24CXX 的地址码是固定的，A2、A1、A0 分别是它三个引脚的电平，24CXX 理解起来有一个特别之处。24CXX 包括 01、02、04、08、16，容量关系刚好和数字一样，分别为 1KB、2KB、4KB、8KB、16KB，是 24C02 最为常见的容量，它的三个地址引脚 A2、A1、A0 都是可用的。A2、A1、A0 有 8 种电平组合，也就是说，可以有 8 个 24C02 挂载同一个 I2C 总线上。24C04 的 A0 引脚就失效了，只有 A2 和 A1 有用，四种组合，最多有 4 个 24C04 在总线上，以此类推。24C16 只能有一个在总线上。这是因为一片 24C16 等于 8 片 24C02 总线挂到一起。A2、A1、A0 虽然起不到设置作用，但使用地址码还是会访问到特定的区域。所以其实 24C 系列的代码是通用的。地址码也是固定的，就是 0xA0 0xA2 0xA4 0xA6 0xA8 0xAA 0xAC 0xAE。下面以 24C16 为范例说明简单的 I2C 使用。

I/O 设置在 I2C1 上，无 Remap，复用开漏输出。I2C 总线是挂 4.7kΩ 电阻上拉到高电平的。

首先初始化，参考代码如下：

```
// ----------------------- I2C -----------------------------
        /* Configure I2C1 pins: SCL and SDA */
GPIO_InitStruct.GPIO_Pin =    GPIO_Pin_6 | GPIO_Pin_7;
GPIO_InitStruct.GPIO_Speed = GPIO_Speed_50MHz;
GPIO_InitStruct.GPIO_Mode = GPIO_Mode_AF_OD; //复用开漏输出
GPIO_Init(GPIOB,&GPIO_InitStruct);

//I2C init 函数
void i2c_24c_init(I2C_TypeDef * I2Cx)
{
  I2C_InitTypeDef I2C_InitStruct;
  I2C_InitStruct.I2C_Mode = I2C_Mode_I2C;
//I2C模式
  I2C_InitStruct.I2C_Ack = I2C_Ack_Enable;
//ACK 在通信中常见,握手包,即发送到了一个数据,接收方回一句,我收到
  I2C_InitStruct.I2C_ClockSpeed = I2C_Speed;
  //I2C 速度设置,一般是 40kHz,400kHz 是极限,一般到不了那么高
```

```
I2C_InitStruct.I2C_DutyCycle = I2C_DutyCycle_2;
//快速模式下的选项,这里先不讲,100kHz 以上才有用
I2C_InitStruct.I2C_AcknowledgedAddress = I2C_AcknowledgedAddress_7bit;
//应答地址码长度为 7 位或者 10 位,24C 是 7 位
I2C_InitStruct.I2C_OwnAddress1 = I2C_Slave_Adress7;
//第一个设备自身地址
I2C_Cmd(I2Cx,ENABLE);
//开启 I2C
I2C_Init(I2Cx,&I2C_InitStruct);
//将刚刚的设置送进去
}
```

因 STM32 不止一个 I2C,所以用了上述模式,请详细看注释。

然后写 1 字节进 EEPROM,也就是 I2C 对应的地址区域,设置 I2C 发送模式。

```
void i2c_24c_byte_write(unsigned char Byte,unsigned char WriteAddr,unsigned int ByteToWrite,
unsigned char EE24cBlockSelect,I2C_TypeDef * I2Cx)
//参数解释:Byte 表示待写的字节,WriteAddr 表示预计写入的地址,ByteToWrite 表示写多少给字节,
//EE24cBlockSelect 表示选择 EEPROM 相应的区域(I2C 地址), * I2Cx,I2C 设备指针

{
        //启动 I2C
  I2C_GenerateSTART(I2Cx,ENABLE);
//打开 I2C,开始发送过程
  while(!I2C_CheckEvent(I2Cx,I2C_EVENT_MASTER_MODE_SELECT));
  //设置主机模式
I2C_Send7bitAddress(I2Cx,EE24cBlockSelect,I2C_Direction_Transmitter);
//发送片选,选择哪一片区域写。I2C 地址区分
//当获得 ACK,意味着设置成功
while(!I2C_CheckEvent(I2Cx,I2C_EVENT_MASTER_TRANSMITTER_MODE_SELECTED));
//等待这次选择过程完成
I2C_SendData(I2Cx,WriteAddr);
  //发送要写入的地址码
while(!I2C_CheckEvent(I2Cx,I2C_EVENT_MASTER_BYTE_TRANSMITTED)); //等待字节发送完成
I2C_SendData(I2Cx,Byte); //发送要写的字节
while(!I2C_CheckEvent(I2Cx,I2C_EVENT_MASTER_BYTE_TRANSMITTED)); //等待直到字节发送完成
I2C_GenerateSTOP(I2Cx,ENABLE);
  //发送过程结束
}
```

7.1.2　通用同步/异步收发器(USART)

在 STM32F103RBT6 芯片中,USART1 接口的通信速率可达 4.5Mb/s,其他接口的通信速率可达 2.25Mb/s。USART 接口具有硬件的 CTS 和 RTS 信号管理、支持 IrDA SIR ENDEC 传输编解码、兼容 ISO7816 的智能卡并提供 LIN 主/从功能。所有 USART 接口都可以使用 DMA 操作。

USART 作为一种标准接口在应用中十分常见,利用串口来帮助调试程序。这里简单介绍串口最基本、最常用的方法:全双工、异步通信方式。串口外设的架构图如图 7-4 所示。

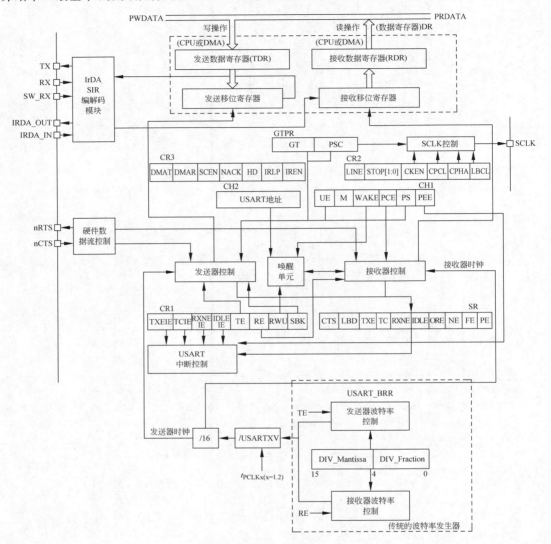

图 7-4　串口外设的架构图

看起来图 7-4 所示结构十分复杂,实际上对于软件开发人员来说,只需要大概了解串口发送的过程即可。

从下至上,可以看到串口外设主要由三部分组成,分别是波特率控制部分、收发控制部分和数据存储转移部分。

1. 波特率控制部分

波特率,即每秒传输的二进制位数,用 b/s(bps)表示,通过对时钟的控制可以改变波特率。在配置波特率时,向波特率寄存器 USART_BRR 写入参数,修改了串口时钟的分频值 USARTDIV。USART_BRR 寄存器包括两部分,分别是 DIV_Mantissa(USARTDIV 的整数部分)和 DIVFraction(USARTDIV 的小数部分),最终,计算公式为 USARTDIV=

DIV_Mantissa+(DIVFraction/16)。

USARTDIV 是对串口外设的时钟源进行分频的,对于 USART1,由于它是挂载在 APB2 总线上的,所以它的时钟源为 fPCLK2;而 USART2、3 挂载在 APB1 上,时钟源则为 fPCLK1,串口的时钟源经过 USARTDIV 分频后分别输出作为发送器时钟和接收器时钟,控制发送和接收的时序。

2. 收发控制部分

围绕着发送器和接收器控制部分,有许多寄存器:CR1、CR2、CR3、SR,即 USART 的三个控制寄存器(control register)和一个状态寄存器(status register)。通过向寄存器写入各种控制参数来控制发送和接收,如奇偶校验位、停止位等,还包括对 USART 中断的控制;串口的状态在任何时候都可以从状态寄存器中查询得到。具体的控制和状态检查,都是使用库函数来实现的,在此就不具体分析这些寄存器的位了。

3. 数据存储转移部分

收发控制器根据寄存器配置,对数据存储转移部分的移位寄存器进行控制。

当需要发送数据时,内核或 DMA 外设把数据从内存(变量)写入到发送数据寄存器 TDR 后,发送控制器将适时地自动把数据从 TDR 加载到发送移位寄存器,然后通过串口线 Tx,把数据一位一位地发送出去,在数据从 TDR 转移到移位寄存器时,会产生发送寄存器 TDR 已空事件 TXE,当数据从移位寄存器全部发送出去时,会产生数据发送完成事件 TC,这些事件可以在状态寄存器中查询到。而接收数据是一个逆过程,数据从串口线 Rx 一位一位地输入到接收移位寄存器,然后自动地转移到接收数据寄存器 RDR,最后用内核指令或 DMA 读取到内存(变量)中。

这里总结一下 STM32 固件库使用外围设备的主要思路。在 STM32 中,外围设备的配置思路比较固定。首先是使能相关的时钟,一是设备本身的时钟,另外,如果设备通过 I/O 口输出还需要使能 I/O 口的时钟;如果对应的 I/O 口是复用功能的 I/O 口,则还必须使能 AFIO 的时钟。

其次是配置 GPIO。GPIO 的各种属性由硬件手册的 AFIO 一章详细规定,较为简单。接着相关设备如果需要使用中断功能,则必须先配置中断优先级,后文详述。然后是配置外围设备的相关属性,视具体设备而定。如果设备需要使用中断方式,则必须使能相应设备的中断,之后需要使能相关设备。

最后如果设备使用了中断功能,则还需要填写相应的中断服务程序,在服务程序中进行相应操作。

以下是 USART 的配置步骤。

1. 打开时钟

由于 USART 的 TX、RX 和 AFIO 都挂在 APB2 桥上,因此采用固件库函数 RCC_APB2PeriphClockCmd()进行初始化。USARTx 需要分情况讨论,如果是 USART1,则挂在 APB2 桥上,因此采用 RCC_APB2PeriphClockCmd()进行初始化,其余的 USART2~USART5 均挂在 APB1 上。

2. GPIO 初始化

GPIO 的属性包含在结构体 GPIO_InitTypeDef,其中对于 TX 引脚,GPIO_Mode 字段设置为 GPIO_Mode_AF_PP(复用推挽输出),GPIO_Speed 切换速率设置为 GPIO_Speed_

50MHz；对于 RX 引脚，GPIO_Mode 字段设置为 GPIO_Mode_IN_FLOATING(浮空输入)，不需要设置切换速率。最后通过 GPIO_Init()使能 I/O 口。

TX 引脚设置的实例代码如下：

```
GPIO_InitStructure.GPIO_Mode = GPIO_Mode_AF_PP;
GPIO_InitStructure.GPIO_Pin = UART_TX_PIN[COM];
GPIO_InitStructure.GPIO_Speed = GPIO_Speed_50MHz;
GPIO_Init(UART_TX_PORT[COM],&GPIO_InitStructure);
```

3. 中断优先级的配置

STM32 即使只有一个中断的情况下，仍然需要配置优先级，其作用是使能某条中断的触发通道。STM32 的中断有至多两个层次，分别是先占优先级和从优先级，而整个优先级设置参数的长度为 4 位，因此需要首先划分先占优先级位数和从优先级位数，通过 NVIC_PriorityGroupConfig()实现。

特定设备的中断优先级 NVIC 的属性包含在结构体 NVIC_InitTypeDef 中，其中字段 NVIC_IRQChannel 包含了设备的中断向量，保存在启动代码中；字段 NVIC_IRQChannelPreemptionPriority 为主优先级，NVIC_IRQChannelSubPriority 为从优先级，取值的范围应根据位数划分的情况而定；最后是 NVIC_IRQChannelCmd 字段是否使能，一般定位 ENABLE。最后通过 NVIC_Init()来使能这一中断向量。实例代码如下：

```
/* 配置 NVIC 相应的优先级位 */
NVIC_PriorityGroupConfig(NVIC_PriorityGroup_0);

/* 使能 USARTy 中断 */
NVIC_InitStructure.NVIC_IRQChannel = UART4_IRQn;
NVIC_InitStructure.NVIC_IRQChannelSubPriority = 0;
NVIC_InitStructure.NVIC_IRQChannelCmd = ENABLE;
NVIC_Init(&NVIC_InitStructure);
```

4. 配置 USART 相关属性

通过结构体 USART_InitTypeDef 来确定。USART 模式下的字段如下：

(1) USART_BaudRate：波特率，视具体设备而定。

(2) USART_WordLength：字长。

(3) USART_StopBits：停止位。

(4) USART_Parity：校验方式。

(5) USART_HardwareFlowControl：硬件数据流控制。

(6) USART_Mode：单/双工。

通过 USART_Init()来设置。实例代码为：

```
USART_InitStructure.USART_BaudRate = 9600;
USART_InitStructure.USART_WordLength = USART_WordLength_8b;
USART_InitStructure.USART_StopBits = USART_StopBits_1;
```

```
USART_InitStructure.USART_Parity = USART_Parity_No;
USART_InitStructure.USART_HardwareFlowControl = USART_HardwareFlowControl_None;
USART_InitStructure.USART_Mode = USART_Mode_Rx|USART_Mode_Tx;
USART_Init(USART1,&USART_InitStructure);
```

最后还要使用 USART_Cmd()来启动设备 USART。

5. 中断的服务程序的设计

目前使用了 USART 的两个中断 USART_IT_RXNE(接收缓存补空中断)和 USART_IT_TXE(发送缓存空中断)。前一个中断保证了一旦有数据接收到就进入中断以接收特定长度的数据,后一个中断表示一旦发完一个数据就进入中断函数,保证连续发送一段数据。一个设备的所有中断都包含在一个中断服务程序中,因此必须首先分清楚这次响应的是哪一个中断,使用 USART_GetITStatus()函数确定; 采用 USART_ReceiveData()函数接收1字节数据,采用 USART_SendData()函数发送1字节数据,当关闭中断时采用 USART_ITConfig()使能响应的中断。

实例程序:

```
voidUART4_IRQHandler(void)
{
  if(USART_GetITStatus(UART4,USART_IT_RXNE) != RESET)
  {//当检测到中断读入
  RxBuffer[RxCounter++] = USART_ReceiveData(UART4);
  if (RxCounter == NbrOfDataToRead)
  {
    USART_ITConfig(UART4,USART_IT_RXNE,DISABLE); //禁止中断
  }
  }
  if(USART_GetITStatus(UART4,USART_IT_TXE) != RESET)
  {
  /* 向传送数据寄存器写1字节 */
  USART_SendData(UART4,TxBuffer[TxCounter++]);
  if(TxCounter == NbrOfDataToTransfer)
  {
   //TxCounter = 0;
   /* 禁止 USARTy 传送中断 */
   USART_ITConfig(UART4,USART_IT_TXE,DISABLE);
  }
  }
}
```

其中主程序与中断服务程序通过全局变量来通信,这也是一种多进程共享存储区的体现形式。

7.1.3　串行外设接口(SPI)

在 STM32F10XX 芯片上,SPI 接口在从或主模式下,全双工和半双工的通信速率可达 18Mb/s。3 位的预分频器可产生 8 种主模式频率,可配置成每帧 8 位或 16 位。硬件的

CRC 产生/校验支持基本的 SD 卡和 MMC 模式。所有的 SPI 接口都可以使用 DMA 操作。

简单介绍一下 SPI。它是一种串行同步通信协议,由一个主设备和一个或多个从设备组成,主设备启动一个与从设备的同步通信,从而完成数据的交换。该总线大量用在与 EEPROM、ADC、FRAM 和显示驱动器之类的慢速外设器件通信。STM32 的 SPI 可以工作在全双工、单向发送、单向接收模式,可以使用 DMA 方式操作。

SPI 通过 4 个引脚与外部器件相连:

(1) MISO:主设备输入/从设备输出引脚。该引脚在从模式下发送数据,在主模式下接收数据。

(2) MOSI:主设备输出/从设备输入引脚。该引脚在主模式下发送数据,在从模式下接收数据。

(3) SCK:串口时钟,作为主设备的输出,从设备的输入。

(4) NSS:从设备选择。这是一个可选的引脚,用来选择主/从设备。它的功能是作为"片选引脚",让主设备可以单独地与特定从设备通信,避免数据线上的冲突。从设备的 NSS 引脚可以由主设备的一个标准 I/O 引脚来驱动。一旦被使能(SSOE 位),NSS 引脚也可以作为输出引脚,并在 SPI 处于主模式时拉低。此时,所有的 SPI 设备,如果它们的 NSS 引脚连接到主设备的 NSS 引脚,则会检测到低电平,如果它们被设置为 NSS 硬件模式,就会自动进入从设备状态。当配置为主设备、NSS 配置为输入引脚(MSTR=1,SSOE=0)时,如果 NSS 被拉低,则这个 SPI 设备进入主模式失败状态,即 MSTR 位被自动清除,此设备进入从模式。

单主机和单从设备的应用如图 7-5 所示。

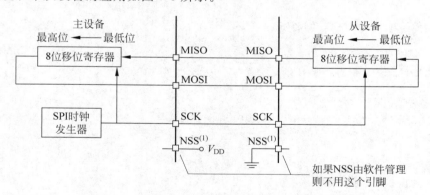

图 7-5 单主机和单从设备的应用

NSS 模式有两种:软件 NSS 模式和硬件 NSS 模式。

软件 NSS 模式:可以通过设置 SPI_CR1 寄存器的 SSM 位来使能这种模式,在这种模式下,NSS 引脚可以用作他用,而内部 NSS 信号电平可以通过写 SPI_CR1 的 SSI 位来驱动。

硬件 NSS 模式,分两种情况:

(1) NSS 输出被使能:当 STM32F10XX 工作为主 SPI,并且 NSS 输出已经通过 SPI_CR2 寄存器的 SSOE 位使能,这时 NSS 引脚被拉低,所有 NSS 引脚与这个主 SPI 的 NSS 引脚相连并配置为硬件 NSS 的 SPI 设备,将自动变成从 SPI 设备。

当一个 SPI 设备需要发送广播数据,它必须拉低 NSS 信号,以通知所有其他的设备它是主设备;如果它不能拉低 NSS,则意味着总线上有另外一个主设备在通信,这时将产生一个硬件失败错误(hard fault)。

(2) NSS 输出被关闭:允许操作于多主环境。

下面介绍时钟信号的极性(CPOL)和相位(CPHA)。

SPI_CR 寄存器的 CPOL 和 CPHA 位能够组合成四种可能的时序关系。先从 CPOL 开始,CPOL 时钟有效极性,有效当然是相对无效或空闲而言的。要传输 8 位数据,需要 8 个时钟脉冲。那么这 8 个脉冲之前和之后的时钟状态,可以认为是时钟空闲状态或无效状态。因为此时 SCK 没变化,保持在某个状态。

从图 7-6 中可以看出,为 0(CPOL=0)的 SCK 波形有(传输)8 个脉冲,而在脉冲传输前和完成后都保持在低电平状态。此时的状态就是时钟的空闲状态或无效状态,因为此时没有脉冲,也就不会有数据传输。

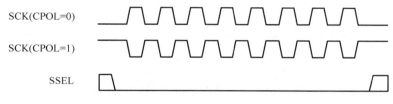

图 7-6　SCK 波形

同理得出,为 1(CPOL=1),即时钟的空闲状态或无效状态时,SCK 是保持高电平的。

SPI CPHA 相位,简单地讲,就是数据线上,MCU 或 Flash 外设对数据的采样时刻。数据线上可以分两种时刻:采样保持时刻和变化更新时刻,这两种时刻要对数据进行采样,当然就要求数据要保持稳定,不发生变化。

看一个例子。从图 7-7 中可以明显看出,SI 和 SO 都是在 SCLK 的第一个时钟边沿上升沿数据被采样捕获。在下一个时钟边沿结束并且数据发生变化。还可以看出,SCLK 在脉冲开始前是低电平的空闲状态或叫无效状态。

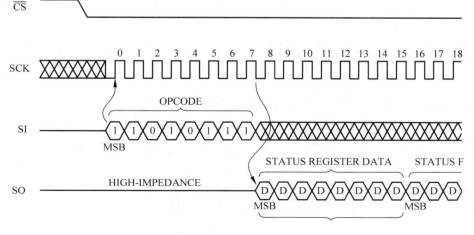

图 7-7　采样保持和变化更新时刻的例子

下面再看 SPI 的 CPHA＝1,以图 7-8 说明。

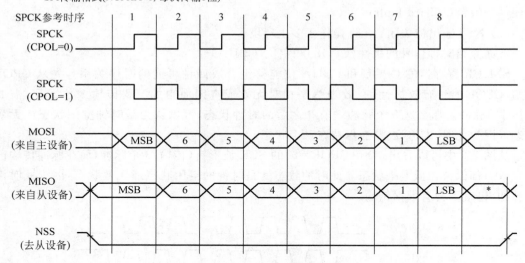

图 7-8   SPI 的 CPHA＝1 情况

从图 7-8 可以看出,CPOL＝0 时的 SPCK,它的时钟开始是低电平的(空闲时保持低电平),结束后也是低电平的。

由于 CPHA＝1,也就是说,MOSI 和 MISO 的数据保持和被采样捕获是在 SPCK 的第一个时钟边沿(起始边沿)数据被捕获。第二个时钟边沿改变(数据锁存)。

当 CPOL＝0 时,上升沿数据捕获,下降沿数据锁存(开始的 SPCK 是低电平空闲)。

当 CPOL＝1 时,下降沿数据捕获,上升沿数据锁存(开始的 SPCK 是高电平空闲)。

再看 CPHA＝0,见图 7-9。

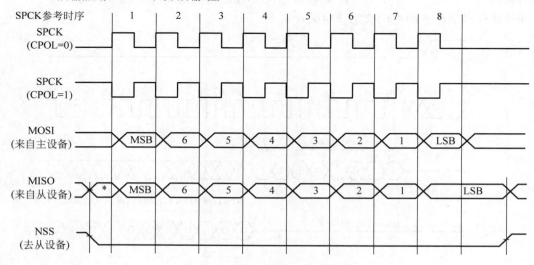

图 7-9   SPI 的 CPHA＝0 情况

从图 7-9 中可以看出,CPOL＝0 时的 SPCK,它的时钟开始是低电平的(空闲时保持低电平),结束后也是低电平的。

由于 CPHA＝0,也就是说,MOSI 和 MISO 在 SPCK 的第一个时钟边沿数据改变锁存(起始边沿)。第二个时钟边沿数据被捕获。

当 CPOL＝0 时,上升沿数据锁存,下降沿数据捕获(开始的 SPCK 是低电平空闲)。

当 CPOL＝1 时,下降沿数据锁存,上升沿数据捕获(开始的 SPCK 是高电平空闲)。

下面说明一下 STM32 SPI(见图 7-10)。

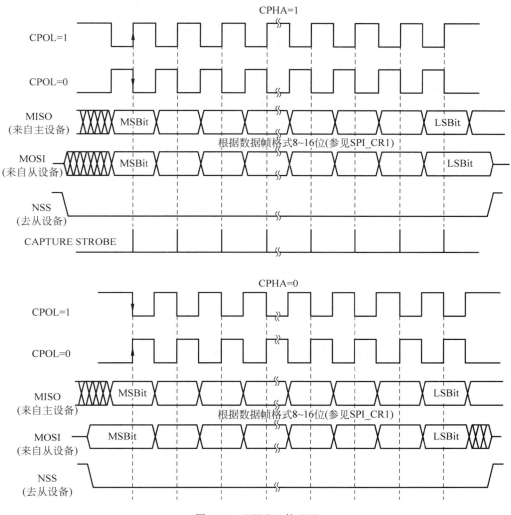

图 7-10 STM32 的 SPI

CPOL＝1 时,时钟脉冲的开始和结束都是无效状态、空闲的,CLK 是高电平的。此时时钟脉冲在空闲时的电平是高电平的,则 CPOL＝1;如果 CPOL 被复位,SCK 引脚在空闲状态保持高电平。

CPOL＝0 时,时钟脉冲的开始和结束都是无效状态、空闲的,CLK 是低电平的。此时,时钟脉冲在空闲时的电平是低电平的,则 CPOL＝0;如果 CPOL 被置位,SCK 引脚在空闲状态保持低电平。

CPHA=1 表示第二个边沿数据被采样捕获,第一个边沿被锁存数据改变时刻。

CPHA=0 表示第一个边沿数据被采样捕获,第二个边沿被锁存数据改变时刻。

SPI 通信示例:将 STM32 的 SPI 配置为全双工模式,且 NSS 使用的软件模式。在使用 SPI 前,下面的这个过程必须理解,即 STM32 作为主机发送 1 字节数据时,必然能接收到一个数据,至于数据是否处理,由程序操作。

下面说明全双工模式(BIDIMODE=0 并且 RXONLY=0)。

(1) 当写入数据到 SPI_DR 寄存器(发送缓冲器)后,传输开始。

(2) 在传送第一位数据的同时,数据被并行地从发送缓冲器传送到 8 位的移位寄存器中,然后按顺序被串行地移位送到 MOSI 引脚上。

(3) 与此同时,在 MISO 引脚上接收到的数据,按顺序被串行地移位进入 8 位的移位寄存器中,然后被并行地传送到 SPI_DR 寄存器(接收缓冲器)中。

注意:在主机模式下,发送和接收是同时进行的,所以发送了一个数据,也就能接收到一个数据,而 STM32 内部硬件是这个过程的支撑。

STM32F103 SPI 接口配置的初始化函数主要包含以下步骤:

(1) SPI1 在没有重映射的条件下 NSS→PA4、SCK→PA5、MISO→PA6、MOSI→PA7,由于 STM32 要处于主机模式且用软件模式,所以 NSS 不用。

(2) 初始化 GPIO 引脚和 SPI 的参数设置:建立 SPI 和 GPIO 的初始化结构体。

(3) 在配置 GPIO 的 PA5、PA6、PA7 时将其配置为复用输出,在复用功能下面,输入/输出的方向完全由内部控制,不需要程序处理。

(4) 配置 Flash 的片选信号线 PA2,并设为高电平,也就是不选中 Flash。

(5) 打开 GPIO 和 SPI1 的时钟。

(6) 配置 SPI1 的参数 SPI 的方向、工作模式、数据帧格式、CPOL、CPHA、NSS 软件还是硬件、SPI 时钟、数据的传输位和 CRC。

(7) 利用 SPI 结构体初始化函数初始化 SPI 结构体,并使能 SPI1。

(8) 启动传输发送一个 0xff,其实也可以不发。

以下是 SPI 模块的初始化代码,配置成主机模式,访问 SD Card/W25X16/24L01/JF24C。

```
void SPIx_Init(void)
{
  //(2)
  SPI_InitTypeDef   SPI_InitStructure;
  GPIO_InitTypeDef GPIO_InitStructure;
  //(3)
  GPIO_InitStructure.GPIO_Pin = GPIO_Pin_5 | GPIO_Pin_6 | GPIO_Pin_7;
  GPIO_InitStructure.GPIO_Mode = GPIO_Mode_AF_PP;       //复用推挽输出
  GPIO_InitStructure.GPIO_Speed = GPIO_Speed_50MHz;
  GPIO_Init(GPIOA,&GPIO_InitStructure);
  //(4)
  GPIO_InitStructure.GPIO_Pin = GPIO_Pin_2;             //SPI CS
  GPIO_InitStructure.GPIO_Mode = GPIO_Mode_Out_PP;      //通用推挽输出
  GPIO_Init(GPIOA,&GPIO_InitStructure);
```

```
    GPIO_SetBits(GPIOA,GPIO_Pin_2);
    //(5)
    RCC_APB2PeriphClockCmd(RCC_APB2Periph_GPIOA|RCC_APB2Periph_SPI1,ENABLE);
    //(6)
    SPI_InitStructure.SPI_Direction = SPI_Direction_2Lines_FullDuplex;
                        //设置SPI单向或者双向的数据模式：SPI设置为双线双向全双工
    SPI_InitStructure.SPI_Mode = SPI_Mode_Master;      //设置SPI工作模式：设置为主SPI
    SPI_InitStructure.SPI_DataSize = SPI_DataSize_8b;
                        //设置SPI的数据大小：SPI发送接收8位帧结构
    SPI_InitStructure.SPI_CPOL = SPI_CPOL_High;     //选择了串行时钟的稳态：时钟悬空高
    SPI_InitStructure.SPI_CPHA = SPI_CPHA_2Edge;   //数据捕获于第二个时钟沿
    SPI_InitStructure.SPI_NSS = SPI_NSS_Soft;
            //NSS信号由硬件(NSS引脚)还是软件(使用SSI位)管理：内部NSS信号有SSI位控制
    SPI_InitStructure.SPI_BaudRatePrescaler = SPI_BaudRatePrescaler_256;
                        //定义波特率预分频的值：波特率预分频值为256
    SPI_InitStructure.SPI_FirstBit = SPI_FirstBit_MSB;
                        //指定数据传输从MSB位还是LSB位开始：数据传输从MSB位开始
    SPI_InitStructure.SPI_CRCPolynomial = 7;        //CRC值计算的多项式
    SPI_Init(SPI1,&SPI_InitStructure);
                        //根据SPI_InitStruct中指定的参数初始化外设SPIx寄存器
    //(7)
    SPI_Cmd(SPI1,ENABLE); //使能SPI外设
    SPIx_ReadWriteByte(0xff); //启动传输
}
```

STM32F103 SPI读写字节函数主要完成以下功能：由于主机SPI通信时，在发送和接收时是同时进行的，即发送完了1字节的数据后，也应当接收到1字节的数据。下面是该函数的实现步骤：

(1) STM32先等待已发送的数据是否发送完成，如果没有发送完成，并且进入循环200次，则表示发送错误，返回收到的值为0。

(2) 如果发送完成，STM32从SPI1总线发送TxData。

(3) STM32再等待接收的数据是否接收完成，如果没有接收完成，并且进入循环200次，则表示接收错误，则返回值0。

(4) 如果接收完成，则返回STM32读取的最新的数据。

下面是代码示例：

```
u8 SPIx_ReadWriteByte(u8 TxData)
{
  u8 retry = 0;
  while (SPI_I2S_GetFlagStatus(SPI1,SPI_I2S_FLAG_TXE) == RESET)
                        //检查指定的SPI标志位设置与否：发送缓存空标志位
  {
  retry++;
  if(retry > 200)
   return 0;
  }
```

```
SPI_I2S_SendData(SPI1,TxData);          //通过外设 SPIx 发送一个数据
retry = 0;
while (SPI_I2S_GetFlagStatus(SPI1,SPI_I2S_FLAG_RXNE) == RESET);
                                //检查指定的 SPI 标志位设置与否：接收缓存非空标志位
{
retry++;
if(retry > 200)return 0;
}
return SPI_I2S_ReceiveData(SPI1);       //返回通过 SPIx 最近接收的数据
}
```

此函数的含义就是在发送数据之前,判断是否发送完成。在接收之前判断,是否接收完成。有了以上的 SPI 配置函数,就可以操作 SPI 的器件。

7.1.4　控制器区域网络(CAN)

在这里只介绍基础的 CAN 总线知识和 STM32 的 CAN。

CAN 是 conroller area network 的缩写,是 ISO * 1 国标标准化的串行通信协议。在汽车工业电子系统化过程中,CAN 是为了解决"减少线束增加","通过多个 LAN,进行大量数据的高速通信"的需要,1986 年德国电气商博世公司开发出面向汽车的 CAN 通信协议。此后,CAN 通过 ISO 11898 及 ISO 11519 进行了标准化,现在在欧洲已是汽车网络的标准协议。

CAN 的高性能和可靠性已被认同,并被广泛地应用于工业自动化、船舶、医疗设备、工业设备等方面。

CAN 总线内部结构如图 7-11 所示。

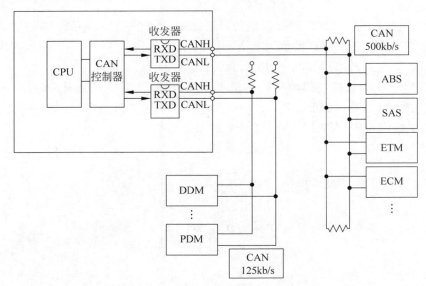

图 7-11　CAN 总线内部结构

CAN 总线有两种方式,一种是 MCU 与 CAN 控制器是一体的,如图 7-11 所示,再外接 CAN 接收芯片,STM32 就属于这一种,是 MCU 和 CAN 控制器一体的。外接的 CAN 收发

器相当于 TTL 的 MCU 外接的 232 芯片和 485 芯片。另一种是 MCU 中没有 CAN Controller，需要外扩 CAN 控制器芯片，然后再外接收发器。

通过收发器可以组网，有两种方式组网。环路模式，两头加 120Ω 匹配电阻，适合 500kb/s 到 1Mb/s 的通信速度；另一种是开环，端头加 120Ω 电阻，适合 125kb/s 通信。

CAN 总线特点：

(1) 多主控制。在总线空闲时，所有的单元都可以发送消息（多主控制）。最先访问总线的单元可以获得发送权。多个单元同时开始发送时，发送高优先级 ID 消息的单元可获得发送权，所有的消息都可以固定的格式发送。CAN 报文都是有固定格式规定的。

(2) 系统的柔软性。与总线相连的单元没有类似于"地址"的信息。因此在总线上增加单元时，连接在总线上的其他单元的软硬件和应用层都不需要改变。

(3) 通信速度。根据整个网络的规模，可设定适合的通信速度。在同一个网络中，所有结点必须设定成统一的通信速度。即使有一个结点的通信速度与其他的不一样，此结点也可以输出错误信号，妨碍整个网络的通信。不同网络间则可以有不同的通信速度。

(4) 远程数据请求。可通过发送远程帧，请求其他单元发送数据。远程帧只有命令没有数据，向接收的单元索取数据。

(5) 错误检查功能、错误通知功能、错误恢复功能。所有的单元都可以检测错误（错误检测功能）。检测出错误的单元会立即同时发送通知其他所有单元（错误通知功能）。正在发送消息的单元一旦检测出错误，会强制结束当前的发送。强制结束发送的单元会不断反复地重新发送此消息直到成功发送为止（错误恢复功能）。

(6) 故障封闭。CAN 可以判断出错误的类型是总线上暂时的数据错误（如外部噪声等）还是持续的数据错误（如单元内部故障、驱动器故障、断线等）。由此功能，当总线上发生持续数据错误时，可将引起此故障的单元从总线上隔离出去。

(7) 连接。CAN 总线是可同时连接多个单元的总线。可连接的单元总数理论上是没有限制的。但实际上可连接的单元数增加；提高通信速度，则可连接的单元数减少。

STM32 bxCAN 主要特点：支持 CAN 协议 2.0A 和 2.0B（主动模式），位速率高达 1Mb/s（通信距离大概 50m），支持时间触发通信功能。

发送：具有 3 个发送邮箱（三个发送缓存区），发送报文的邮箱优先级可软件配置。记录发送 SOF 时刻的时间戳（与时间触发有关）。

接收：3 级深度的 2 个接收 FIFO；可变的过滤器组① 在互联型产品中，CAN1 和 CAN2 分享 28 个过滤器组；②其他 STM32F103XX 系列产品中有 14 个可调节的滤波器组（过滤器组是过滤 ID 的）；标识符列表（也是用来过滤）；记录接收 SOF 时刻的时间戳。

时间触发通信模式：禁止自动重传模式；16 位自由运行定时器；可在最后 2 个数据字节发送时间戳管理；中断可屏蔽。

下面介绍 CAN 的几个重点。

1. 隐性位与显性位

CAN 总线为"隐性"（逻辑 1）时，CAN_H 和 CAN_L 的电平为 2.5V（电位差为 0V）；CAN 总线通信为 2 条线（CAN_H 和 CAN_L），因为电位差为 0V，各个单元不共地，所以抗干扰强。

CAN 总线为"显性"（逻辑 0）时，CAN_H 和 CAN_L 的电平分别是 3.5V 和 1.5V（电位差为 2V)。

2. 数据帧类型(常用类型)

1) 标准数据帧和扩展数据帧(见图 7-12 和图 7-13)

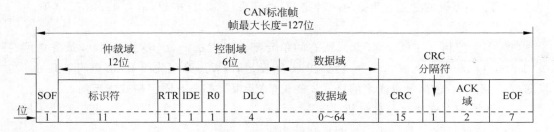

图 7-12   标准数据帧

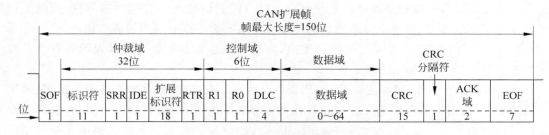

图 7-13   扩展数据帧

数据帧:将数据从发送器传输到接收器。

CAN 总线数据帧主要由仲裁域、数据域、CRC 校验域以及帧结束域构成。各域主要情况如下。

(1) 仲裁域:定义消息的优先级(ID 越小优先级越高);标准数据帧 11 位标识符 ID;扩展帧 29 位标识符 ID。

(2) 数据域:每个数据帧携带数据最多 8 字节的数据(数据大小范围为 0~8 字节)。允许不包含数据帧的帧存在(数据长度为 0 字节)。

(3) CRC 校验域:包含循环冗余校验位。

(4) 帧结束域:帧结束。

(5) SOF:帧起始位。

(6) 标识符 ID(标准数据帧 11 位,扩展数据帧 29 位):定义报文优先级,优先级的 ID 数字越小优先级越高;发送顺序是 D10~D0;扩展数据帧 29 位标识符包含 11 位基本 ID 和 18 位扩展 ID 帧,基本 ID 定义了扩展帧的基本优先权。

(7) RTR:远程发送请求位,数据帧中为显性,远程帧中为隐性。

(8) SRR:替代远程请求位(在扩展格式中在 RTR 位置,所以得此名),属扩展格式,它是在扩展帧的标准帧 RTR 位的位置,因而替代标准帧的 RTR 位。当标准帧与扩展帧发生冲突且扩展帧的基本 ID 同标准帧的标识符一样时,此位可判断出标准帧优先于扩展帧。

(9) IDE:标识符扩展位,标准帧—显性,扩展帧—隐性,表示该帧为标准帧还是扩展帧。

(10) R1、R0:保留位。有时也写成 RB1,RB0。

(11) DLC:数据长度代码,如图 7-14 所示,包括图中的 DLC3、DLC2、DLC1、DLC0。其

中,D 表示显性电平;R 表示隐性电平。

数据字节数	数据长度码			
	DLC3	DLC2	DLC1	DLC0
0	D	D	D	D
1	D	D	D	R
2	D	D	R	D
3	D	D	R	R
4	D	R	D	D
5	D	R	D	R
6	D	R	R	D
7	D	R	R	R
8	R	D	D	D

图 7-14 CAN 总线控制域构成

(12) CRC:由 CAN 控制器自动填充。

(13) ACK:2 位,由 CAN 控制器自动填充,包括应答位和应答界定位。应答界定位紧邻帧结束。在应答域中,发送器发出两个隐性位,当接收器正确地接收到有效的报文,该接收器就会在应答位期间,用一显性位填充应答位作为回应,而应答界定位一直保持为隐性。

(14) EOF:表示一个帧结束,由 7 个隐性位组成,由 CAN 控制器自动填充。

2) 标准远程帧和扩展远程帧

远程帧:总线单元发出远程帧,请求发送具有同一标识的数据帧。

作为数据帧接收的站,可以借助于发送远程帧启动资源节点传送数据。远程帧分标准远程帧和扩展格式,与数据帧组成差不多,如图 7-15 所示,不同处在于没有数据部分,RTR 位是隐性。

3. 位时间特性

为了掌握如何设置 STM32 CAN 的波特率,先了解一下位时间特性。

CAN 总线上的所有器件都必须使用相同的比特率。然而,并非所有器件都要求有相同的主振荡器时钟频率。对于采用不同时钟频率的器件,应通过适当设置波特率预分频比和每一时间段中的时间单元的数量来对比特率进行调整。

位时间特性逻辑通过采样来监视串行的 CAN 总线,并且通过跟帧起始位的边沿进行同步,及通过跟后面的边沿进行重新同步,来调整其采样点。

它的操作可以简单解释为如下所述,把名义上的每位的时间分为 3 段(见图 7-16):

(1) 同步段(SYNC_SEG):同步段为首段,用于同步 CAN 总线上的各个节点。输入信号的跳变沿就发生在同步段,该段持续时间为 1 个时间单元。

(2) 时间段 1(BS1):定义采样点的位置。其值可以编程为 1～16 个时间单元,但也可

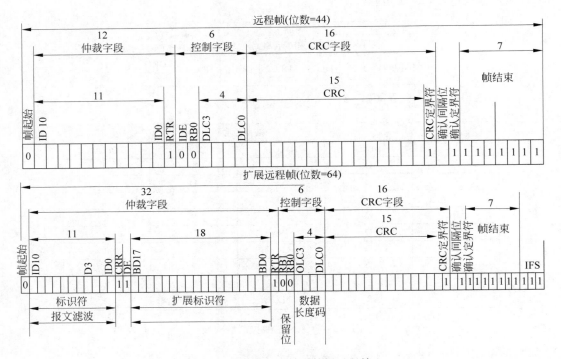

图 7-15   标准远程帧和扩展远程帧

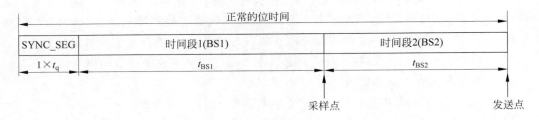

图 7-16   正常位的时间

以被自动延长,以补偿因为网络中不同节点的频率差异所造成的相位的正向漂移。

(3) 时间段 2(BS2):定义发送点的位置。其值可以编程为 1~8 个时间单元,但也可以被自动缩短以补偿相位的负向漂移。

重新同步跳跃宽度(SJW)定义了在每位中可以延长或缩短多少个时间单元的上限。其值可以编程为 1~4 个时间单元。

有效跳变被定义为,当 bxCAN 自己没有发送隐性位时,从显性位到隐性位的第 1 次转变。

如果在时间段 1(BS1)而不是在同步段(SYNC_SEG)检测到有效跳变,那么 BS1 的时间就被延长最多 SJW 那么长,从而采样点被延迟了。相反,如果在时间段 2(BS2)而不是在 SYNC_SEG 检测到有效跳变,那么 BS2 的时间就被缩短最多 SJW 那么长,从而采样点被提前了。为了避免软件的编程错误,对位时间特性寄存器(CAN_BTR)的设置,只能在 bxCAN 处于初始化状态下进行。

CAN 波特率计算公式：

$$波特率 = \frac{1}{正常的位时间}$$

$$正常的位时间 = 1 \times t_q + t_{BS1} + t_{BS2}$$

其中

$$t_q = (BRP[9:0] + 1) * t_{PCLK}$$

$$t_{BS1} == t_q * (TS1[3:0] + 1)$$

$$t_{BS2} == t_q * (TS2[2:0] + 1)$$

t_q 表示 1 个时间单元；t_{PCLK}＝APB 时钟的时间周期；BRP[9:0]、TS1[3:0]和 TS2[2:0]在 CAN_BTR 寄存器中定义，总体配置保持；$t_{BS1} \geqslant t_{BS2}$，$t_{BS2} \geqslant 1$ 个 CAN 时钟周期，$t_{BS2} \geqslant 2t_{SJW}$。

4. 屏蔽滤波

1）屏蔽模式

在屏蔽模式下，标识符寄存器和屏蔽寄存器一起，指定报文标识符的任何一位，应该按照"必须匹配"或"不用关心"处理，即屏蔽位。

2）标识符列表模式

在标识符列表模式下，屏蔽寄存器也被当作标识符寄存器用。因此，不是采用一个标识符加一个屏蔽位的方式。而是使用两个标识符寄存器。接收报文标识符的每一位都必须与过滤器标识符相同。

为了过滤出一组标识符，应该设置过滤组工作在屏蔽位模式，为了过滤出一个标识符，应该设置过滤组工作在标识符列表模式。

图 7-17 所示为过滤器组位宽设置—寄存器组织，更多关于寄存器的叙述可以查看芯片参考手册相关章节。

5. bxCAN 工作模式

bxCAN（见图 7-18）有三个主要的工作模式：初始化、正常和睡眠模式。还包括测试模式、静默模式、环回模式、环回静默模式。

下面通过代码介绍一下 CAN 总线的使用配置。其中禁止了很多不用的功能。硬件连接与 232、485 一样，用 USB 转 CAN 总线适配器连接。

```
void CAN_Configuration(void)
{
    CAN_InitTypeDef CAN_InitStructure;
    CAN_FilterInitTypeDef CAN_FilterInitStructure;

    CAN_DeInit(CAN1);
    CAN_StructInit(&CAN_InitStructure);

    //关闭时间触发模式
    CAN_InitStructure.CAN_TTCM = DISABLE;
    //关闭自动离线管理
    CAN_InitStructure.CAN_ABOM = DISABLE;
    //关闭自动唤醒模式
    CAN_InitStructure.CAN_AWUM = DISABLE;
    //禁止报文自动重传
    CAN_InitStructure.CAN_NART = DISABLE;
    //FIFO 溢出时报文覆盖源文件
```

图 7-17　过滤器组位宽设置—寄存器组织

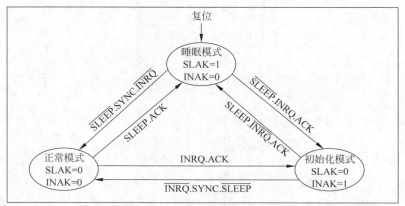

注：① ACK=硬件响应睡眠或初始化请求，而对CAN_MSR寄存器的INAK或SLAK位置1的状态
　　② SYNC=bxCAN等待CAN总线变为空闲的状态，即在CANRX引脚上检测到连续的11个隐性位

图 7-18　bxCAN 工作模式

```
    CAN_InitStructure.CAN_RFLM = DISABLE;
    //报文发送优先级取决于 ID 号
    CAN_InitStructure.CAN_TXFP = DISABLE;
    //正常的工作模式
    CAN_InitStructure.CAN_Mode = CAN_Mode_Normal;

    //设置 CAN 波特率 125 kb/s

    CAN_InitStructure.CAN_SJW = CAN_SJW_1tq;
    CAN_InitStructure.CAN_BS1 = CAN_BS1_3tq;
    CAN_InitStructure.CAN_BS2 = CAN_BS2_2tq;
    CAN_InitStructure.CAN_Prescaler = 48;


    //初始化 CAN
    CAN_Init(CAN1,&CAN_InitStructure);

    //屏蔽滤波
    CAN_FilterInitStructure.CAN_FilterNumber = 0;
    //屏蔽模式
    CAN_FilterInitStructure.CAN_FilterMode = CAN_FilterMode_IdMask;
    //32 位寄存器
    CAN_FilterInitStructure.CAN_FilterScale = CAN_FilterScale_32bit;
    //高 16 位
    CAN_FilterInitStructure.CAN_FilterIdHigh = 0x0F00;
    //低 16 位
    CAN_FilterInitStructure.CAN_FilterIdLow = 0;
    //屏蔽位高 16 位
    CAN_FilterInitStructure.CAN_FilterMaskIdHigh = 0x0F00;
    //屏蔽位低 16 位
    CAN_FilterInitStructure.CAN_FilterMaskIdLow = 0;
    //过滤器 0 关联到 FIFO0
    CAN_FilterInitStructure.CAN_FilterFIFOAssignment = CAN_Filter_FIFO0;
    //使能过滤器
    CAN_FilterInitStructure.CAN_FilterActivation = ENABLE;
    //初始化过滤器
    CAN_FilterInit(&CAN_FilterInitStructure);

    //使能接收中断
    CAN_ITConfig(CAN1,CAN_IT_FMP0,ENABLE);
}
```

中断处理函数的代码示例：

```
void USB_LP_CAN1_RX0_IRQHandler(void)
{
    CanRxMsg RxMessage;
    CanTxMsg TxMessage;

    //CAN 接收
    CAN_Receive(CAN1,CAN_FIFO0,&RxMessage);
```

```
        TxMessage.StdId = RxMessage.StdId;
        TxMessage.ExtId = RxMessage.ExtId;
        TxMessage.IDE = RxMessage.IDE;
        TxMessage.RTR = RxMessage.RTR;
        TxMessage.DLC = RxMessage.DLC;

        TxMessage.Data[0] = RxMessage.Data[0];
        TxMessage.Data[1] = RxMessage.Data[1];
        TxMessage.Data[2] = RxMessage.Data[2];
        TxMessage.Data[3] = RxMessage.Data[3];
        TxMessage.Data[4] = RxMessage.Data[4];
        TxMessage.Data[5] = RxMessage.Data[5];
        TxMessage.Data[6] = RxMessage.Data[6];
        TxMessage.Data[7] = RxMessage.Data[7];
        //CAN 发送数据
        CAN_Transmit(CAN1,&TxMessage);
    }
```

7.1.5 通用串行总线(USB)

STM32F103XX 增强系列产品,内嵌一个兼容全速 USB 的设备控制器,遵循全速 USB 设备(12Mb/s)标准,端点可由软件配置,具有待机/唤醒功能。USB 专用的 48MHz 时钟由内部主 PLL 直接产生(时钟源必须是一个 HSE 晶振荡器)。

1. USB 基本概念

端点是位于 USB 设备或主机上的一个数据缓冲区,用来存放和发送 USB 的各种数据,每一个端点都有唯一的确定地址,有不同的传输特性(如输入端点、输出端点、配置端点、批量传输端点)。

帧是一个时间概念,在 USB 中,一帧就是 1ms,它是一个独立的单元,包含了一系列总线动作,USB 将 1 帧分为好几份,每一份中是一个 USB 的传输动作。

设备到主机为上行,主机到设备为下行。

2. USB 工作原理简介

一条 USB 的传输线分别由地线、电源线、D+、D-四条线构成,D+和 D-是差分输入线,它使用的是 3.3V 的电压(注意,与 CMOS 的 5V 电平不同),而电源线和地线可向设备提供 5V 电压,最大电流为 500mA(可以在编程中设置)。

数据在 USB 线里传送是由低位到高位发送的。

USB 的编码方案是采用不归零取反来传输数据,当传输线上的差分数据输入 0 时就取反,输入 1 时就保持原值。为了确保信号发送的准确性,当在 USB 总线上发送一个包时,传输设备就要进行位插入操作(即在数据流中每连续 6 个 1 后就插入一个 0),从而强迫 NRZI 码发生变化。

USB 的数据格式是由二进制数字串构成的。首先数字串构成域(有 7 种),域再构成包,包再构成事务(IN、OUT、SETUP),事务最后构成传输(中断传输、并行传输、批量传输和控制传输)。

下面简单介绍一下域、包、事务、传输,请注意它们之间的关系。

1）域

域是 USB 数据最小的单位,由若干位组成(至于是多少位由具体的域决定)。域可分为七个类型:

(1) 同步域(SYNC),8 位,值固定为 0000 0001,用于本地时钟与输入同步。

(2) 标识域(PID),由 4 位标识符+4 位标识符反码构成,表明包的类型和格式,这是一个很重要的部分。这里可以计算出,USB 的标识码有 16 种,具体分类后面会详细介绍。

(3) 地址域(ADDR):7 位地址,代表了设备在主机上的地址,地址 000 0000 被命名为零地址,是任何一个设备第一次连接到主机时,在被主机配置、枚举前的默认地址。由此可以知道,为什么一个 USB 主机只能接 127 个设备的原因。

(4) 端点域(ENDP),4 位,由此可知,一个 USB 设备有的端点数量最大为 16 个。

(5) 帧号域(FRAM),11 位,每一个帧都有一个特定的帧号,帧号域最大容量 0x800,对于同步传输有重要意义(同步传输为 4 种传输类型之一,请看后面的介绍)。

(6) 数据域(DATA):长度为 0~1023 字节,在不同的传输类型中,数据域的长度各不相同,但必须为整数个字节的长度。

(7) 校验域(CRC):对令牌包和数据包(对于包的分类请看后面的介绍)中非 PID 域进行校验的一种方法,CRC 校验在通信中应用很广泛,是一种很好的校验方法。至于具体的校验方法这里就不多说,请查阅相关资料,只需注意 CRC 码的除法是模 2 运算,不同于十进制中的除法。

2）包

由域构成的包有 4 种类型,分别是令牌包、数据包、握手包和特殊包。前三种是重要的包,不同的包的域结构不同。

(1) 令牌包:可分为输入包、输出包、设置包和帧起始包(注意这里的输入包是用于设置输入命令的,输出包是用来设置输出命令的,而不是放数据的)。其中,输入包、输出包和设置包的格式都是一样的:

SYNC+PID+ADDR+ENDP+CRC5(五位的校验码)　(令牌包)

帧起始包的格式:

SYNC+PID+11 位 FRAM+CRC5(五位的校验码)　(帧起始包)

(2) 数据包:分为 DATA0 包和 DATA1 包,当 USB 发送数据时,若一次发送的数据长度大于相应端点的容量,就需要把数据包分为好几个包,分批发送,DATA0 包和 DATA1 包交替发送,即如果第一个数据包是 DATA0,那第二个数据包就是 DATA1。但也有例外情况,在同步传输中(四类传输类型之一),所有的数据包都为 DATA0。格式如下:

SYNC+PID+0~1023 字节+CRC16　　(数据包)

(3) 握手包:结构最为简单的包。格式如下:

SYNC+PID　(握手包)

3）事务

事务包括 IN 事务、OUT 事务和 SETUP 事务,每一种事务都由令牌包、数据包、握手包三个阶段构成,这里用阶段的意思是因为这些包的发送是有一定的时间先后顺序的。事务的三个阶段如下:

(1) 令牌包阶段:启动一个输入、输出或设置的事务。

（2）数据包阶段：按输入、输出发送相应的数据。

（3）握手包阶段：返回数据接收情况，在同步传输的 IN 和 OUT 事务中没有这个阶段，这比较特殊。

事务的三种类型如下（以下按三个阶段来说明一个事务）。

（1）IN 事务：

令牌包阶段——主机发送一个 PID 为 IN 的输入包给设备，通知设备要往主机发送数据。

数据包阶段——设备根据情况会做出三种反应（要注意：数据包阶段也不总是传送数据的，根据传输情况还会提前进入握手包阶段）。

① 设备端点正常，设备往主机里面发出数据包（DATA0 与 DATA1 交替）。

② 设备正在忙，无法往主机发出数据包就发送 NAK 无效包，IN 事务提前结束，到了下一个 IN 事务才继续。

③ 相应设备端点被禁止，发送错误包 STALL 包，事务也就提前结束了，总线进入空闲状态。

握手包阶段——主机正确接收到数据之后就会向设备发送 ACK 包。

（2）OUT 事务：

令牌包阶段——主机发送一个 PID 为 OUT 的输出包给设备，通知设备要接收数据。

数据包阶段——比较简单，就是主机会给设备送数据，DATA0 与 DATA1 交替。

握手包阶段——设备根据情况会做出三种反应：

① 设备端点接收正确，设备向主机返回 ACK，通知主机可以发送新的数据，如果数据包发生了 CRC 校验错误，将不返回任何握手信息。

② 设备正在忙，无法往主机发出数据包就发送 NAK 无效包，通知主机再次发送数据。

③ 相应设备端点被禁止，发送错误包 STALL 包，事务提前结束，总线直接进入空闲状态。

（3）SETUP 事务：

令牌包阶段——主机发送一个 PID 为 SETUP 的输出包给设备，通知设备要接收数据。

数据包阶段——比较简单，就是主机会给设备送数据。注意，这里只有一个固定为 8 个字节的 DATA0 包，这 8 个字节的内容就是标准的 USB 设备请求命令（共有 11 条）。

握手包阶段——设备接收到主机的命令信息后，返回 ACK，此后总线进入空闲状态，并准备下一个传输（在 SETUP 事务后通常是一个 IN 或 OUT 事务构成的传输）。

4）传输

传输由 OUT、IN、SETUP 三者之中的事务构成，传输有 4 种类型：中断传输、批量传输、同步传输、控制传输。其中，中断传输和批量传输的结构一样，同步传输有最简单的结构，而控制传输是最重要的也是最复杂的传输。

（1）中断传输：由 OUT 事务和 IN 事务构成，用于键盘、鼠标等 HID 设备的数据传输。

（2）批量传输：由 OUT 事务和 IN 事务构成，用于大容量数据传输，没有固定的传输速率，也不占用带宽，当总线忙时，USB 会优先进行其他类型的数据传输，而暂时停止批量转输。

（3）同步传输：由 OUT 事务和 IN 事务构成，有两个特殊地方，第一，在同步传输的 IN

和 OUT 事务中是没有返回包阶段的；第二，在数据包阶段所有的数据包都为 DATA0。

（4）控制传输：最重要的也是最复杂的传输，控制传输由三个阶段构成（初始设置阶段、可选数据阶段、状态信息步骤），其中的每一个阶段可以看成一个新的传输，也就是说，控制传输其实是由三个传输构成的，用来在 USB 设备初次连接到主机之后，主机通过控制传输来交换信息、设备地址和读取设备的描述符，使得主机识别设备，并安装相应的驱动程序。这是每一个 USB 开发者都要关心的问题。

① 初始设置步骤：就是一个由 SET 事务构成的传输。

② 可选数据步骤：就是一个由 IN 或 OUT 事务构成的传输，这个步骤是可选的，要看初始设置步骤有没有要求读/写数据（由 SET 事务的数据包阶段发送的标准请求命令决定）。

③ 状态信息步骤：顾名思义，这个步骤就是要获取状态信息，由 IN 或 OUT 事务构成的传输，但是要注意这里的 IN 和 OUT 事务与之前的 IN 和 OUT 事务有两点不同：

第一，传输方向相反。通常 IN 表示设备往主机送数据，OUT 表示主机往设备送数据。在这里，IN 表示主机往设备送数据，而 OUT 表示设备往主机送数据，这是为了和可选数据步骤相结合。

第二，在这个步骤里，数据包阶段的数据包都是 0 长度的，即 SYNC＋PID＋CRC16。除了以上两点有区别外，其他的一样。

思考：这些传输模式在实际操作中应如何通过什么方式去设置？

5）标识码

标识码由 4 位数据组成，因此可以表示 16 种标识码，在 USB1.1 规范里面，只用了 10 种标识码，USB2.0 使用了 16 种标识码。标识码的作用是说明包的属性，标识码是和包联系在一起的。首先简单介绍一下数据包的类型，数据包分为令牌包、数据包、握手包和特殊包：

令牌包：

0x01 输出（OUT）启动一个方向为主机到设备的传输，并包含了设备地址和标号。

0x09 输入（IN）启动一个方向为设备到主机的传输，并包含了设备地址和标号。

0x05 帧起始（SOF）表示一个帧的开始，并且包含了相应的帧号。

0x0d 设置（SETUP）启动一个控制传输，用于主机对设备的初始化。

数据包：

0x03 偶数据包（DATA0）。

0x0b 奇数据包（DATA1）。

握手包：

0x02 确认接收到无误的数据包（ACK）。

0x0a 无效，接收（发送）端正在忙而无法接收（发送）信息。

0x0e 错误，端点被禁止或不支持控制管道请求。

特殊包：

0x0C 前导，用于启动下行端口的低速设备的数据传输。

6）态

当 USB 设备插上主机时，主机就通过一系列的动作来对设备进行枚举配置（配置是属

于枚举的一个态,态表示暂时的状态)。这些态如下:

(1) 接入态(attached):设备接入主机后,主机通过检测信号线上的电平变化来发现设备的接入。

(2) 供电态(powered):就是给设备供电,分为设备接入时的默认供电值,配置阶段后的供电值(按数据中要求的最大值,可通过编程设置)。

(3) 默认态(default):USB 在被配置之前,通过默认地址 0 与主机进行通信。

(4) 地址态(address):经过了配置,USB 设备被复位后,就可以按主机分配给它的唯一地址来与主机通信。

(5) 配置态(configured):通过各种标准的 USB 请求命令来获取设备的各种信息,并对设备的某些信息进行改变或设置。

(6) 挂起态(suspended):总线供电设备在 3ms 内没有总线操作,即 USB 总线处于空闲状态的话,该设备就要自动进入挂起状态,在进入挂起状态后,总的电流功耗不超过 $280\mu A$。

上面提到的标准的 USB 设备请求命令,是用在控制传输中的"初始设置步骤"里的数据包阶段(即 DATA0,由 8 个字节构成),在前面已经介绍。标准 USB 设备请求命令共有 11 个,都是 8 个字节,具有相同的结构,由 5 个字段构成(字段是标准请求命令的数据部分)。结构如下(括号中的数字表示字节数,首字母 bm、b、w 分别表示位图、字节、双字节):

$$bmRequestType(1)+bRequest(1)+wvalue(2)+wIndex(2)+wLength(2)$$

各字段的意义如下。

1. bmRequestType:D7D6D5D4D3D2D1D0

D7	= 0	主机到设备
	= 1	设备到主机
D6D5	= 00	标准请求命令
	= 01	类请求命令
	= 10	用户定义的命令
	= 11	保留值
D4D3D2D1D0	= 00000	接收者为设备
	= 00001	接收者为设备
	= 00010	接收者为端点
	= 00011	接收者为其他接收者
	= 其他	其他值保留

2. bRequest

请求命令代码,在标准的 USB 命令中,每一个命令都定义了编号,编号的值就为字段的值,编号与命令名称如下(注意这里的命令代码要与其他字段结合使用,可以说命令代码是标准请求命令代码的核心,正是因为这些命令代码而决定了 11 个 USB 标准请求命令):

(1) GET_STATUS:用来返回特定接收者的状态。

(2) CLEAR_FEATURE:用来清除或禁止接收者的某些特性。

(3) SET_FEATURE:用来启用或激活命令接收者的某些特性。

(4) SET_ADDRESS:用来给设备分配地址。

（5）GET_DEscriptOR：用于主机获取设备的特定描述符。

（6）SET_DEscriptOR：修改设备中有关的描述符，或者增加新的描述符。

（7）GET_CONFIGURATION：用于主机获取设备当前设备的配置值。

（8）SET_CONFIGURATION：用于主机指示设备采用的要求的配置。

（9）GET_INTERFACE：用于获取当前某个接口描述符编号。

（10）SET_INTERFACE：用于主机要求设备用某个描述符来描述接口。

（11）SYNCH_FRAME：用于设备设置和报告一个端点的同步帧。

以上 11 个命令的详细内容可参考有关书籍，这里就不多说了。控制传输是 USB 的重心，而这 11 个命令是控制传输的重心，所以这 11 个命令是重中之重，这个搞明白了，USB 就算是入门了。

标准的 USB 请求命令中的 Descriptor，即描述符，是一个完整的数据结构，可以通过 C 语言等编程实现，并存储在 USB 设备中，用于描述一个 USB 设备的所有属性，USB 主机是通过一系列命令来要求设备发送这些信息的。它的作用就是通过命令操作来给主机传递信息，从而让主机知道设备具有什么功能、属于哪一类设备、要占用多少带宽、使用哪类传输方式和数据量的大小，只有主机确定这些信息之后，设备才能真正开始工作，所以描述符也是十分重要的部分，要好好掌握。标准的描述符有 5 种，USB 为这些描述符定义了编号：1 表示设备描述符、2 表示配置描述符、3 表示字符串描述符、4 表示接口描述符、5 表示端点描述符。

上面的描述符之间有一定的关系，一个设备只有一个设备描述符，一个设备描述符可以包含多个配置描述符，而一个配置描述符可以包含多个接口描述符，一个接口使用了几个端点，就有几个端点描述符。这些描述符是由一定的字段构成的，分别说明如下：

1. 设备描述符

```
struct _DEVICE_DEscriptOR_STRUCT
{
    BYTE bLength;             //设备描述符的字节数大小,为 0x12
    BYTE bDescriptorType;    //描述符类型编号,为 0x01
    WORD bcdUSB;             //USB 版本号
    BYTE bDeviceClass;       //USB 分配的设备类代码,0x01～0xfe 为标准设备类,0xff 为厂商自定
                             //义类型
                             //0x00 不是在设备描述符中定义的,如 HID
    BYTE bDeviceSubClass;    //USB 分配的子类代码,同上,值由 USB 规定和分配
    BYTE bDeviceProtocl;     //USB 分配的设备协议代码,同上
    BYTE bMaxPacketSize0;    //端点 0 的最大包的大小
    WORD idVendor;           //厂商编号
    WORD idProduct;          //产品编号
    WORD bcdDevice;          //设备出厂编号
    BYTE iManufacturer;      //描述厂商字符串的索引
    BYTE iProduct;           //描述产品字符串的索引
    BYTE iSerialNumber;      //描述设备序列号字符串的索引
    BYTE bNumConfiguration;  //可能的配置数量
}
```

2. 配置描述符

```
struct _CONFIGURATION_DEscriptOR_STRUCT
{
  BYTE bLength;                //设备描述符的字节数大小,为 0x12
  BYTE bDescriptorType;        //描述符类型编号,为 0x01
  WORD wTotalLength;           //配置所返回的所有数量的大小
  BYTE bNumInterface;          //此配置所支持的接口数量
  BYTE bConfigurationVale;     //Set_Configuration 命令需要的参数值
  BYTE iConfiguration;         //描述该配置的字符串的索引值
  BYTE bmAttribute;            //供电模式的选择
  BYTE MaxPower;               //设备从总线提取的最大电流
}
```

3. 字符描述符

```
struct _STRING_DEscriptOR_STRUCT
{
  BYTE bLength;                //设备描述符的字节数大小,为 0x12
  BYTE bDescriptorType;        //描述符类型编号,为 0x01
  BYTE SomeDescriptor[36];     //UNICODE 编码的字符串
}
```

4. 接口描述符

```
struct _INTERFACE_DEscriptOR_STRUCT
{
  BYTE bLength;                //设备描述符的字节数大小,为 0x12
  BYTE bDescriptorType;        //描述符类型编号,为 0x01
  BYTE bInterfaceNumber;       //接口的编号
  BYTE bAlternateSetting;      //备用的接口描述符编号
  BYTE bNumEndpoints;          //该接口使用端点数,不包括端点 0
  BYTE bInterfaceClass;        //接口类型
  BYTE bInterfaceSubClass;     //接口子类型
  BYTE bInterfaceProtocol;     //接口所遵循的协议
  BYTE iInterface;             //描述该接口的字符串索引值
}
```

5. 端点描述符

```
struct _ENDPOIN_DEscriptOR_STRUCT
{
  BYTE bLength;                //设备描述符的字节数大小,为 0x12
  BYTE bDescriptorType;        //描述符类型编号,为 0x01
  BYTE bEndpointAddress;       //端点地址及输入/输出属性
  BYTE bmAttribute;            //端点的传输类型属性
  WORD wMaxPacketSize;         //端点收、发的最大包的大小
  BYTE bInterval;              //主机查询端点的时间间隔
}
```

有了上面的 USB 基础知识,就可以进一步学习 USB。下面再进一步简单介绍 STM32USB 接口。

图 7-19 所示的 USB 内部接口模块内部结构图比较好地解释了各个模块之间的关系。首先在总线端(与 D+、D-相连的那一端),通过模拟收发器与 SIE 连接。SIE 使用 48MHz 的专用时钟。

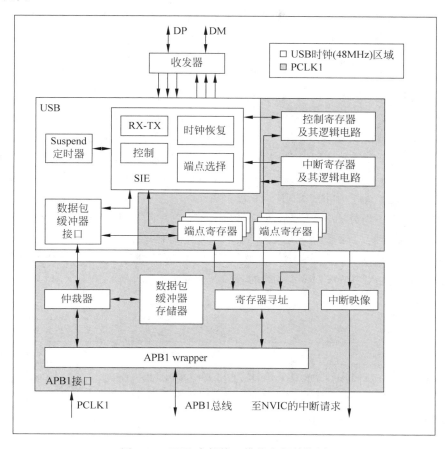

图 7-19 USB 内部接口模块内部结构图

与 SIE 相关的有三大块:MCU 内部控制、中断和端点控制寄存器、挂起定时器(这个好像是 USB 协议的要求,总线在一定时间内没有活动,SIE 模块能够进入 SUSPEND 状态以节约电能),还有数据包缓冲器接口模块。

数据包缓冲区接口模块的含义是,为 USB 设备提供收发包缓冲区。这块缓冲区同时受到 SIE 和 MCU 核心的控制,用于 MCU 与 SIE 共享达到数据传输的目的。

所以 MCU 通过 APB1 总线接口访问,SIE 通过包缓冲区接口模块访问,中间通过仲裁器来协调访问。

关注的中心点是控制、中断和端点控制寄存器。通过这些寄存器来获取总线传输的状态,控制各个端点的状态,并可以产生中断来让 MCU 处理当前的 USB 事件。最后能看到 MCU 可以通过 APB1 总线接口来访问这些寄存器。它们使用的都是 PCLK1 时钟。

7.2 串口 USART 实例

作为软件开发重要的调试手段,串口的作用是很大的。在调试时可以用来查看和输入相关的信息。在使用的时候,串口也是一个和外设(如 GPS、GPRS 模块等)通信的重要渠道。

STM32 的串口是相当丰富的,功能也很强劲。最多可提供 5 路串口(MiniSTM32 使用的是 STM32F103RBT6,具有 3 个串口),有分数波特率发生器、支持单线光通信和半双工单线通信、支持 LIN、智能卡协议和 IrDASIR ENDEC 规范(仅串口 3 支持)、具有 DMA 等。

串口最基本的设置就是波特率的设置。STM32 的串口使用起来还是比较简单的,只要开启了串口时钟,并设置相应 I/O 口的模式,然后配置一下波特率、数据位长度、奇偶校验位等信息即可使用。下面就简单介绍一下这几个与串口基本配置直接相关的寄存器。

(1) 串口时钟使能。串口作为 STM32 的一个外设,其时钟由外设时钟使能寄存器控制,这里使用的串口 1 是在 APB2ENR 寄存器的第 14 位。APB2ENR 寄存器在之前已经介绍过,这里不再介绍。只是说明一点,就是除了串口 1 的时钟使能在 APB2ENR 寄存器,其他串口的时钟使能位都在 APB1ENR。

(2) 串口复位。当外设出现异常时,可以通过复位寄存器里面的对应位设置,实现该外设的复位,然后重新配置这个外设达到让其重新工作的目的。一般在系统刚开始配置外设的时候,都会先执行复位该外设的操作。串口 1 的复位是通过配置 APB2RSTR 寄存器的第 14 位来实现的。APB2RSTR 寄存器的各位描述如图 7-20 所示。

31	30	29	28	27	26	25	24	23	22	21	20	19	18	17	16
保留															

15	14	13	12	11	10	9	8	7	6	5	4	3	2	1	0
ADC3 RST	USART 1RST	TIM8 RST	SPI1 RST	TIM1 RST	ADC2 RST	ADC1 RST	IOPG RST	IOPF RST	IOPE RST	IOPD RST	IOPC RST	IOPB RST	IOPA RST	保留	AFIO RST
rw	rw	rw	rw	rw	rw	rw	rw	rw	rw	rw	rw	rw	rw	res	rw

图 7-20 APB2RSTR 寄存器的各位描述

从图 7-20 可知,串口 1 的复位设置位在 APB2RSTR 的第 14 位。通过向该位写 1 复位串口 1,写 0 结束复位。其他串口的复位位在 APB1RSTR 里面。

(3) 串口波特率设置。每个串口都有一个自己独立的波特率寄存器 USART_BRR,通过设置该寄存器达到配置不同波特率的目的。该寄存器的各位描述如图 7-21 所示。

前面提到 STM32 的分数波特率概念,其实就是在这个寄存器里面体现的。最低 4 位用来存放小数部分 DIV_Fraction,[15:4]这 12 位用来存放整数部分 DIV_Mantissa。高 16 位未使用。这里波特率通过如下公式计算:

$$\text{Tx/Rx 波特率} = \frac{f_{\text{PCLK}x}}{(16 \times \text{USARTDIV})}$$

式中,$f_{\text{PCLK}x}(x=1、2)$是给外设的时钟(PCLK1 用于串口 2、3、4、5,PCLK2 用于串口 1);USARTDIV 是一个无符号的定点数,它的值可以由串口的 BRR 寄存器值得到。而用户更

31	30	29	28	27	26	25	24	23	22	21	20	19	18	17	16
保留														

15	14	13	12	11	10	9	8	7	6	5	4	3	2	1	0
DIV_Mantissa[11:0]										DIV_Fraction[3:0]					
rw	rw	rw	rw	rw	rw	rw	rw	rw	rw	rw	rw	rw	rw	rw	rw

位 31：16	保留位,硬件强制为 0
位 15：4	DIV_Mantissa[11:0]：USARTDIV 的整数部分 这 12 位定义了 USART 分频器除法因子(USARTDIV)的整数部分
位 3：0	DIV_Fraction[3:0]：USARTDIV 的小数部分 这 4 位定义了 USART 分频器除法因子(USARTDIV)的小数部分

图 7-21　USART_BRR 寄存器的各位描述

关心的是如何从 USARTDIV 的值得到 USART_BRR 的值,因为一般我们知道的是波特率和 PCLKx 的时钟,要求的就是 USART_BRR 的值。

下面介绍如何通过 USARTDIV 得到串口 USART_BRR 寄存器的值。假设串口 1 要设置为 9600 的波特率,而 PCLK2 的时钟为 72MHz。这样,根据上面的公式有 USARTDIV＝72 000 000/(9600×16)＝468.75。

那么得到

$$DIV\_Fraction = 16 \times 0.75 = 12 = 0X0C$$
$$DIV\_Mantissa = 468 = 0X1D4$$

这样,就得到了 USART1_BRR 的值为 0X1D4C。只要设置串口 1 的 BRR 寄存器值为 0X1D4C,就可以得到 9600 的波特率。

(4) 串口控制。STM32 的每个串口都有 3 个控制寄存器 USART_CR1~3,串口的很多配置都是通过这 3 个寄存器来设置的。这里只要用到 USART_CR1 就可以实现功能,如图 7-22 所示。

重置值:0x0000

31	30	29	28	27	26	25	24	23	22	21	20	19	18	17	16
保留														

15	14	13	12	11	10	9	8	7	6	5	4	3	2	1	0
保留		UE	M	WAKE	PCE	PS	PEIE	TXE-IE	TCIE	RXNE-IE	IDLEIE	TE	RE	RWU	SBK
res		rw	rw	rw	rw	rw	rw	rw	rw	rw	rw	rw	rw	rw	rw

图 7-22　USART_CR1 的位含义

bit 13：串口功能。

bit 12：MODE,字长。0:1 个开始位,8 个数据位,1 位停止位(默认);1:1 个开始位,9 位数据位,1 位停止位(默认)。注意:停止位的长度可在 USART_CR2 寄存器中设置。

bit 11：WAKE 唤醒功能。

bit 10:校检使能位,当激活奇偶校验功能时,置位该位将自动往要传输数据的高位字节处插入校验位。

bit 09:奇偶校验选择,0:偶校验;1:奇校验。

bit 08:PE 中断使能。

bit 07:发送缓冲区空中断使能位。

bit 06:发送完成中断使能位。

bit 05:接收缓冲区非空中断使能位。

bit 04:Idle 中断使能。

bit 03:传送使能。

bit 02:接收使能。

bit 01:接收者唤醒。

bit 00:传送中止。

(5) 数据发送与接收。STM32 的发送与接收是通过数据寄存器 USART_DR 来实现的,这是一个双寄存器,包含了 TDR 和 RDR。当向该寄存器写数据的时候,串口就会自动发送;当收到收据的时候,也是存在该寄存器内。该寄存器的各位描述如图 7-23 所示。

31	30	29	28	27	26	25	24	23	22	21	20	19	18	17	16
保留															

15	14	13	12	11	10	9	8	7	6	5	4	3	2	1	0
保留							DR[8:0]								
							rw	rw	rw	rw	rw	rw	rw	rw	rw

图 7-23　USART_DR 各位含义

可以看出,虽然是一个 32 位寄存器,但是只用了低 9 位(DR[8:0]),其他都是保留。

DR[8:0]为串口数据,包含了发送或接收的数据。由于它是由两个寄存器组成的,一个给发送用(TDR),一个给接收用(RDR),该寄存器兼具读和写的功能。TDR 寄存器提供了内部总线和输出移位寄存器之间的并行接口。RDR 寄存器提供了输入移位寄存器和内部总线之间的并行接口。

当使能校验位(USART_CR1 中 PCE 位被置位)进行发送时,写到 MSB 的值(根据数据的长度不同,MSB 是第 7 位或者第 8 位)会被后来的校验位取代。

当使能校验位进行接收时,读到的 MSB 位是接收到的校验位。

(6) 串口状态。串口的状态可以通过状态寄存器 USART_SR 读取。USART_SR 的各位描述如图 7-24 所示。

这里关注第 5、6 位 RXNE 和 TC。RXNE(读数据寄存器非空),当该位被置 1 的时候,就是提示已经有数据被接收到,并且可以读出来。这时要做的就是尽快去读取 USART_DR,通过读 USART_DR 可以将该位清零,也可以向该位写 0,直接清除。TC(发送完成),当该位被置位的时候,表示 USART_DR 内的数据已经被发送完成。如果设置了这个位的中断,则会产生中断。该位也有两种清零方式:读 USART_SR,写 USART_DR。直接向该位写 0。

31	30	29	28	27	26	25	24	23	22	21	20	19	18	17	16
保留															

15	14	13	12	11	10	9	8	7	6	5	4	3	2	1	0
保留						CTS	LBD	TXE	TC	RXNE	IDLE	ORE	NE	FE	PE
						rc w0	rc w0	r	rc w0	rc w0	r	r	r	r	r

图 7-24　寄存器 USART_SR 各位描述

```
//初始化 IO 串口 1
//pclk2 CLK2 时钟频率(MHz)
//bound: 波特率
void uart_init(u32 pclk2,u32bound)
{
floattemp;
u16mantissa;
u16fraction;
temp = (float)(pclk2 * 1000000)/(bound * 16); //得到 USARTDIV
mantissa = temp;
//得到整数部分
fraction = (temp − mantissa) * 16;          //得到小数部分
mantissa << = 4;
mantissa += fraction;
RCC − > APB2ENR| = 1 << 2;
//使能 PORTA 口时钟
RCC − > APB2ENR| = 1 << 14;
//使能串口时钟
GPIOA − > CRH = 0X444444B4;               //IO 状态设置
RCC − > APB2RSTR| = 1 << 14;
//复位串口 1
RCC − > APB2RSTR& = ∼(1 << 14);            //停止复位
//波特率设置
USART1 − > BRR = mantissa;                 //波特率设置
USART1 − > CR1| = 0X200C;
//1 位停止,无校验位
# ifdef EN_USART1_RX
//如果使能了接收
//使能接收中断
USART1 − > CR1| = 1 << 8;
//PE 中断使能
USART1 − > CR1| = 1 << 5;
//接收缓冲区非空中断使能
MY_NVIC_Init(3,3,USART1_IRQChannel,2);      //组 2,最低优先级
# endif
}
```

从该代码可以看出,其初始化串口的过程与前面介绍的一致:先计算得到 USART1->BRR 的内容,然后开始初始化串口引脚,接着把 USART1 复位,最后设置波特率和奇偶校验等。

这里需要注意一点,因为使用到了串口的中断接收,必须在 usart.h 里面定义 EN_USART1_RX。该函数才会配置中断使能,以及开启串口 1 的 NVIC 中断。这里把串口 1 中断放在组 2,优先级设置为组 2 里面的最低。

再介绍一下串口 1 的中断服务函数 USART1_IRQHandler。该函数的名字不能自己定义,MDK 已经给每个中断都分配了一个固定的函数名,直接用即可。具体这些函数的名字是什么,可以在 MDK 提供的例子里面找到 STM32f10x_it.c,该文件中包含了 STM32 所有的中断服务函数。USART1_IRQHandler 的代码如下:

```
void USART1_IRQHandler(void)
{
u8res;
if(USART1 -> SR&(1 << 5))              //接收到数据
{
res = USART1 -> DR;
if((USART_RX_STA&0x80) == 0)           //接收未完成
{
if(USART_RX_STA&0x40)                  //接收到 0x0d
{
if(res!= 0x0a)USART_RX_STA = 0;        //接收错误,重新开始
elseUSART_RX_STA| = 0x80;
//接收完成了
}else                                  //还没收到 0x0d
{
if(res == 0x0d)USART_RX_STA| = 0x40;
else
{
USART_RX_BUF[USART_RX_STA&0X3F] = res;
USART_RX_STA++;
if(USART_RX_STA > 63)USART_RX_STA = 0; //接收数据错误,重新开始接收
}}}}}
```

该函数的重点就是判断接收是否完成,通过检测是否收到 0X0D、0X0A 的连续两个字节(回车键)来检测是否结束。当检测到这个结束序列之后,就会置位 USART_RX_STA 的最高位来标记已经收到一次数据。之后等待外部函数清空该位之后才开始第二次接收。所接收的数据全部存放在 USART_RX_BUF 里面,一次接收数据不能超过 64 个字节,否则被丢弃。介绍完了这两个函数,回到 test.c。在 test.c 里面编写如下代码:

```
# include < STM32f10x_lib.h >
# include "sys.h"
# include "usart.h"
# include "delay.h"
# include "led.h"
# include "key.h"
//串口实验

int main(void)
```

```
{
u8t;
u8len;
u16times = 0;
STM32_Clock_Init(9);              //系统时钟设置
delay_init(72);
//延时初始化
uart_init(72,9600);
//串口初始化为 9600
LED_Init();
//初始化与 LED 连接的硬件接口
while(1)
{
if(USART_RX_STA&0x80)
{len = USART_RX_STA&0x3f;          //得到此次接收到的数据长度
printf("n 您发送的消息为:n");
for(t = 0;t < len;t++)
{USART1 - > DR = USART_RX_BUF[t];
while((USART1 - > SR&0X40) == 0);//等待发送结束
}
printf("nn");                      //插入换行
USART_RX_STA = 0;
}else
{times++;
if(timesP00 == 0)
{printf("串口实验 n");
}
if(times 0 == 0)printf("请输入数据,以回车键结束 n");
if(times0 == 0)LED0 = ! LED0;      //闪烁 LED,提示系统正在运行
delay_ms(10);}}}
```

这段代码比较简单,重点看以下两句:

```
USART1 - > DR = USART_RX_BUF[t];
while((USART1 - > SR&0X40) == 0);                //等待发送结束
```

第一句,其实就是发送一个字节到串口,通过直接操作寄存器来实现。第二句,就是在写了一个字节在 USART1-> DR 之后,要检测这个数据是否已经发送完成,通过检测 USART1-> SR 的第 6 位是否为 1 来决定是否可以开始第二个字节的发送。

7.3 扫描键盘

按键的种类很多,不过原理基本相似。下面以一种轻触开关为例(见图 7-25)讲解按键程序的写法。

一般情况下,按键与微处理器的连接如图 7-26 所示。

图 7-26 中电阻值一般取 $4.7 \sim 10k\Omega$,对于内部端口有上拉电阻的微处理器则可省略此电阻。微处理器对于按键的按下与否,则是通过检测相应引脚上的电平来实现的。对于

图 7-26 而言,当 PA7 引脚上面的电平为低时,则表示按键已经按下。反之,则表明按键没有按下。在程序中只要检测到了 PA7 引脚上面的电平为低,就可以判断按键按下。下面再来看看,当按键按下时,PA7 引脚上面的波形是怎么变化的(见图 7-27)。

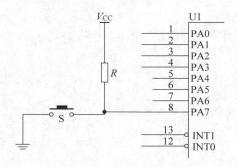

图 7-25 按键   图 7-26 按键与微处理器的连接

图 7-27 所示是一个理想波形图,当按键按下时,PA7 口的电平立即被拉低到 0V。当然,理想的东西都是不现实的。所以还是看看现实的波形,如图 7-28 所示。

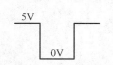

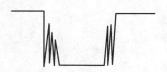

图 7-27 按键理想波形   图 7-28 按键实际波形

由于按键的机械特性,当按键闭合时,并不能立即保存良好的接触,而是来回弹跳。这个时间很短,我们的手根本感觉不出来。但是对于 1s 执行百万条指令的微处理器而言,这个时间是相当长了。那么在这段抖动的时间内,微处理器可能读到多次高低电平的变化。如果不加任何处理,就会认为已经按下,或者松开很多次了。而事实上,我们的手一直按在按键上,并没有重复按动很多次。要想能够正确地判断按键是否按下就要避开这段抖动的时间。根据一般按键的机械特点和按键的新旧程度等,这段抖动的时间一般为 5~20ms。

图 7-29 所示按键处理流程是好多教科书上的做法。先是浪费了 CPU 的大部分时间(就是那个什么事情都没做的延时 20ms 函数),然后又霸占 CPU。一般情况下,只要前沿去抖动就可以。也就是说,只需在按键按下后去抖就可以了,对于按键的释放抖动可以不必过于关注。

这里用两个按键中断控制两个 LED。

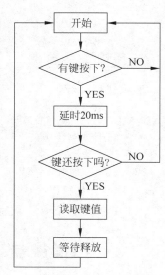

图 7-29 按键处理流程图

```
Main 文件
# include "STM32f10x.h"
void RCC_Configuration(void);
```

```
void GPIO_Configuration(void);
void EXTI_Configuration(void);                          //外部中断设置
void NVIC_Configuration(void);                          //中断优先级别设置
unsigned char led_bit1 = 0;
unsigned char led_bit2 = 0;
int main(void)
{
  RCC_Configuration();
  GPIO_Configuration();
  EXTI_Configuration();
  NVIC_Configuration();
  GPIO_SetBits(GPIOA,GPIO_Pin_0);
  GPIO_SetBits(GPIOA,GPIO_Pin_1);
  while(1);
}
void RCC_Configuration(void)
{
  RCC_APB2PeriphClockCmd(RCC_APB2Periph_GPIOA | RCC_APB2Periph_AFIO,ENABLE);
}
void GPIO_Configuration(void)
{
  GPIO_InitTypeDef GPIO_InitStructure;
  GPIO_InitStructure.GPIO_Pin = GPIO_Pin_0 | GPIO_Pin_1;      //PA0,PA1 各接一个 CED 灯
  GPIO_InitStructure.GPIO_Speed = GPIO_Speed_50MHz;
  GPIO_InitStructure.GPIO_Mode = GPIO_Mode_Out_PP;
  GPIO_Init(GPIOA,&GPIO_InitStructure);
  GPIO_InitStructure.GPIO_Pin = GPIO_Pin_3 | GPIO_Pin_8;      //PA3,PA8 各接一个按键
  GPIO_InitStructure.GPIO_Mode = GPIO_Mode_IN_FLOATING;
  GPIO_InitStructure.GPIO_Speed = GPIO_Speed_50MHz;
  GPIO_Init(GPIOD,&GPIO_InitStructure);
}
void EXTI_Configuration(void)
{
    EXTI_InitTypeDef EXTI_InitStructure;
GPIO_EXTILineConfig(GPIO_PortSourceGPIOA,GPIO_PinSource3);
    EXTI_InitStructure.EXTI_Line    = EXTI_Line3;
    EXTI_InitStructure.EXTI_Mode    = EXTI_Mode_Interrupt;
    EXTI_InitStructure.EXTI_Trigger = EXTI_Trigger_Falling;
    EXTI_InitStructure.EXTI_LineCmd = ENABLE;
    EXTI_Init(&EXTI_InitStructure);
GPIO_EXTILineConfig(GPIO_PortSourceGPIOA,GPIO_PinSource8);
EXTI_InitStructure.EXTI_Line    = EXTI_Line8;
    EXTI_InitStructure.EXTI_Mode    = EXTI_Mode_Interrupt;
    EXTI_InitStructure.EXTI_Trigger = EXTI_Trigger_Falling;
    EXTI_InitStructure.EXTI_LineCmd = ENABLE;
    EXTI_Init(&EXTI_InitStructure);
}
```

　　查看固件库手册关于中断部分 NVIC_IRQChannel。先对 PA3、PA8 分别设置,然后设置 EXTI3_IRQChannel 外部中断线 3 中断、EXTI9_5_IRQChannel 外部中断线 9-5 中断。STM32 使用了 4 个位来保存优先级别、占先优先级和从优先级值。占先优先级是主优先级,从优先级是次优先级。号码越小,等级越高。在中断处理中写一个判断,如果判断主的

级别是一个高一个低,那么就正常;如果判断主的级别两个都相同,那么判断次的级别,如果一个高一个低,那么就正常。如果判断主的级别两个都相同,然后判断次的级别两个也都相同,那么就按照列表顺序运行。

下面是示例程序。

```
void NVIC_Configuration(void)
{
    NVIC_InitTypeDef NVIC_InitStructure;
    NVIC_PriorityGroupConfig(NVIC_PriorityGroup_1);          //占先优先级、从优先级的资源分配
    NVIC_InitStructure.NVIC_IRQChannel = EXTI3_IRQn;              //指定中断源
    NVIC_InitStructure.NVIC_IRQChannelPreemptionPriority = 1;     //占先优先级设定
    NVIC_InitStructure.NVIC_IRQChannelSubPriority = 0;            //从优先级设定
    NVIC_InitStructure.NVIC_IRQChannelCmd  = ENABLE;
    NVIC_Init(&NVIC_InitStructure);
    NVIC_InitStructure.NVIC_IRQChannel = EXTI9_5_IRQn;
    NVIC_InitStructure.NVIC_IRQChannelPreemptionPriority = 0;
    NVIC_InitStructure.NVIC_IRQChannelSubPriority = 0;
    NVIC_Init(&NVIC_InitStructure);
}
```

STM32f10x_it.c 中加入:

```
extern unsigned char led_bit1,led_bit2;
void EXTI9_5_IRQHandler(void)          //按键中断让 LED1 闪
{
    if (EXTI_GetITStatus(EXTI_Line8) != RESET)
    {
        //添加中断处理程序
if(led_bit1)
{
  GPIO_SetBits(GPIOA,GPIO_Pin_1);
   led_bit1 = 0;
}
else
{
  GPIO_ResetBits(GPIOA,GPIO_Pin_1);
   led_bit1 = 1;
}
        EXTI_ClearFlag(EXTI_Line8);
    }
}
void EXTI3_IRQHandler(void)          //按键中断让 LED2 闪
{
    if (EXTI_GetITStatus(EXTI_Line3) != RESET)
    {
        if(led_bit2)
{
```

```
      GPIO_SetBits(GPIOA,GPIO_Pin_0);
      led_bit2 = 0;
   }
   else
   {
      GPIO_ResetBits(GPIOA,GPIO_Pin_0);
      led_bit2 = 1;
   }
            EXTI_ClearFlag(EXTI_Line3);
      }
   }
```

一般情况下,如果多个按键每个都直接接在微处理器的 I/O 上,则会占用很多的 I/O
资源。比较合理的一种做法是,按照行列接成矩阵的形式。按键接在每一个行列的相交处。
这样对于 m 行 n 列的矩阵,可以接的按键总数是 $m \times n$。这里以常见的 4×4 矩阵键盘来讲
解矩阵键盘的编程。图 7-30 所示是矩阵键盘的一般接法。

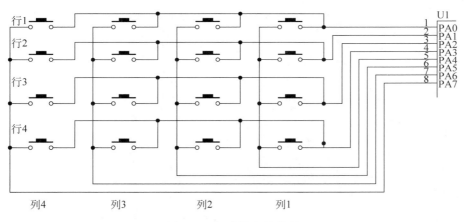

图 7-30　矩阵键盘的编程

这里要介绍一种快速的键盘扫描法:线反转法(或者称为行列翻转法)。具体流程如
下。首先,让微处理器的行全部输出 0,列全部输出 1,读取列的值(假设行接 PA3 口的高 4
位,列接低 4 位),即 PA3＝0x0f;此时读列的值,如果有键按下,则相应的列读回来的值应
该为低。譬如,此时读回来的值为 0x0e;即按键列的位置已经确定。这时反过来,把行作为
输入,列作为输出,即 PA0＝0xf0;此时再读行的值,如果按键仍然被按下,则相应的行的值
应该为低,如果此时读回来的值为 0xe0,则确定了行的位置。知道了一个按键被按下的行
和列的位置,那么就可以肯定确定它的位置。

```
main.c

# include "led.h"
# include "delay.h"
# include "sys.h"
# include "key.h"
```

```c
# include "usart.h"
# include "stdio.h"
  int main(void)
  {
    int x;
    SystemInit();
    delay_init(72);                      //延时初始化
    NVIC_Configuration();
    uart_init(9600);
    LED_Init();
    KEY_Init();                          //初始化与按键连接的硬件接口
    while(1)
    {
        x = KEY_Scan();                  //得到键值
            switch(x)
            {
                case 0:
    //              LED0 = 0;
                    printf("D\n");
                    break;
                case 1:
                    printf("C\n");
                    break;
                case 2:
                    printf("B\n");
                    break;
                case 3:
                    printf("A\n");
                    break;
                case 4:
                    printf("#\n");
                    break;
                case 5:
                    printf("9\n");
                    break;
                case 6:
                    printf("6\n");
                    break;
                case 7:
                    printf("3\n");
                    break;
                case 8:
                    printf("0\n");
                    break;
                case 9:
                    printf("8\n");
                    break;
                case 10:
                    printf("5\n");
                    break;
```

```
                case 11:
                        printf("2\n");
                        break;
                case 12:
                        printf(" * \n");
                        break;
                case 13:
                        printf("7\n");
                        break;
                case 14:
                        printf("4\n");
                        break;
                case 15:
                        printf("1\n");
                        break;
            }

        }
    }
```

本函数主要实现矩阵键盘的功能。矩阵键盘使用 PB8～PB15 引脚。其中，PB8～PB11 固定为推挽输出，PB12～PB15 固定为下拉输入。也就是无键按下时，对应 PB12～PB15 为 0，有键按下时，PB12～PB15 中对应的引脚为高。

```
void KEY_Init(void)            //初始化矩阵键盘要使用的 GPIO 口
{

    GPIO_InitTypeDef    GPIO_InitStructure;
    RCC_APB2PeriphClockCmd(RCC_APB2Periph_GPIOB,ENABLE);

    GPIO_InitStructure.GPIO_Mode = GPIO_Mode_Out_PP;        //定义 PB8～PB11 为上拉输入
    GPIO_InitStructure.GPIO_Speed = GPIO_Speed_50MHz;
    GPIO_InitStructure.GPIO_Pin   = GPIO_Pin_8|GPIO_Pin_9|GPIO_Pin_10|GPIO_Pin_11;
    GPIO_Init(GPIOB,&GPIO_InitStructure);

    GPIO_InitStructure.GPIO_Mode = GPIO_Mode_IPD;           //定义 PB12～PB15 为下拉输入
    GPIO_InitStructure.GPIO_Speed = GPIO_Speed_50MHz;
    GPIO_InitStructure.GPIO_Pin   = GPIO_Pin_12|GPIO_Pin_13|GPIO_Pin_14|GPIO_Pin_15;
    //因为上面定义引脚为输出时,已经打开整个 GPIOA 的时钟,
    //所以此处不再需要函数 RCC_APB2PeriphClockCmd()来打开时钟
    GPIO_Init(GPIOB,&GPIO_InitStructure);
}

int KEY_Scan(void)            //实现矩阵键盘.返回值为各按键的键值,此键值由用户自己定义
{
    u8 KeyVal;                //KeyVal 为最后返回的键值
    GPIO_Write(GPIOB,(GPIOB->ODR & 0xf0ff | 0x0f00));   //先让 PB8～PB11 全部输出高

    if((GPIOB->IDR & 0xf000) == 0x0000)  //如果 PB12～PB15 全为 0,则没有键按下.此时,返回
                                          //值为 -1
```

```
        return -1;
    else
    {
        delay_ms(5);                              //延时 5ms 去抖动
        if((GPIOB->IDR & 0xf000) == 0x0000)//如果延时 5ms 后,PB12~PB15 又全为 0,则刚才引
                                                  //脚的电位变化是抖动产生的
        return -1;
    }

    GPIO_Write(GPIOB,(GPIOB->ODR & 0xf0ff | 0x0100));       //让 PB11~PB8 输出二进制的 0001

        switch(GPIOB->IDR & 0xf000)       //对 PB12~PB15 的值进行判断,以输出不同的键值
            {
                case 0x1000: KeyVal = 15;     break;
                case 0x2000: KeyVal = 11;     break;
                case 0x4000: KeyVal = 7;      break;
                case 0x8000: KeyVal = 3;      break;
            }

    GPIO_Write(GPIOB,(GPIOB->ODR & 0xf0ff | 0x0200));
        switch(GPIOB->IDR & 0xf000)        //对 PB12~PB15 的值进行判断,以输出不同的键值
            {
                case 0x1000: KeyVal = 14;     break;
                case 0x2000: KeyVal = 10;     break;
                case 0x4000: KeyVal = 6;      break;
                case 0x8000: KeyVal = 2;      break;
            }

    GPIO_Write(GPIOB,(GPIOB->ODR & 0xf0ff | 0x0400)); //让 PB11~PB8 输出二进制的 1011
        switch(GPIOB->IDR & 0xf000)        //对 PB12~PB15 的值进行判断,以输出不同的键值
        {
            case 0x1000: KeyVal = 13;     break;
            case 0x2000: KeyVal = 9;      break;
            case 0x4000: KeyVal = 5;      break;
            case 0x8000: KeyVal = 1;      break;
        }

    GPIO_Write(GPIOB,(GPIOB->ODR & 0xf0ff | 0x0800)); //让 PB11~PB8 输出二进制的 0111
        switch(GPIOB->IDR & 0xf000)        //对 PB12~PB15 的值进行判断,以输出不同的键值
        {
            case 0x1000: KeyVal = 12;     break;
            case 0x2000: KeyVal = 8;      break;
            case 0x4000: KeyVal = 4;      break;
            case 0x8000: KeyVal = 0;      break;
        }
    return KeyVal;
}
```

7.4　继电器

继电器都是需要大电流才能驱动的,在吸合时需要的电流非常大,而吸合后,所需的驱动电流只要普通三极管驱动即可维持。因此,要驱动继电器等大功率设备,必须使用 MOS 管、达林顿管之类。这里推荐使用集成 8 路达林顿管的芯片:ULN2003A/ULN2803A(反向驱动)、UDN2981A(正向驱动)。

其中,ULN2003A 为比较老的芯片,有 7 路驱动,而 ULN2803 有 8 路驱动,原理都是使用灌电流的方式驱动,如图 7-31 和图 7-32 所示。

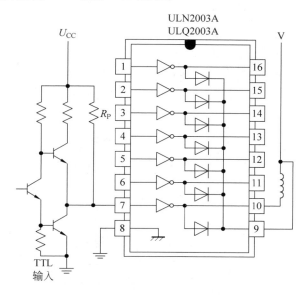

图 7-31　ULN/Q2003A 的连接方式

图 7-31 左边的 TTL 驱动在 MCU 内部都有,故 I/O 口可直接与驱动芯片相连接。输出采用反向的驱动方式,9 脚为防止反向电动势的引脚,直接与驱动电源相连。

ULN2803A 的典型电路如图 7-32 所示。

可以看出,都是正向输出的,而第 9 脚是驱动的电源输入,10 脚接地,用于防止方向电动势。

ULN2803 与 ULN2003 的使用方法是一样的,它们都是集电极开路输出,只能接收灌入电流。区别就是 2803 可以驱动 8 位引脚,2003 只有 7 个引脚。COM 脚的作用是当使用 ULN2803(2003)来驱动继电器时,可以将 COM 脚接到继电器的 VCC 端,利用 ULN2803 (2003)内部的反向二极管作保护继电器,消除继电器闭合时产生的感应电压,如图 7-33 所示。

它的内部结构也是达林顿的,专门用来驱动继电器的芯片,甚至在芯片内部做了一个消线圈反电动势的二极管。ULN2003 的输出端允许通过 I_C 电流 200mA,饱和压降 U_{CE} 约 1V,耐压 B_{VCEO} 约为 36V。用户输出口的外接负载可根据以上参数估算。采用集电极开路输出,输出电流大,故可以直接驱动继电器或固体继电器(SSR)等外接控制器件,也可直接

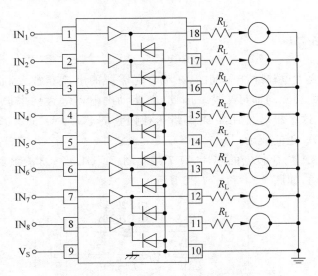

图 7-32　ULN2803A 的典型电路

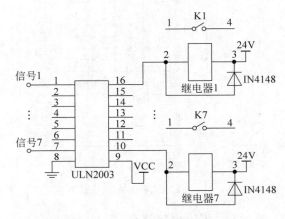

图 7-33　ULN2003 的连接继电器

驱动低压灯泡。

STM32 的引脚设置成推挽模式。STM32 的引脚是直接连接到 ULN2003(2803)的输入端的。编程按照键盘扫描来获得继电器状态。设置可以按照 LED 灯的方式来设置继电器开启或者关闭。

7.5　脉宽调制

脉冲宽度调制是一种模拟控制方式,其根据相应载荷的变化来调制晶体管基极或 MOS 管栅极的偏置,来实现晶体管或 MOS 管导通时间的改变,从而实现开关稳压电源输出的改变。这种方式能使电源的输出电压在工作条件变化时保持恒定,是利用微处理器的数字信号对模拟电路进行控制的一种非常有效的技术。

脉宽调制(PWM)基本原理:控制方式就是对逆变电路开关器件的通断进行控制,使输出端得到一系列幅值相等的脉冲,用这些脉冲来代替正弦波或所需要的波形。也就是在输出波形的半个周期中产生多个脉冲,使各脉冲的等值电压为正弦波形,所获得的输出平滑且低次谐波少。按一定的规则对各脉冲的宽度进行调制,即可改变逆变电路输出电压的大小,也可改变输出频率。

例如,把正弦半波波形分成 N 等份,就可把正弦半波看成由 N 个彼此相连的脉冲所组成的波形。这些脉冲宽度相等,但幅值不等,且脉冲顶部不是水平直线,而是曲线,各脉冲的幅值按正弦规律变化。如果把上述脉冲序列用同样数量的等幅而不等宽的矩形脉冲序列代替,使矩形脉冲的中点和相应正弦等分的中点重合,且使矩形脉冲和相应正弦部分面积(即冲量)相等,就得到一组脉冲序列,这就是 PWM 波形。可以看出,各脉冲宽度是按正弦规律变化的。根据冲量相等效果相同的原理,PWM 波形和正弦半波是等效的。对于正弦的负半周,也可以用同样的方法得到 PWM 波形。

在 PWM 波形中,各脉冲的幅值是相等的,要改变等效输出正弦波的幅值时,只要按同一比例系数改变各脉冲的宽度即可,因此在交—直—交变频器中,整流电路采用不可控的二极管电路即可,PWM 逆变电路输出的脉冲电压就是直流侧电压的幅值。

根据上述原理,在给出了正弦波频率、幅值和半个周期内的脉冲数后,PWM 波形各脉冲的宽度和间隔就可以准确计算出来。按照计算结果控制电路中各开关器件的通断,就可以得到所需要的 PWM 波形。

如今几乎所有市售的微处理器都有 PWM 模块功能,若没有(如早期的 8051),也可以利用定时器和 GPIO 口来实现。更为一般的 PWM 模块控制流程为(笔者使用过 TI 的2000 系列、AVR 的 Mega 系列、TI 的 LM 系列):

(1) 使能相关的模块(PWM 模块和对应引脚的 GPIO 模块)。

(2) 配置 PWM 模块的功能,具体有:

① 设置 PWM 定时器周期,该参数决定 PWM 波形的频率。

② 设置 PWM 定时器比较值,该参数决定 PWM 波形的占空比。

③ 设置死区(deadband)。为避免桥臂的直通需要设置死区,一般较高档的微处理器都有该功能。

④ 设置故障处理情况。一般为故障是封锁输出,防止过流损坏功率管,故障一般有比较器或 ADC 或 GPIO 检测。

⑤ 设定同步功能。该功能在多桥臂,即多 PWM 模块协调工作时尤为重要。

(3) 设置相应的中断,编写 ISR,一般用于电压电流采样,计算下一个周期的占空比,更改占空比,这部分也会有 PI 控制的功能。

(4) 使能 PWM 波形发生。

使用之前学过的通用定时器 TIM3 产生 PWM 输出。STM32 的定时器除了 TIM6 和 TIM7。其他的定时器都可以产生 PWM 输出,其中高级定时器 TIM1 和 TIM8 可以同时产生多达 7 路 PWM 输出。而通用定时器也能同时产生多达 4 路的 PWM 输出。

要用 STM32 的通用定时器 TIMx 产生 PWM 输出,除了之前介绍的寄存器外,还需要使用到以下三个寄存器:捕获/比较模式寄存器(TIMx_CCMR1/2)、捕获/比较使能寄存器(TIMx_CCER)、捕获/比较寄存器(TIMx_CCR1~4)。

下面着重介绍一下这三个寄存器。

1. 捕获/比较模式寄存器(**TIMx_CCMR1/2**)

该寄存器总共有两个：TIMx _CCMR1 和 TIMx _CCMR2。TIMx_CCMR1 控制 CH1 和 CH2，而 TIMx_CCMR2 控制 CH3 和 CH4。该寄存器的各位描述如图 7-34 所示。

图 7-34　寄存器 TIMx_CCMR1 各位描述

寄存器的有些位在不同模式下，功能不一样，所以图 7-34 把寄存器分为两层，上面一层对应输出，而下面的则对应输入。这里需要说明的是模式设置位 OCxM，此部分由三位组成。总共可以配置成 7 种模式，这里使用的是 PWM 模式，所以这三位必须设置为 110/111。这两种 PWM 模式的区别就是输出电平的极性相反。

2. 捕获/比较使能寄存器(**TIMx_CCER**)

寄存器控制着各个输入/输出通道的开关。该寄存器的各位描述如图 7-35 所示。

15	14	13	12	11	10	9	8	7	6	5	4	3	2	1	0
保留		CC4P	CC4E	保留		CC3P	CC3E	保留		CC2P	CC2E	保留		CC1P	CC1E
		rw	rw			rw	rw			rw	rw			rw	rw

图 7-35　寄存器 TIMx_CCER 各位描述

3. 捕获/比较寄存器(**TIMx_CCR1~4**)

该寄存器总共有 4 个，对应 4 个输通道 CH1~4。寄存器 TIMx_CCR1 各位描述如图 7-36 所示。

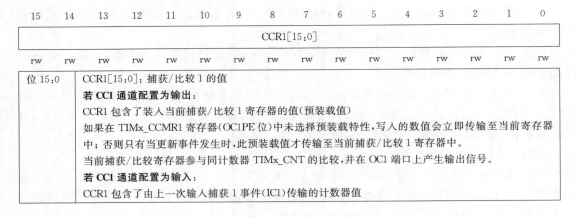

图 7-36　寄存器 TIMx_CCR1 各位描述

在输出模式下，该寄存器的值与 CNT 的值比较，根据比较结果产生相应动作。利用这一点，通过修改这个寄存器的值就可以控制 PWM 的输出脉宽。

寄存器操作步骤如下：

（1）开启 TIM3 时钟,配置 PA7 为复用输出。要使用 TIM3,必须先开启 TIM3 的时钟（通过 APB1ENR 设置）,这一点相信大家看了这么多代码,应该明白了。这里还要配置 PA7 为复用输出,这是因为 TIM3_CH2 通道是以 I/O 复用的形式连接到 PA7 上的,这里要使用复用输出功能。

（2）设置 TIM3 的 ARR 和 PSC,在开启 TIM3 的时钟之后,要设置 ARR 和 PSC 两个寄存器的值来控制输出 PWM 的周期。当 PWM 周期太慢（低于 50Hz）的时候,就会明显感觉到闪烁。因此,PWM 周期在这里不宜设置得太小。

（3）设置 TIM3_CH2 的 PWM 模式。接下来,要设置 TIM3_CH2 为 PWM 模式（默认是冻结的）,因为 DS0 是低电平亮,而这里希望当 CCR2 的值小的时候,DS0 就暗,CCR2 值大的时候,DS0 就亮,所以要通过配置 TIM3_CCMR1 的相关位来控制 TIM3_CH2 的模式。

（4）使能 TIM3 的 CH2 输出,使能 TIM3。在完成以上设置之后,需要开启 TIM3 的通道 2 输出和 TIM3。前者通过 TIM3_CCER1 来设置,是单个通道的开关,而后者则通过 TIM3_CR1 来设置,是整个 TIM3 的总开关。只有设置了这两个寄存器,才能在 TIM3 的通道 2 上看到 PWM 波输出。

（5）修改 TIM3_CCR2 来控制占空比。在经过以上设置之后,PWM 其实已经开始输出了,只是其占空比和频率都是固定的,通过修改 TIM3_CCR2 则可以控制 CH2 的输出占空比,继而控制 DS0 的亮度。

下面介绍硬件设计。

DS0 是连接在 PA8 上的,而 PWM 输出是在 PA7,应该把 PA7 和 PA8 通过跳线帽短接起来,然后配置 PA8 为浮空输入（I/O 口复位后的状态）,以免干扰 PA7 的信号。

下面是程序设计示例:

```
MAIN.C
#include <STM32f10x_lib.h>
#include "sys.h"
#include "usart.h"
#include "delay.h"
#include "led.h"
#include "key.h"
#include "exti.h"
#include "wdg.h"
#include "timer.h"
//PWM 输出实验
int main(void)
{
    u16 led0pwmval = 0;
    u8 dir = 1;
    STM32_Clock_Init(9);        //系统时钟设置
    delay_init(72);             //延时初始化
    uart_init(72,9600);         //串口初始化
    led_init();                 //初始化与 LED 连接的硬件接口
    pwm_init(900,0);            //不分频.PWM 频率 = 72 000/900 = 8kHz
        while(1)
        {
```

```
            delay_ms(10);
            if(dir)led0pwmval++;
            else led0pwmval -- ;

            if(led0pwmval > 300)dir = 0;
            if(led0pwmval == 0)dir = 1;

            LED0_PWM_VAL = led0pwmval;
        }
}
```

TIMER.C
```
# include "timer.h"
# include "led.h"
```

//通用定时器驱动代码

//定时器 3 中断服务程序
```
void TIM3_IRQHandler(void)
{
    if(TIM3 - > SR&0X0001)                      //溢出中断
    {
        LED1 = ! LED1;
    }
    TIM3 - > SR& = ~(1 << 0);                   //清除中断标志位
}
```
//通用定时器中断初始化
//这里时钟选择为 APB1 的 2 倍,而 APB1 为 36MHz
//arr: 自动重装值
//psc: 时钟预分频数
//这里使用的是定时器 3!
```
void timerx_init(u16 arr,u16 psc)
{
    RCC - > APB1ENR| = 1 << 1;                  //TIM3 时钟使能
      TIM3 - > ARR = arr;                       //设定计数器自动重装值,刚好 1ms
    TIM3 - > PSC = psc;                         //预分频器 7200,得到 10kHz 的计数时钟
    //这两个参数要同时设置才可以使用中断
    TIM3 - > DIER| = 1 << 0;                    //允许更新中断
    TIM3 - > DIER| = 1 << 6;                    //允许触发中断
    TIM3 - > CR1| = 0x01;                       //使能定时器 3
    MY_NVIC_Init(1,3,TIM3_IRQChannel,2);        //抢占 1,子优先级 3,组 2
}
```

//TIM3 PWM 部分

//PWM 输出初始化
//arr: 自动重装值
//psc: 时钟预分频数

```
void pwm_init(u16 arr,u16 psc)
{
    //此部分需手动修改 I/O 口设置
    RCC -> APB1ENR| = 1 << 1;                   //TIM3 时钟使能

    GPIOA -> CRH& = 0XFFFFFFF0;                 //PA8 输出
    GPIOA -> CRH| = 0X00000004;                 //浮空输入

    GPIOA -> CRL& = 0X0FFFFFFF;                 //PA7 输出
    GPIOA -> CRL| = 0XB0000000;                 //复用功能输出
    GPIOA -> ODR| = 1 << 7;                     //PA7 上拉

    TIM3 -> ARR = arr;                          //设定计数器自动重装值
    TIM3 -> PSC = psc;                          //预分频器不分频

    TIM3 -> CCMR1| = 7 << 12;                   //CH2 PWM2 模式
    TIM3 -> CCMR1| = 1 << 11;                   //CH2 预装载使能

    TIM3 -> CCER| = 1 << 4;                     //OC2 输出使能

    TIM3 -> CR1 = 0x8000;                       //ARPE 使能
    TIM3 -> CR1| = 0x01;                        //使能定时器 3

}
```

TIMER.H
```
# ifndef __TIMER_H
# define __TIMER_H
# include "sys.h"
//通用定时器驱动代码
# define LED0_PWM_VAL TIM3 -> CCR2
void timerx_init(u16 arr,u16 psc);
void pwm_init(u16 arr,u16 psc);
# endif
```

7.6 步进电动机

选用的步进电动机的型号为 28BYJ-48(或 MP28GA,5V,转速比 1/64),驱动电路选用 ULN2003 芯片的驱动板,其控制时序如下:四相八拍:A→AB→B→BC→C→CD→D→DA。其中,A、B、C、D 指的是 ULN2003 芯片驱动板的 1N1、1N2、1N3、1N4。

此外,至少需要 4 根杜邦线,还需提供一个 5V 的直流电源。接线方式如下:PE0 接 IN1,PE1 接 IN2,PE2 接 IN3,PE3 接 IN4,5V 电源。

下面是程序示例:

```
1.   /************************************************************ // **
2.    * @file: STM32_pio.h
3.    * @brief: STM32F1xx CoX PIO Peripheral Interface
4.    * @version: V1.0
5.    * @date: 28 Feb. 2011
6.    * @author: CooCox
7.    ************************************************************** /
8.   #ifndef __STM_PIO_H
9.   #define __STM_PIO_H
10.
11.   #include "cox_pio.h"
12.
13.   /************************************************************ // **
14.    * 定义 STM32F1xx CoX PIO 外围接口
15.    ************************************************************** /
16.   extern COX_PIO_PI pi_pio;
17.
18.   #endif
1.   /************************************************************ // **
2.    * @file: STM32_pio.c
3.    * @brief: STM32F1xx CoX PIO Peripheral Interface
4.    * @version: V1.0
5.    * @date: 28 Feb. 2011
6.    * @author: CooCox
7.    ************************************************************** /
8.   #include "STM32_pio.h"
9.   #include "STM32f10x.h"
10.
11.
12.  /************************************************************ //
13.    * @brief Get pointer to GPIO peripheral due to GPIO port
14.    * @param[in] portNum: Port Number value, should be in range from 0 to 6.
15.    * @return Pointer to GPIO peripheral
16.    ************************************************************** /
17.   static GPIO_TypeDef * STM32_GetGPIO(uint8_t port)
18.   {
19.       GPIO_TypeDef * pGPIO = COX_NULL;
20.
21.       switch(port)
22.       {
23.           case 0: pGPIO = GPIOA; break;
24.           case 1: pGPIO = GPIOB; break;
25.           case 2: pGPIO = GPIOC; break;
26.           case 3: pGPIO = GPIOD; break;
27.           case 4: pGPIO = GPIOE; break;
```

```
28.            case 5: pGPIO = GPIOF; break;
29.            case 6: pGPIO = GPIOG; break;
30.            default: break;
31.        }
32.
33.        return pGPIO;
34.    }
35.
36.
37.    / ********************************************************************** // **
38.     * @brief Initializes the PIO peripheral
39.     * @param[in] pio: The specified peripheral
40.     * @return Result, may be:
41.     *  - COX_ERROR: Error occurred, parameter is not supported
42.     *  - COX_SUCCESS: Previous argument of the specified option
43.     ********************************************************************** /
44.    static COX_Status STM32_PIO_Init (COX_PIO_Dev pio)
45.    {
46.
47.        GPIO_TypeDef * pGPIO = COX_NULL;
48.        uint8_t port, pin;
49.
50.        port = (pio >> 8) & 0xFF;
51.        pin = (pio >> 0) & 0xFF;
52.
53.        pGPIO = STM32_GetGPIO(port);
54.
55.        if(port > 6 || port < 0 || pin < 0 || pin > 15)
56.            return COX_ERROR;
57.
58.        / * Enable GPIO and AFIO clocks * /
59.        switch(port)
60.        {
61.            case 0: RCC -> APB2ENR |= (RCC_APB2ENR_IOPAEN | RCC_APB2ENR_AFIOEN); break;
62.            case 1: RCC -> APB2ENR |= (RCC_APB2ENR_IOPBEN | RCC_APB2ENR_AFIOEN); break;
63.            case 2: RCC -> APB2ENR |= (RCC_APB2ENR_IOPCEN | RCC_APB2ENR_AFIOEN); break;
64.            case 3: RCC -> APB2ENR |= (RCC_APB2ENR_IOPDEN | RCC_APB2ENR_AFIOEN); break;
65.            case 4: RCC -> APB2ENR |= (RCC_APB2ENR_IOPEEN | RCC_APB2ENR_AFIOEN); break;
66.            default: break;
67.        }
68.    return COX_SUCCESS;
69.    }
70.
71.
72.    / ********************************************************************** // **
73.     * @brief Set direction (Input or Output)
74.     * @param[in] pio: The specified PIO peripheral
75.     * @param[in] dir: Direction, should be
76.     *  - 0: Input
77.     *  - 1: Output
```

```
78.        *  @return Result, may be:
79.        *  - COX_ERROR: Error occurred, parameter is not supported
80.        *  - COX_SUCCESS: Previous argument of the specified option
81.        ************************************************************************** /
82.       static COX_Status STM32_PIO_SetDir(COX_PIO_Dev pio, uint8_t dir)
83.       {
84.
85.           GPIO_TypeDef * pGPIO = COX_NULL;
86.           uint8_t port, pin;
87.
88.           port = (pio >> 8) & 0xFF;
89.           pin = (pio >> 0) & 0xFF;
90.
91.           pGPIO = STM32_GetGPIO(port);
92.
93.           / * Direction is input:GPIO_Mode_IN_FLOATING * /
94.           if(dir == 0){
95.               if(pin > 7)
96.               {
97.                   / * Configure the eight high port pins * /
98.                   pin = pin - 8;
99.                   / * MODE[1:0] = 00 * /
100.                  pGPIO -> CRH &= ~(0x3 << (pin * 4));
101.                  / * CNF[1:0] = 01 * /
102.                  pGPIO -> CRH &= ~(0x8 << (pin * 4));
103.                  pGPIO -> CRH |= (0x4 << (pin * 4));
104.              }
105.
106.              else
107.              {
108.                  / * Configure the eight low port pins * /
109.                  pGPIO -> CRL &= ~(0x3 << (pin * 4));
110.                  pGPIO -> CRL &= ~(0x8 << (pin * 4));
111.                  pGPIO -> CRL |= (0x4 << (pin * 4));
112.              }
113.          }
114.
115.          / * Direction is output:GPIO_Mode_Out_PP * /
116.          else {
117.              if(pin > 7)
118.              {
119.                  pin = pin - 8;
120.                  / * MODE[1:0] = 11 * /
121.                  pGPIO -> CRH |= (0x3 << (pin * 4));
122.                  / * CNF[1:0] = 00 * /
123.                  pGPIO -> CRH &= ~(0xc << (pin * 4));
124.              }
125.              else
126.              {
127.                  pGPIO -> CRL |= (0x3 << (pin * 4));
128.                  pGPIO -> CRL &= ~(0xc << (pin * 4));
129.              }
130.          }
131.          return COX_SUCCESS;
132.      }
```

7.7　GPS 模块定位数据读取

GPS 模块就是 GPS 信号接收器,它可以用无线蓝牙或有线方式与计算机或手机连接,将它接收到的 GPS 信号传递给计算机或手机中的 GPS 软件进行处理。

常说的 GPS 定位模块称为用户部分,它像"收音机"一样接收、解调卫星的广播 C/A 码信号,频率为 1575.42MHz。GPS 模块并不播发信号,属于被动定位。

GPS 模块的应用关键在于串口通信协议的制定,也就是模块的相关输入/输出协议格式。它主要包括数据类型与信息格式,其中数据类型主要有二进制信息和 NMEA 全国海洋电子协会数据信息。这两类信息可以通过串口与 GPS 接收机进行通信。

7.7.1　GPS 模块定位原理

24 颗 GPS 卫星在离地面 12 000km 的高空上,以 12h 的周期环绕地球运行,使得在任意时刻,在地面上的任意一点都可以同时观测到 4 颗以上的卫星。

GPS 模块通过运算与每个卫星的伪距离,采用距离交会法求出接收机的得出经度、纬度、高度和时间修正量这四个参数。初次定位的模块至少需要 4 颗卫星参与计算,称为 3D 定位,3 颗卫星即可实现 2D 定位,但精度不佳。GPS 模块通过串行通信口不断输出 NMEA 格式的定位信息及辅助信息,供接收者选择应用。

由于卫星的位置精确可知,在 GPS 观测中,卫星到接收机的距离,利用三维坐标中的距离公式,利用 3 颗卫星,就可以组成 3 个方程式,解出观测点的位置 (X, Y, Z)。考虑到卫星的时钟与接收机时钟之间的误差,实际上有 4 个未知数, X、Y、Z 和时钟误差,因而需要引入第 4 颗卫星,形成 4 个方程式进行求解,从而得到观测点的经纬度和高程。

事实上,接收机往往可以锁住 4 颗以上的卫星,这时,接收机可按卫星的星座分布分成若干组,每组 4 颗,然后通过算法挑选出误差最小的一组用作定位,从而提高精度。

由于卫星运行轨道、卫星时钟存在误差,大气对流层、电离层对信号的影响,使得民用 GPS 的定位精度只有 10m。为提高定位精度,普遍采用差分 GPS(DGPS)技术,建立基准站(差分台)进行 GPS 观测,利用已知的基准站精确坐标,与观测值进行比较,从而得出一修正数,并对外发布。接收机收到该修正数后,与自身的观测值进行比较,消去大部分误差,得到一个比较准确的位置。实验表明,利用差分 GPS,定位精度可提高到 5m。

7.7.2　硬件设计

硬件开发平台如图 7-37 所示。主处理器是意法半导体的 STM32 系列,主要定位模块是 ublox-neo6m 的 GPS 定位模块,开发环境是 MDK5.0。

硬件电气连接如图 7-38 所示。其中,3.3V 电源给 GPS 模块供电,STM32 串口 2 连接 GPS。

7.7.3　软件实现

软件实现主要流程包括:STM32 串口初始化,模块初始化,设置更新速率,保存配置,串口 2 接收消息,对接收到的消息进行字符串处理,提取有用的信息加以利用。程序流程图如图 7-39 所示。

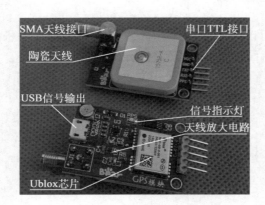

图 7-37 硬件开发平台

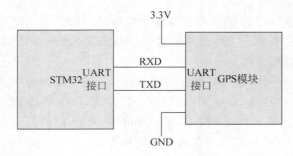

图 7-38 硬件电气连接原理图

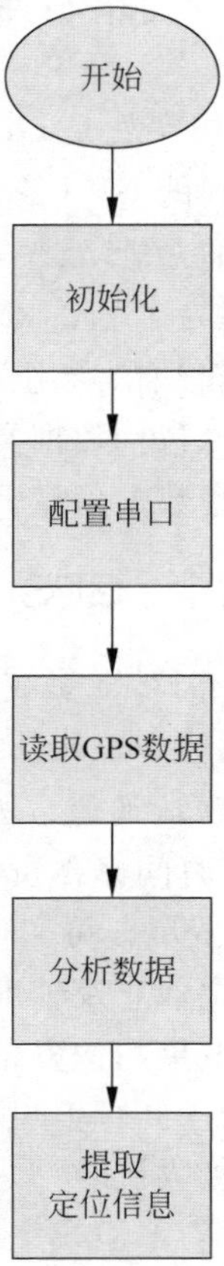

图 7-39 程序流程图

1. 串口部分

串口 2 初始化代码如下：

```
void USART2_Init_JAVE(u32 bound)
{

    GPIO_InitTypeDef   GPIO_InitStructure;
    USART_InitTypeDef  USART_InitStructure;
    NVIC_InitTypeDef   NVIC_InitStructure;

    USART_DeInit(USART2);

    //使能串口 2 的时钟和对应 GPIO 时钟
    RCC_APB1PeriphClockCmd(RCC_APB1Periph_USART2, ENABLE);
    RCC_APB2PeriphClockCmd(RCC_APB2Periph_GPIOA, ENABLE);


    //配置 TX 引脚 GPIO
    GPIO_InitStructure.GPIO_Pin = GPIO_Pin_2;
```

```
    GPIO_InitStructure.GPIO_Speed = GPIO_Speed_2MHz;
    GPIO_InitStructure.GPIO_Mode = GPIO_Mode_AF_PP;
    GPIO_Init(GPIOA,&GPIO_InitStructure);

    //配置 RX 引脚 GPIO
    GPIO_InitStructure.GPIO_Pin = GPIO_Pin_3;
    GPIO_InitStructure.GPIO_Mode = GPIO_Mode_IN_FLOATING;
    GPIO_Init(GPIOA,&GPIO_InitStructure);

    //配置串口 2
    USART_InitStructure.USART_BaudRate = bound;
    USART_InitStructure.USART_WordLength = USART_WordLength_8b;
    USART_InitStructure.USART_StopBits = USART_StopBits_1;
    USART_InitStructure.USART_Parity = USART_Parity_No;
    USART_InitStructure.USART_HardwareFlowControl = USART_HardwareFlowControl_None;
    USART_InitStructure.USART_Mode = USART_Mode_Rx | USART_Mode_Tx;
    USART_Init(USART2, &USART_InitStructure);

    //使能串口 2
    USART_Cmd(USART2,ENABLE);

    USART_ITConfig(USART2, USART_IT_RXNE, ENABLE);

    //配置串口 2 接收中断

    NVIC_InitStructure.NVIC_IRQChannel = USART2_IRQn;
    NVIC_InitStructure.NVIC_IRQChannelPreemptionPriority = 1;
    NVIC_InitStructure.NVIC_IRQChannelSubPriority = 1;
    NVIC_InitStructure.NVIC_IRQChannelCmd = ENABLE;
    NVIC_Init(&NVIC_InitStructure);

    USART_ClearFlag(USART2, USART_FLAG_RXNE);

    USART_GetFlagStatus(USART2,USART_FLAG_TC);       /* 先读 SR,再写 DR */

}
```

串口 2 中断函数代码如下:

```
void RX2_Handler(void)
{
    char temp = 0;
#ifdef OS_TICKS_PER_SEC          //如果时钟节拍数定义了,说明要使用 μcos - II 了
    OSIntEnter();
#endif

    if(USART_GetITStatus(USART2, USART_IT_RXNE) == SET)
    {
            temp = USART_ReceiveData(USART2);   /* 读取 USART2 数据,自动清零标志位 RXNE */
```

```
        if(RX2_Point < = 1999)
        {

            RX2_Temp[RX2_Point] = temp;

            RX2_Point++;

        }
            else    RX2_Point = 0;

    }

# ifdef OS_TICKS_PER_SEC              //如果时钟节拍数定义了,说明要使用μcos-II了
OSIntExit();
# endif

}
```

串口 2 接收扫描代码如下:

```
unsigned short USART2_Scan(u16 * len)
{
        unsigned short int ftemp = 0;
        ftemp = RX2_Point;
        * len = 0;
        if(ftemp != 0)
        {
            delay_ms(100);
            while (ftemp != RX2_Point)
            {
                ftemp = RX2_Point;
                delay_ms(100);
            }
            RX2_Point = 0;                   /* 重置指针 */
            * len = ftemp;
            return 1;                        /* 扫描到数据,返回 1 */
        }
        return 0;
}
```

2. GPS 驱动部分

设置更新速率代码如下:

```
//配置 UBLOX NEO-6 的更新速率
//measrate:测量时间间隔,单位为 ms,最短不能小于 200ms(5Hz)
//reftime:参考时间,0 = UTC Time;1 = GPS Time(一般设置为 1)
//返回值:为 0,则发送成功;其他,则发送失败
unsigned char Ublox_Cfg_Rate(unsigned short measrate,unsigned char reftime)
```

```
{
    _ublox_cfg_rate * cfg_rate = (_ublox_cfg_rate * )USART2_TX_BUF;
    if(measrate < 200)return 1;                            //小于200ms,直接退出
    cfg_rate -> header = 0X62B5;                           //cfg header
    cfg_rate -> id = 0X0806;                               //cfg rate id
    cfg_rate -> dlength = 6;                               //数据区长度为6字节
    cfg_rate -> measrate = measrate;                       //脉冲间隔(ms)
    cfg_rate -> navrate = 1;                               //导航速率(周期),固定为1
    cfg_rate -> timeref = reftime;                         //参考时间为GPS时间
    Ublox_CheckSum((unsigned char * )(&cfg_rate -> id),sizeof(_ublox_cfg_rate) - 4,&cfg_rate ->
cka,&cfg_rate -> ckb);
    while(DMA1_Channel7 -> CNDTR!= 0);                     //等待通道7传输完成
    UART_DMA_Enable(DMA1_Channel7,sizeof(_ublox_cfg_rate));   //通过dma发送出去
    Ublox_Send_Date((unsigned char * )cfg_rate,sizeof(_ublox_cfg_rate));  //发送数据给NEO - 6M
    return Ublox_Cfg_Ack_Check();
}
```

GPS 初始化代码如下:

```
unsigned char GPS_Init(void)
{
    unsigned char key =  0xFF,cnt = 0;        //保存配置成功的标志,成功时返回的值是0
    MyPrintf("GPS 初始化\r\n");
    Ublox_Cfg_Prt(38400);                     //重新设置模块的波特率为38400

    while((Ublox_Cfg_Rate(2000,1)!= 0)&&key)  //持续判断,直到可以检查到NEO - 6M,且数据保
                                              //存成功
    {   MyPrintf("2");
        USART2_Init_JAVE(38400);              //初始化串口2波特率为9600(EEPROM 没有保存
                                              //数据的时候,波特率为9600)
        Ublox_Cfg_Prt(38400);                 //重新设置模块的波特率为38400
        if(++cnt >= 5) return 1;              //错误
        key = Ublox_Cfg_Cfg_Save();           //保存配置,配置成功,返回0
        delay_ms(50);
    }

    return 0;
}
```

3. 算法处理部分(字符串处理)
对于接收到的消息进行提取处理的代码如下:

```
//分析 GPGGA 信息
//gpsx:nmea 信息结构体
//buf:接收到的 GPS 数据缓冲区首地址
void NMEA_GPGGA_Analysis(GPS_PacketTypeDef * GPS_Packet,u8 * buf)
{
    unsigned char * p1,dx,posx;
    unsigned int temp;
```

```
    float rs;
    p1 = (unsigned char * )strstr((const char * )buf," $ GPGGA");    //此处可改为" $ GPGGA"

    posx = NMEA_Comma_Pos(p1,9);                                     //得到海拔高度
    if(posx!= 0XFF){
        GPS_Packet -> altitude = NMEA_Str2num(p1 + posx,&dx);
        MyPrintf("altitude = % d\r\n",GPS_Packet -> altitude);
    }
    posx = NMEA_Comma_Pos(p1,2);                                     //得到纬度,分成度、分、秒
    if(posx!= 0XFF)
    {
        temp = NMEA_Str2num(p1 + posx,&dx);
        GPS_Packet -> latitude = temp/NMEA_Pow(10,dx + 2);          //得到度(°)
        rs = temp % NMEA_Pow(10,dx + 2);                            //得到分(')

        GPS_Packet -> latitude = GPS_Packet -> latitude * NMEA_Pow(10,5) + (rs * NMEA_Pow(10,
5 - dx))/60;                                                        //转换为度

        MyPrintf("latitude = % d\r\n",GPS_Packet -> latitude);
    }

    posx = NMEA_Comma_Pos(p1,4);                                     //得到经度
    if(posx!= 0XFF)
    {
        temp = NMEA_Str2num(p1 + posx,&dx);
        GPS_Packet -> longitude = temp/NMEA_Pow(10,dx + 2);        //得到度(°)
        rs = temp % NMEA_Pow(10,dx + 2);                           //得到分(')

        GPS_Packet -> longitude = GPS_Packet -> longitude * NMEA_Pow(10,5) + (rs * NMEA_Pow
(10,5 - dx))/60;                                                    //转换为度

        MyPrintf("longitude = % d\r\n",GPS_Packet -> longitude);
    }

    posx = NMEA_Comma_Pos(p1,6);                                     //定位状态
    if(posx!= 0XFF){
        GPS_Packet -> status = * (p1 + posx) - '0';
        MyPrintf("status = % d\r\n",GPS_Packet -> status);
    }
}
```

4. GPS 测试主程序

```
unsigned char GPS_Run(void)
{
    unsigned char flag = 0;                        //定位信息成功标志
    unsigned short rxlen, i;                       //rxlen:数据长度
    unsigned char cnt = 0;

    while(1)
```

```
{
    if(cnt > 2) {sign_run = 1;return 0;}
    cnt++;
    rxlen = 0;
    USART2_Scan(&rxlen);
    if(rxlen != 0)
    {
        for(i = 0;i < rxlen;i++){
            GPS_Temp[i] = RX2_Temp[i];
                MyPrintf("%c",RX2_Temp[i]);
        }
        GPS_Temp[i] = 0;                    //自动添加结束符

        for(i = 0;i < rxlen;i++){
            MyPrintf("%c",GPS_Temp[i]);
        }
        MyPrintf("\r\n");

        if(GPS_Check(GPS_Temp)!= 0) {
            MyPrintf("无效定位数据\r\n");
            continue;
        }
        MyPrintf("开始解析定位数据\r\n");
        NMEA_GPGGA_Analysis(&GPS_Packet,(unsigned char * )GPS_Temp);
        //分析GPS模块发送回来的数据,提取经纬度信息并换算成度
        flag = GPS_Packet.status;           //定位成功的标志

        if(flag == 1 || flag == 2)          //定位成功,读取数据存入MSG数据包并退出
        {
            MyPrintf("GPS success\r\n");
            GPS_Show( );
            Task_LED( );
            return 1;
        }
    }
    delay_ms(50);
    }
}
```

由于位置信息还会受到卫星信号强弱的影响,因此从GPS模块里面接收到的信息不一定就是有效的位置信息。如果定位失败,则模块会返回如下的信息。

```
$ GPRMC,,V,,,,,,,,,,N * 53
$ GPVTG,,,,,,,,,N * 30
$ GPGGA,,,,,,0,00,99.99,,,,, * 48
$ GPGSA,A,1,,,,,,,,,,,,,99.99,99.99,99.99 * 30
$ GPGSV,1,1,01,19,,,35 * 76
$ GPGLL,,,,,,V,N * 64
```

可以简单地认为,只要 $ GPGLL 这一行数据里含有 V 字符,那么这一次数据就是无效的,应当舍弃,等待下一次正确的信号输出。

如果卫星信号足够强,定位数据有效,那么模块会返回如下的信息:

```
$ GPRMC,031851.00,A,2309.86780,N,11325.74067,E,0.683,,060916,,,A * 74
$ GPVTG,,T,,M,0.683,N,1.265,K,A * 2E
$ GPGGA,031851.00,2309.86780,N,11325.74067,E,1,04,5.43,19.1,M, − 5.1,M,, * 7B
$ GPGSA,A,3,28,17,19,01,,,,,,,,,6.77,5.43,4.04 * 03
$ GPGSV,3,1,09,01,24,037,20,02,01,233,,03,44,084,29,06,35,242, * 72
$ GPGSV,3,2,09,08,01,087,,11,14,051,,17,40,326,30,19,26,302,29 * 76
$ GPGSV,3,3,09,28,75,000,31 * 4A
$ GPGLL,2309.86798,N,11325.74064,E,031852.00,A,A * 61
```

5. 模块驱动部分的全部源码

C 文件的源代码如下。

```c
//GPS 校验和计算
//buf:数据缓存区首地址
//len:数据长度
//cka,ckb:两个校验结果
void Ublox_CheckSum(unsigned char  * buf,unsigned short len,unsigned char *  cka,unsigned char * ckb)
{
    unsigned short i;
     * cka = 0; * ckb = 0;
    for(i = 0;i < len;i++)
    {
         * cka =  * cka + buf[i];
         * ckb =  * ckb +  * cka;
    }
}


//检查 CFG 配置执行情况
//返回值:0,ACK 成功
//      1,接收超时错误
//      2,没有找到同步字符
//      3,接收到 NACK 应答
unsigned char Ublox_Cfg_Ack_Check(void)
{
    unsigned short len = 0,i,rxlen;
    unsigned char rval = 0;
    while(USART2_Scan(&rxlen) == 0 && len < 100)       //等待接收到应答
    {
        len++ ;
        delay_ms(5);
    }

    if(len < 100)                                      //超时错误
    {
        for(i = 0;i < rxlen;i++)
```

```
                if(RX2_Temp[i] == 0XB5)
                    break;                          //查找同步字符 0XB5
            if(i == rxlen)
                rval = 2;                           //没有找到同步字符
            else if(RX2_Temp[i + 3] == 0X00)
                rval = 3;                           //接收到 NACK 应答
            else rval = 0;                          //接收到 ACK 应答
        }
        else rval = 1;                              //接收超时错误

        MyPrintf("rval = % d\r\n",rval);
        return rval;
    }


//配置 NMEA 输出信息格式
//波特率:4800/9600/19200/38400/57600/115200/230400
//返回值:0,执行成功;其他,执行失败
unsigned char Ublox_Cfg_Prt(unsigned int baudrate)
{
    _ublox_cfg_prt * cfg_prt = (_ublox_cfg_prt * )USART2_TX_BUF;
    cfg_prt -> header = 0X62B5;                     //cfg header
    cfg_prt -> id = 0X0006;                         //cfg prt id
    cfg_prt -> dlength = 20;                        //数据区长度为 20 个字节
    cfg_prt -> portid = 1;                          //操作串口 1
    cfg_prt -> reserved = 0;                        //保留字节,设置为 0
    cfg_prt -> txready = 0;                         //TX Ready 设置为 0
    cfg_prt -> mode = 0X08D0;                       //8 位,1 个停止位,无校验位
    cfg_prt -> baudrate = baudrate;                 //波特率设置
    cfg_prt -> inprotomask = 0X0007;                //0 + 1 + 2
    cfg_prt -> outprotomask = 0X0007;               //0 + 1 + 2
    cfg_prt -> reserved4 = 0;                       //保留字节,设置为 0
    cfg_prt -> reserved5 = 0;                       //保留字节,设置为 0
    Ublox_CheckSum((unsigned char * )(&cfg_prt -> id),sizeof(_ublox_cfg_prt) - 4,&cfg_prt ->
cka,&cfg_prt -> ckb);
//   while(DMA1_Channel7 -> CNDTR!= 0);             //等待通道 7 传输完成
//   UART_DMA_Enable(DMA1_Channel7,sizeof(_ublox_cfg_prt));   //通过 dma 发送出去
    Ublox_Send_Date((unsigned char * )cfg_prt,sizeof(_ublox_cfg_prt)); //发送数据给 NEO - 6M
    delay_ms(200);                                  //等待发送完成
    USART2_Init_JAVE(baudrate);                     //重新初始化串口 2
    return Ublox_Cfg_Ack_Check();                   //这里不会返回 0,因为 UBLOX 发回来的应答在串
                                                    //口重新初始化的时候已经被丢弃了

}


//配置保存
//将当前配置保存在外部 EEPROM 里面
//返回值:0,执行成功;1,执行失败
unsigned char Ublox_Cfg_Cfg_Save(void)
{
    unsigned char i;
```

```
    _ublox_cfg_cfg * cfg_cfg = (_ublox_cfg_cfg * )USART2_TX_BUF;
    cfg_cfg -> header = 0X62B5;                  //cfg header
    cfg_cfg -> id = 0X0906;                      //cfg cfg id
    cfg_cfg -> dlength = 13;                     //数据区长度为 13 字节
    cfg_cfg -> clearmask = 0;                    //清除掩码为 0
    cfg_cfg -> savemask = 0XFFFF;                //保存掩码为 0XFFFF
    cfg_cfg -> loadmask = 0;                     //加载掩码为 0
    cfg_cfg -> devicemask = 4;                   //保存在 EEPROM 里面
    Ublox_CheckSum((unsigned char * )(&cfg_cfg -> id),sizeof(_ublox_cfg_cfg) - 4,&cfg_cfg ->
cka,&cfg_cfg -> ckb);
//  while(DMA1_Channel7 -> CNDTR!= 0);          //等待通道 7 传输完成
//  UART_DMA_Enable(DMA1_Channel7,sizeof(_ublox_cfg_cfg));    //通过 dma 发送出去
    Ublox_Send_Date((unsigned char * )cfg_cfg,sizeof(_ublox_cfg_cfg)); //发送数据给 NEO - 6M
    for(i = 0;i < 6;i++)if(Ublox_Cfg_Ack_Check() == 0)break;    //EEPROM 写入,需要比较久的
                                                                //时间,所以连续判断多次
    return i == 6?1:0;
}


//配置 UBLOX NEO - 6 的更新速率
//measrate:测量时间间隔,单位为 ms,最少不能小于 200ms(5Hz)
//reftime:参考时间,0 = UTC Time;1 = GPS Time(一般设置为 1)
//返回值:0,发送成功;其他,发送失败
unsigned char Ublox_Cfg_Rate(unsigned short measrate,unsigned char reftime)
{
    _ublox_cfg_rate * cfg_rate = (_ublox_cfg_rate * )USART2_TX_BUF;
    if(measrate < 200)return 1;                  //小于 200ms,直接退出
    cfg_rate -> header = 0X62B5;                 //cfg header
    cfg_rate -> id = 0X0806;                     //cfg rate id
    cfg_rate -> dlength = 6;                     //数据区长度为 6 字节
    cfg_rate -> measrate = measrate;             //脉冲间隔(ms)
    cfg_rate -> navrate = 1;                     //导航速率(周期),固定为 1
    cfg_rate -> timeref = reftime;               //参考时间为 GPS 时间
    Ublox_CheckSum((unsigned char * )(&cfg_rate -> id),sizeof(_ublox_cfg_rate) - 4,&cfg_rate ->
cka,&cfg_rate -> ckb);
//  while(DMA1_Channel7 -> CNDTR!= 0);          //等待通道 7 传输完成
//  UART_DMA_Enable(DMA1_Channel7,sizeof(_ublox_cfg_rate));    //通过 dma 发送出去
    Ublox_Send_Date((unsigned char * )cfg_rate,sizeof(_ublox_cfg_rate)); //发送数据给 NEO - 6M
    return Ublox_Cfg_Ack_Check();
}


//从 buf 里面得到第 cx 个逗号所在的位置
//返回值:0~0XFE,代表逗号所在位置的偏移
//       0XFF,代表不存在第 cx 个逗号
unsigned char NMEA_Comma_Pos(unsigned char * buf,unsigned char cx)
{
    unsigned char * p = buf;
    while(cx)
```

```
    {
        if( * buf == ' * '|| * buf < ' '|| * buf >'z')return 0XFF;    //遇到' * '或者非法字符,则不存
                                                                      //在第 cx 个逗号
        if( * buf == ',')cx -- ;
        buf++ ;
    }
    return buf - p;
}


//m ^ n 函数
//返回值:m ^ n
unsigned int NMEA_Pow(unsigned char m,unsigned char n)
{
    unsigned int result = 1;
    while(n -- )
        result * = m;
    return result;
}


//str 转换为数字,以',' 或者' * '结束
//buf:数字存储区
//dx:小数点位数,返回给调用函数
//返回值:转换后的数值
int NMEA_Str2num(unsigned char * buf,unsigned char * dx)
{
    unsigned char  * p = buf;
    unsigned int ires = 0,fres = 0;
    unsigned char ilen = 0,flen = 0,i;
    unsigned char mask = 0;
    int res;
    while(1)                                                //得到整数和小数的长度
    {
        if( * p == ' - '){mask| = 0X02;p++;}                //是负数
        if( * p == ','||( * p == ' * '))break;              //遇到结束了
        if( * p == '.'){mask| = 0X01;p++;}                  //遇到小数点了
        else if( * p>'9'||( * p<'0'))                       //有非法字符
        {
            ilen = 0;
            flen = 0;
            break;
        }
        if(mask&0X01)flen++;
        else ilen++;
        p++;
    }
    if(mask&0X02)buf++;                                     //去掉负号
    for(i = 0;i < ilen;i++)                                 //得到整数部分数据
    {
        ires += NMEA_Pow(10,ilen - 1 - i) * (buf[i] - '0');
```

```
        }
        if(flen>5)flen = 5;                                    //最多取5位小数
        * dx = flen;                                           //小数点位数
        for(i = 0;i<flen;i++)                                  //得到小数部分数据
        {
            fres += NMEA_Pow(10,flen - 1 - i) * (buf[ilen + 1 + i] - '0');
        }
        res = ires * NMEA_Pow(10,flen) + fres;
        if(mask&0X02)res = - res;
        return res;
}

//分析 GPGGA 信息
//gpsx:nmea 信息结构体
//buf:接收到的 GPS 数据缓冲区首地址
void NMEA_GPGGA_Analysis(GPS_PacketTypeDef * GPS_Packet,u8 * buf)
{
        unsigned char * p1,dx,posx;
        unsigned int temp;
        float rs;
        p1 = (unsigned char * )strstr((const char * )buf," $ GPGGA");  //此处可改为" $ GPGGA"

        posx = NMEA_Comma_Pos(p1,9);                           //得到海拔高度
        if(posx!= 0XFF){
            GPS_Packet - > altitude = NMEA_Str2num(p1 + posx,&dx);
            MyPrintf("altitude = % d\r\n",GPS_Packet - > altitude);
        }
        posx = NMEA_Comma_Pos(p1,2);                           //得到纬度
        if(posx!= 0XFF)
        {
            temp = NMEA_Str2num(p1 + posx,&dx);
            GPS_Packet - > latitude = temp/NMEA_Pow(10,dx + 2);   //得到度(°)
            rs = temp % NMEA_Pow(10,dx + 2);                      //得到分(')

            GPS_Packet - > latitude = GPS_Packet - > latitude * NMEA_Pow(10,5) + (rs * NMEA_Pow(10,
5 - dx))/60;                                                   //转换为度(°)

            MyPrintf("latitude = % d\r\n",GPS_Packet - > latitude);
        }

        posx = NMEA_Comma_Pos(p1,4);                           //得到经度
        if(posx!= 0XFF)
        {
            temp = NMEA_Str2num(p1 + posx,&dx);
            GPS_Packet - > longitude = temp/NMEA_Pow(10,dx + 2);  //得到度(°)
            rs = temp % NMEA_Pow(10,dx + 2);                      //得到分(')

            GPS_Packet - > longitude = GPS_Packet - > longitude * NMEA_Pow(10,5) + (rs *
NMEA_Pow(10,5 - dx))/60;                                       //转换为度(°)

            MyPrintf("longitude = % d\r\n",GPS_Packet - > longitude);
```

```
        }
        posx = NMEA_Comma_Pos(p1,6);                      //定位状态
        if(posx!= 0XFF){
            GPS_Packet - > status = * (p1 + posx) - '0';
            MyPrintf("status = % d\r\n",GPS_Packet - > status);
        }
}


void Ublox_Send_Date(unsigned char * dbuf,unsigned short len)
{
    unsigned short j;
    for(j = 0;j < len;j++)                                //循环发送数据
    {
        while((USART2 - > SR&0X40) == 0);                 //循环发送,直到发送完毕
        USART2 - > DR = dbuf[j];
    }
}



u8 GPS_Check(u8 * buff)
{
    u8  * p_start, * p_process;
    //, * p_end;
//  u8 temp[500];
    u8 res = 0;
//  u16 cnt = 0,i = 0;
//  MyPrintf("检查 GPS 数据\r\n");
    p_start = (u8 * )strstr((const char * )buff," $ GPRMC");
    if(p_start!= NULL)                                    //找不到地理位置信息,返回无效
    {
            if(strstr((const char * )p_start," $ GPVTG")!= NULL && strstr((const char * )p_
start," $ GPGGA")!= NULL)

                    if(strstr((const char * )p_start," $ GPGSA")!= NULL && strstr((const char
* )p_start," $ GPGSV")!= NULL)

                        if((p_process = (u8 * )strstr((const char * )p_start," $ GPGLL"))!= NULL)
                        {
//                          MyPrintf("检查无效字符\r\n");
                            if((strstr((const char * )p_process,"V"))!= NULL)  res = 0xFF;
                        }
    }else    res = 1;

//  MyPrintf("GPS Check Result = % d\r\n",res);
    return res;                                           //返回无效定位数据
}
```

H 文件的源代码如下。

```
#ifndef _NEO_6M_
        #define _NEO_6M_

        #include "global.h"

        //UBLOX NEO-6M 配置(清除、保存、加载等)结构体
        __packed typedef struct
        {
            unsigned short header;          //cfg header,固定为 0X62B5(小端模式)
            unsigned short id;              //cfg cfg id:0X0906(小端模式)
            unsigned short dlength;         //数据长度为 12 或者 13 字节
            unsigned int clearmask;         //子区域清除掩码(1 有效)
            unsigned int savemask;          //子区域保存掩码
            unsigned int loadmask;          //子区域加载掩码
            unsigned char devicemask;       //目标器件选择掩码   b0:BK RAM;b1:FLASH;b2,
                                            //EEPROM;b4,SPI FLASH
            unsigned char  cka;             //校验 cka
            unsigned char  ckb;             //校验 ckb
        }_ublox_cfg_cfg;

        //UBLOX NEO-6M UART 端口设置结构体
        __packed typedef struct
        {
            unsigned short header;          //cfg header,固定为 0X62B5(小端模式)
            unsigned short id;              //cfg prt id:0X0006(小端模式)
            unsigned short dlength;         //数据长度 20
            unsigned char  portid;          //端口号,0 = IIC;1 = UART1;2 = UART2;3 = USB;
                                            //4 = SPI;
            unsigned char  reserved;        //保留,设置为 0
            unsigned short txready;         //TX Ready 引脚设置,默认为 0
            unsigned int mode;              //串口工作模式设置,奇偶校验,停止位,字节长度
                                            //等的设置
            unsigned int baudrate;          //波特率设置
            unsigned short inprotomask;     //输入协议激活屏蔽位,默认设置为 0X07 0X00
                                            //即可
            unsigned short outprotomask;    //输出协议激活屏蔽位,默认设置为 0X07 0X00
                                            //即可
            unsigned short reserved4;       //保留,设置为 0
            unsigned short reserved5;       //保留,设置为 0
            unsigned char  cka;             //校验 cka
            unsigned char  ckb;             //校验 ckb
        }_ublox_cfg_prt;

        //UBLOX NEO-6M 刷新速率配置结构体
        __packed typedef struct
        {
            unsigned short header;          //cfg header,固定为 0X62B5(小端模式)
            unsigned short id;              //cfg rate id:0X0806 (小端模式)
```

```
            unsigned short dlength;        //数据长度
            unsigned short measrate;       //测量时间间隔,单位为 ms,最少不能小于 200ms(5Hz)
            unsigned short navrate;        //导航速率(周期),固定为 1
            unsigned short timeref;        //参考时间:0 = UTC Time;1 = GPS Time;
            unsigned char   cka;           //校验 cka
            unsigned char   ckb;           //校验 ckb
    }_ublox_cfg_rate;

    unsigned char Ublox_Cfg_Prt(unsigned int baudrate);
    unsigned char Ublox_Cfg_Cfg_Save(void);
    void Ublox_Send_Date(unsigned char * dbuf,unsigned short len);
    void NMEA_GPGGA_Analysis(GPS_PacketTypeDef * GPS_Packet,unsigned char * buf);
    unsigned char Ublox_Cfg_Rate(unsigned short measrate,unsigned char reftime);
    u8 GPS_Check(u8 * buff);

#endif
```

7.8　Profibus 总线

Profibus 是在欧洲工业界得到最广泛应用的一种现场总线标准,既符合德国标准 DIN19345 及欧洲标准 EN59170,同时也于 2000 年成为国际标准 IEC61158 的组成部分,目前是国际上通用的现场总线标准之一。

Profibus 是在 1987 年由德国西门子等 13 家企业和 5 家科研机构在德国联邦科技部的资助下,联合研究开发的开放式现场总线标准。属于单元级、现场级的 SIMITAC 网络,适用于传输中小量的数据。

7.8.1　Profibus 的组成

Profibus 总线有 3 个兼容部分,分别为 Profibus-DP(Decentralized Periphery)分布式外围设备,试用于加工自动化领域,应用于现场级,高速、低成本,分散外设的高速传输; Profibus-PA(Process Automation)过程自动化,适用于过程自动化,传输技术遵从 IEC1158-2 标准,实现总线供电与本质安全防爆; Profibus-FMS(Field Message Specification)现场总线信息规范,试用于纺织、楼宇自动化、可编程控制器、抵押开关等一般的自动化。

此三个兼容部分的协议在实际使用时,Profibus-FMS、Profibus-DP 均通过 RS-485 传输技术进行现场传输,其通信速率最高可达 12Mb/s,Profibus-PA 则固定为 31.25Kb/s。此外 Profibus-PA 可通过连接器或耦合器与 Profibus-DP 连接。Profibus 的结构如图 7-40 所示。

连接器既是 DP 网络段的从站,也是 PA 网络段的主站,可以连接多台现场设备,而只占用一个 DP 地址,根据网络复杂程度和处理时间要求的不同,可有不止一个连接器连接到 DP 上,通过一个连接器连接不超过 30 台现场仪表,这个限制与所使用的耦合器类型无关。连接器的上位总线 DP 的最大传输速率是 12Mb/s,下位总线 PA 的传输速率是 31.25Kb/s,因此连接器主要应用于对总线循环时间要求高和设备连接数量大的场合,最多由 5 个本质安

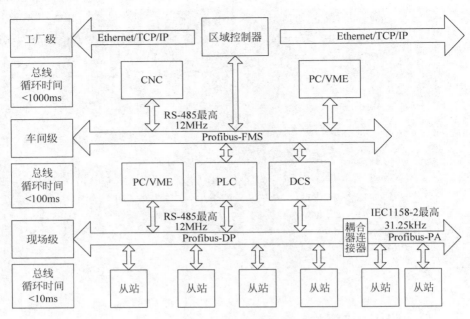

图 7-40　Profibus 协议结构图

全型(Ex)型和非本质安全型(非 Ex)型 PA/DP 耦合器组成,它们通过一块主板作为一个工作站连接到 DP 总线上。

　　耦合器可把传输速率为 31.25kb/s 的 PA 总线段和传输速率为 45.45kb/s 或 93.75kb/s 的 DP 总线段连接起来,因此 PA＝DP 通信协议＋扩展的非周期性服务＋作为物理层的 IEC1158,耦合器不占用 DP 或 PA 的地址,PA 总线段可以为现场仪表提供电源,用于简单网络和运算要求不高的场合。本质安全型(Ex)耦合器连接的 PA 总线最大传输电流是 100mA,可为 10 台现场仪表提供电源,非本质安全型(非 Ex)耦合器连接的 PA 总线最大输出电流是 400mA,可为 31 台现场仪表提供电源。

7.8.2　Profibus 的传输

　　考虑到 Profibus 在实际使用中,主要以 RS-485 传输技术为主,因此其传输速率和距离受到限制。RS-485 的传输介质主要为光纤或双绞线(带屏蔽网),传输速率在 9.6kb/s～12Mb/s,当传输速率为 9.6kb/s～187.5kb/s 时,传输距离最长为 1000m;当传输速率为 500kb/s 左右时,传输距离最长为 400m;当传输速率为 1500kb/s 左右时,传输距离最长为 200m;当传输速率为 3000kb/s～12 000kb/s 时,传输距离最长为 100m;使用 RS-485 中继器最多可延长至 10km,一个中继器最多可连接 31 个从站,总线最多可连接不超过 4 个中继器。

　　由于现场噪声、大功率电器、雷电等实际工况的影响,使用 RS-485 传输技术时接地问题要引起注意。众所周知,RS-485 传输主要有三根线,即 A、B、GND,最佳接地方式为 GND 接双绞线屏蔽网,屏蔽网单点接地,若使用普通双绞线(不带屏蔽网),可使用普通导线连接(GND),最终单点接地,GND 悬空亦可,切不可部分设备 GND 接大地,部分设备不接大地。电信号由电缆进入收发器会引起反射,类似光从一种介质进入另外一种介质会引起反射,这种反射造成传输信号的衰减,因此 RS-485 传输的第一个站和最后一个站必须接终值电阻,常用阻值为 120Ω 或 220Ω,传输距离小于 300m 时也可不接。综上所述,使用 RS-485 传输技术时应综合考虑现场工况、通信质量、成本、安全等方面因素,以便做出必要处理。

7.8.3　Profibus-DP 实现案例

下面以 Profibus-DP 为例说明如何实现该总线。

1. Profibus-DP 的基本功能

中央控制器周期性地读取从设备的输入信息并周期性地向从设备发送输出信息,总线循环时间必须比中央控制器的程序循环时间短。除周期性用户数据传输外,Profibus-DP 还提供了强有力的诊断和配置功能,数据通信是由主机和从机进行监控的。具体介绍如下:

(1) RS-485 双绞线、双线电缆或光纤,本例采用的 APC3 芯片波特率可选为:12Mb/s、6Mb/s、3Mb/s、1.5Mb/s、500kb/s、187.5kb/s、93.75kb/s、45.45kb/s、19.2kb/s、9.6kb/s。

(2) 总线存取:各主站间令牌传送,主站与从站间为主-从传送;支持单主或多主系统,总线上最多站点(主-从设备)数为 126。

(3) DP 主站和 DP 从站间的循环用户数据传送,各 DP 从站的动态激活和撤销,DP 从站组态检查,强大的诊断功能,三级诊断信息,输入或输出的同步,通过总线给 DP 从站赋予地址,通过总线对 DP 主站(DPM1)进行配置,每个 DP 从站最大的输入和输出数据为 246 字节。

(4) 设备类型:每个 Profibus-DP 系统可包括三种不同类型设备,即一类主站(DMP1),如 PLC 或 PC;二类主站(DPM2),如编程器、组态设备或控制面板;DP 从站,如 I/O 设备、驱动器、HMI、阀门等。

(5) 诊断功能分为三类:本站诊断操作,如温度过高、电压过低;模块诊断操作,如 8 位的输出模块;通道诊断操作,如输出通道 7 短路。

(6) 系统配置:包括站点数目、站点地址和输入输出数据格式,诊断信息的格式以及所使用的总体参数。

(7) 运行模式,主要有以下三种状态。

运行:输入和输出数据的循环传送。DPM1 由 DP 从站读取输入信息并向 DP 从站写入输出信息。

清除:DMP1 读取 DP 从站的输入信息并使输出信息保持为故障-安全状态。

停止:只能进行主-主数据传送,DMP1 和 DP 从站之间没有数据传送。

(8) 通信,点对点(用户数据传送)或广播(控制命令),循环主-从用户数据传送或非循环主-主数据传送。

2. Profibus-DP 协议

Profibus-DP 协议是按照欧洲现场总线 EN50170 第 2 部分、DIN19245 第 1,3 部分和 EC61158 来定义的。

Profibus-DP 协议可以分为以下 3 个版本:

(1) Profibus DP-V0:是基础通信协议版本,只支持循环数据交换(MS0 通信),它只有基本的配置、参数定义和简单诊断机制等功能。

（2）Profibus DP-V1：是 Profibus DP-V0 的扩展版本，增加了非循环通信（MS1 通信和 MS2 通信），另外，诊断功能独立于状态和报警管理做了另外的处理。

（3）Profibus DP-V2：是 Profibus DP-V0 和 Profibus DP-V1 的扩展版本，但有同步数据交换（IsoM）功能，且从站和从站能通过广播报文通信。

3. Profibus-DP 的报文

Profibus-DP 报文有令牌报文、FDL 状态请求报文、数据报文，其中数据报文又分为数据长度固定报文和数据长度可变报文。

Profibus-DP 主要有如下四种形式的报文结构。

（1）无数据信息的固定长度报文（又称为 FDL 状态请求报文，如图 7-41 所示）。

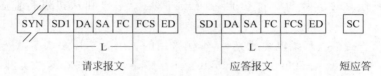

图 7-41　FDL 状态、请求报文

各部分的功能如下：

SYN：同步周期，至少有 33 个空闲位。

SD1：开始分界符（10H）。

DA：目的地址。

SA：源地址。

FC：功能代码。

FCS：帧校验序列。

ED：终止定界符（16H）。

SC：单字节。

（2）有数据信息的固定长度报文（见图 7-42）。

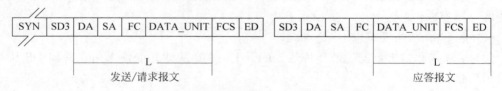

图 7-42　数据长度固定报文

各部分的功能如下：

SYN：同步周期，至少有 33 个空闲位。

SD3：开始分界符（A2H）。

DA：目的地址。

SA：源地址。

FC：功能代码。

DATA_UNIT：数据信息。

FCS：帧校验序列。

ED：终止定界符(16H)。

（3）具有数据信息的长度可变报文（见图7-43）。

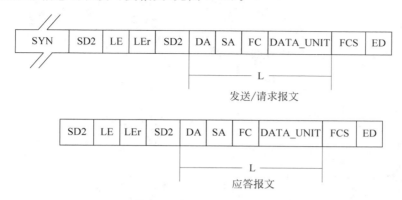

图 7-43　数据长度可变报文

各部分的功能如下：

SYN：同步周期，至少有 33 个空闲位。

SD2：开始分界符(68H)。

LE：报文长度，允许范围为 4～249 字节。

LEr：报文长度的重复。

DA：目的地址。

SA：源地址。

FC：功能代码。

DATA_UNIT：数据信息。

FCS：帧校验序列。

ED：终止定界符(16H)。

（4）令牌报文（见图7-44）。

各部分的功能如下：

SYN：同步周期，至少有 33 个空闲位。

图 7-44　令牌报文

SD4：开始分界符(DCH)。

DA：目的地址。

SA：源地址。

4. 硬件设计

本案例选用国产 APC3（详细信息参考 APC3 用户手册）智能从站开发的 ASIC 芯片，其支持 Profibus DP-V0 部分，其硬件设计电路原理图如图 7-45 所示。选用 STM32F103VCT6 芯片为 MCU，选用 MAX485EPA 为 Profibus-DP 的从站接口，48MHz 有源晶振为 APC3 提供时钟，APC3 输出 12MHz 信号为 MCU 提供外部时钟输入，二者实现同步通信。APC3 在 3.3V 供电情况下，与 VPC3 工作在 DP-V0 模式下完全兼容，与工作在 DP-V0 模式下的 SPC3 兼容。注意，主站会周期性地读取从站信息，因此用户不用关心从站何时将用户信息发送到总线上。

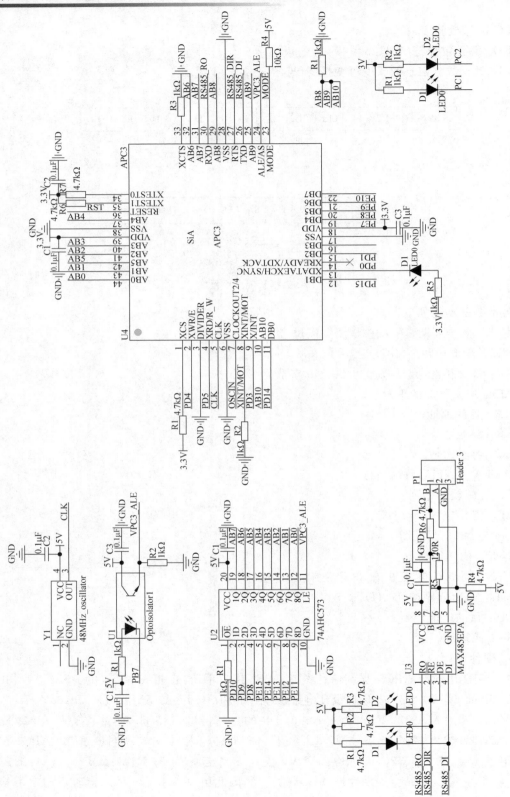

图 7-45　硬件设计电路原理图

5．软件设计

软件设计流程图（兼容 APC3）如图 7-46 所示。

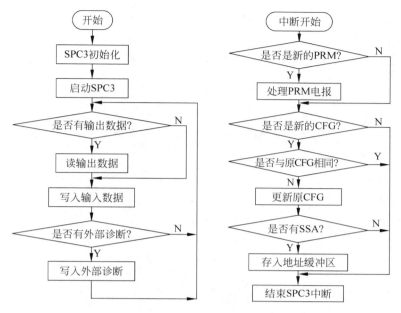

图 7-46　软件设计流程图

下面是部分程序源码：

```
//初始化 APC3 中从 0X16 开始的地址,清零
for (i = 0x16; i < 0x0600; i++)
{
    * ((unsigned char * )APC3RamPtr + i) = 0x00;
    //APC3RamPtr 为指向 APC3 的指针,其有 1.5KB 的 RAM,见 APC3 用户手册
}
APC3_SET_IND(
          GO_LEAVE_DATA_EX|              //数据交换中断
          WD_DP_MODE_TIMEOUT|            //看门狗超时中断
          NEW_GC_COMMAND|                //新的全局控制命令报文的中断
          NEW_SSA_DATA|                  //新的设置从机地址报文的中断
          NEW_CFG_DATA|                  //新的诊断报文的中断
          NEW_PRM_DATA|                  //新的设置参数报文的中断
          BAUDRATE_DETECT                //新的波特率选择报文的中断
);
SET_USER_WD_VALUE(10000);               //设置看门狗超时时间为 10ms
SET_IDENT_NUMBER_HIGH(ident_numb_high); //设置识别号,与 GSD 文件匹配
SET_IDENT_NUMBER_LOW(ident_numb_low);
APC3_SET_STATION_ADDRESS(this_station); //设置从机地址
APC3_SET_HW_MODE(
          SYNC_SUPPORTED |              //同步通信模式开启
          FREEZE_SUPPORTED|            //锁定模式开启
          INT_POL_LOW |                //中断输出为低电平
```

```
                USER_TIMEBASE_10m                 //设置用户时基为10ms
                );
buf.din_dout_buf_len = 256;                       //设置各报文缓冲区字节长度
buf.diag_buf_len = sizeof(struct diag_data_blk);
buf.prm_buf_len = 64;
buf.cfg_buf_len = 64;
buf.ssa_buf_len = 5;
APC3_INIT(&buf);                                  //开始配置
user_input_buffer_ptr = GET_DIN_BUF_PTR();        //获取第一个输入缓冲区
user_diag_buffer_ptr = (unsigned char * ) GET_DIAG_BUF_PTR();   //获取第一个诊断缓冲区
user_baud_value = APC3_GET_BAUD();                //获取通信波特率
APC3_SET_BAUD_CNTRL(0x1E);                         //设置波特率(此处为固定值9600)
APC3_START();                                     //开启APC3

APC3_NVIC_Configuration();                        //配置APC3的中断
{
    NVIC_InitTypeDef NVIC_InitStructure;
    NVIC_InitStructure.NVIC_IRQChannel = EXTI3_IRQn;
    NVIC_InitStructure.NVIC_IRQChannelPreemptionPriority = 0;
    NVIC_InitStructure.NVIC_IRQChannelSubPriority = 1;
    NVIC_InitStructure.NVIC_IRQChannelCmd = ENABLE;
    NVIC_Init(&NVIC_InitStructure);
}

//APC3的中断处理函数
void lisr_APC3_entry(void)
{
    unsigned char * prm_ptr;
    unsigned char * cfg_ptr;
    unsigned char param_data_len;
    unsigned char prm_result;
    unsigned char cfg_result, result;
    unsigned char ucRltM;
    int i;

    if(GET_IND_GO_LEAVE_DATA_EX())
    {
        go_leave_data_ex_function();              //发生数据交换中断,更新状态
        CON_IND_GO_LEAVE_DATA_EX();               //确认该指示
    }
    if(DGET_IND_NEW_GC_COMMAND())
    {
        global_ctrl_command_function();           //发生新的全局控制命令报文的中断,更新状态
        CON_IND_NEW_GC_COMMAND();                 //确认该指示
    }
    if(GET_IND_NEW_PRM_DATA())                    //发生新的设置参数报文的中断,更新状态
    {}
    if(GET_IND_NEW_CFG_DATA())                    //发生新的诊断报文的中断
    {
        cfg_result = CFG_FINISHED;
```

```
        result = CFG_OK;
        do                              //一直循环下去,直到无 PRM_Conflict 情况发生
        {
cfg_ptr = (unsigned char * ) GET_CFG_BUF_PTR();    //指向诊断数据缓冲区
        config_data_len = GET_CFG_LEN();            //获取诊断报文长度
        if (config_data_len == 0)
            cfg_result = SET_CFG_DATA_NOT_OK();    //失败
        else                            //检查诊断报文数据,与用户初始化的
                                        //诊断数据一致
        {
        }
    } while(cfg_result == CFG_CONFLICT);
}
if(GET_IND_NEW_SSA_DATA())                      //发生新的设置地址报文的中断
{
    address_data_function((unsigned char * ) GET_SSA_BUF_PTR(),GET_SSA_LEN());
    CON_IND_NEW_SSA_DATA();                     //更新状态,确认指示
}
if(GET_IND_WD_DP_MODE_TIMEOUT())                //发生看门狗超时中断
{
    wd_dp_mode_timeout_function();              //更新状态,确认指示
    CON_IND_WD_DP_MODE_TIMEOUT();
}
}
```

## 第 8 章

STM32 带操作系统编程

　　当前的嵌入式应用程序开发过程中,C 语言成为绝大部分场合的最佳选择。这样 main 函数似乎成为理所当然的起点,因为 C 程序往往从 main 函数开始执行。但一个经常会被忽略的问题是:微控制器(微处理器)上电后,是如何寻找到并执行 main 函数的呢? 很显然,微控制器无法从硬件上定位 main 函数的入口地址,因为使用 C 语言作为开发语言后,变量/函数的地址便由编译器在编译时自行分配,这样 main 函数的入口地址在微控制器的内部存储空间中不再是绝对不变的。

　　STM32 微控制器,无论是 Keil μVision4 还是 IAR EWARM 开发环境,ST 公司都提供了现成的直接可用的启动文件,程序开发人员可以引用启动文件后直接进行 C 应用程序的开发。这样能大大减小开发人员从其他微控制器平台跳转至 STM32 平台,适应 STM32 微控制器的难度。

　　新一代 Cortex 内核架构的启动方式有了比较大的变化。ARM7/ARM9 内核的控制器在复位后,CPU 会从存储空间的绝对地址 0x000000 取出第一条指令执行复位中断服务程序的方式启动,即固定了复位后的起始地址为 0x000000(PC = 0x000000),同时中断向量表的位置并不是固定的。而 Cortex-M3 内核则正好相反,有三种情况:

　　(1) 通过 boot 引脚设置可以将中断向量表定位于 SRAM 区,即起始地址为 0x2000000,同时复位后 PC 指针位于 0x2000000 处。

　　(2) 通过 boot 引脚设置可以将中断向量表定位于 Flash 区,即起始地址为 0x8000000,同时复位后 PC 指针位于 0x8000000 处。

　　(3) 通过 boot 引脚设置可以将中断向量表定位于内置 Bootloader 区。

　　而 Cortex-M3 内核规定,起始地址必须存放堆顶指针,而第二个地址则必须存放复位中断入口向量地址,这样在 Cortex-M3 内核复位后,会自动从起始地址的下一个 32 位空间取出复位中断入口向量,跳转执行复位中断服务程序。对比 ARM7/ARM9 内核,Cortex-M3 内核则是固定了中断向量表的位置而起始地址是可变化的。

　　使用的编译工具是 Keil,在用 Keil 建立 STM32 工程时,一般会产生一个启动文件 STM32F10x.s。在 ST 提供的库函数里,用 cortexm3_macro.s 和 stm32f10x_vector.s 来代替这个文件。

　　分析 STM32 的启动代码,可以总结一下 STM32 的启动文件和启动过程。首先对栈和堆的大小进行定义,并在代码区的起始处建立中断向量表,其第一个表项是栈顶地址,第二个表项是复位中断服务入口地址。然后在复位中断服务程序中跳转 C/C++标准实时库的

__main 函数,完成用户堆栈等的初始化后,跳转.c 文件中的 main 函数开始执行 C 程序。假设 STM32 被设置为从内部 Flash 启动(这也是最常见的一种情况),中断向量表起始地址为 0x8000000,则栈顶地址存放于 0x8000000 处,而复位中断服务入口地址存放于 0x8000004 处。当 STM32 遇到复位信号后,则从 0x80000004 处取出复位中断服务入口地址,继而执行复位中断服务程序,然后跳转到 main 函数,最后进入 main 函数。

8.1 RAM、Flash 启动

STM32 里有 ROM 和 RAM,ROM 就是 Flash,程序一般下载到 Flash 中。

任何操作系统,在 STM32 的应用里都不是单独安装的,操作系统就像库函数一样在编译环境里与用户代码一起被编译成可执行文件,然后被下载到 STM32 上运行。Keil MDK 中程序的下载是默认 Flash 的。如果想下到 SRAM 中则用以下方法:

(1) 在项目文件夹中新建 RAM.ini。

```
------------------------------------------------------------
FUNC void Setup (void) {
  SP = _RDWORD(0x20000000);                //堆栈指针
  PC = _RDWORD(0x20000004);                //PC
  _WDWORD(0xE000ED08,0x20000000);          //中断向量偏移地址
}
LOAD .\basic.axf INCREMENTAL              //下载,.axf 根据自己的文件名和目录修改
Setup();                                   //调用 Setup();
g,main                                     //跳转到 main
------------------------------------------------------------
```

(2) 把程序起始地址改成 RAM 的起始地址。如图 8-1 所示,在 Target 选项卡的只读内存部分,勾选 IROM1,IROM1 的开始段写 0x20000000,长度写 0x2000;在读写存储部分,勾选 IRAM1,起始地址设置为 0x20002000,长度写 0x2000。

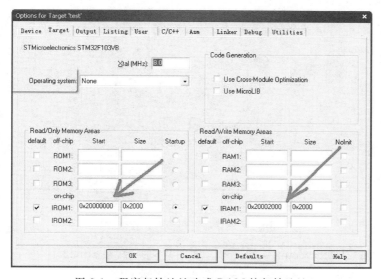

图 8-1 程序起始地址改成 RAM 的起始地址

（3）编译器里的一些设置修改。如图 8-2（a）所示，在 Debug 选项卡中，取消选中 Load Application at Startup 复选框，并且选择初始化文件（initialization file）为.\RAM.ini。

如图 8-2（b）所示，同时在 Utilities 选项卡中，取消选中 Update Target before Debugging 复选框。

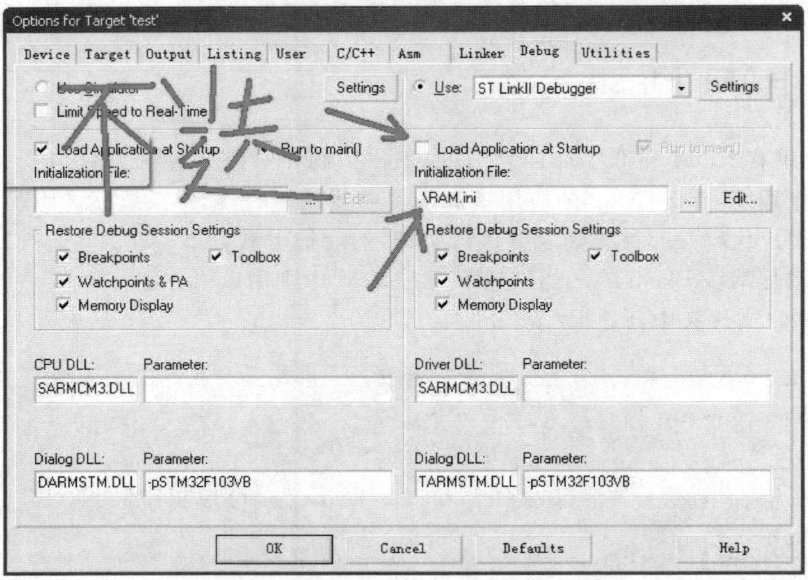

(a)

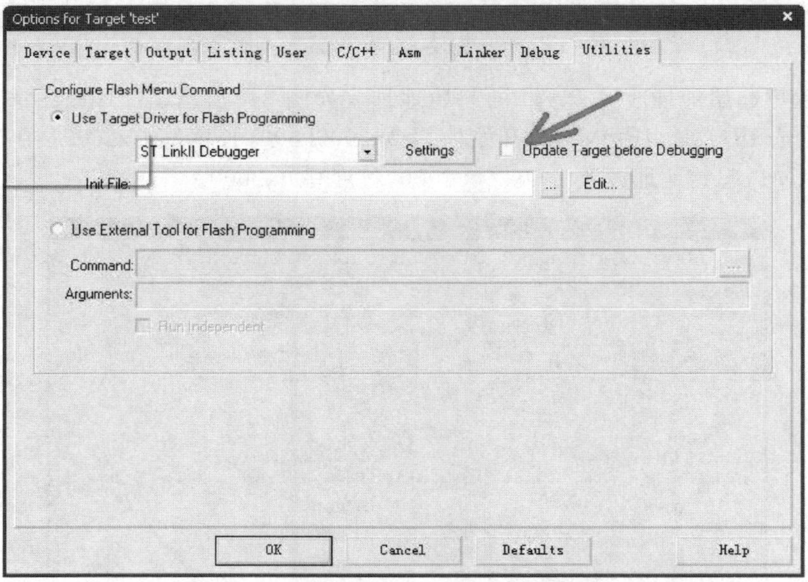

(b)

图 8-2　编译器里的一些设置修改

（4）更改 stm32f10x_vector.s 的设置。如图 8-3 所示，在 stm32f10x_vector.s 的属性里的 Asm 选项卡中的图示位置填写 RAM_MODE REMAP。

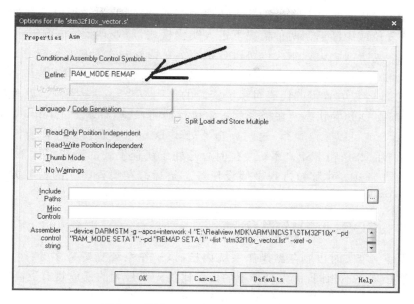

图 8-3　更改 stm32f10x_vector.s 的设置

（5）中断地址设定。找到 NVIC_Configuration(void)函数，做如下修改：

```
void NVIC_Configuration(void)
{
  NVIC_InitTypeDef NVIC_InitStructure;

#ifdef VECT_TAB_RAM
  /* 设置向量表的基地址为 0x20000000 */
  NVIC_SetVectorTable(NVIC_VectTab_RAM + 0x2000,0x0);        //原来的是 NVIC_SetVectorTable
(NVIC_VectTab_RAM,0x0);
#else /* VECT_TAB_FLASH */
  /* 设置向量表的基地址为 0x08000000 */
  NVIC_SetVectorTable(NVIC_VectTab_RAM,0x0);                 //原来的是 NVIC_SetVectorTable
(NVIC_VectTab_FLASH,0x0);
  #endif
}
```

8.2　小型操作系统 STM32 移植

　　STM32 可以移植一些小型的操作系统，包括 μClinux、μCOS-II、eCos、FreeRTOS 等。

　　本移植过程使用的软件环境是 RealView MDK 开发套件，此产品是 ARM 公司最新推出的针对各种嵌入式处理器的软件开发工具，该开发套件功能强大，包括了 μVision3 集成开发环境和 RealView 编译器。使用的硬件平台是深圳英蓓特公司推出的全功能评估板 STM103V100，其上所采用的处理器是 ST 意法半导体公司生产的 32 位哈佛结构 ARM 处理器 STM32F103VBT6，该处理器内置 ARM 公司最新的 Cortex-M3 核，并且具有非常丰富的片上资源。

基于 Cortex-M3 核的 ARM 处理器支持两种模式,分别称为线程模式和处理模式。程序可以在系统复位或中断返回两种情况下进入线程模式,而处理模式只能通过中断或异常的方式来进入。处于线程模式中代码可以分别运行在特权方式下和非特权方式下。处于处理模式中的代码总是运行在特权方式下。运行在特权方式下的代码对系统资源具有完全访问权,而运行在非特权方式下的代码对系统资源的访问权受到一定限制。处理器可以运行在 Thumb 状态或 Debug 状态。在指令流正常执行期间,处理器处于 Thumb 状态。当进行程序调试时,指令流可以暂停执行,这时处理器处于 Debug 状态。处理器有两个独立的堆栈指针,分别称为 MSP 和 PSP。系统复位时总是处于线程模式的特权方式下,并且默认使用的堆栈指针是 MSP。本移植过程中假设任务总是运行在线程模式的特权方式下且总是使用堆栈指针 PSP。

8.2.1　µCOS-Ⅱ内核简介

µCOS-Ⅱ是一个实时可剥夺型操作系统内核,该操作系统支持最多 64 个任务,但每个任务的优先级必须互不相同,优先级号小的任务比优先级号大的任务具有更高的优先级,并且该操作系统总是调度优先级最高的就绪态任务运行。此内核的代码是美国人 Jean J. Labrosse 用 C 语言编写的,具有很好的可移植性,其 2.52 版本通过了美国航天航空管理局的安全认证,可靠性非常高。这里所述的移植过程使用的就是该版本的源代码。

8.2.2　开始移植

µCOS-Ⅱ v2.52 的源代码按照移植要求分为需要修改部分和不需要修改部分。其中,需要修改源代码的文件包括头文件 OS_CPU. H、C 语言文件 OS_CPU. C 以及汇编格式文件 OS_CPU_A. ASM。

1. 修改头文件 OS_CPU. H

头文件 OS_CPU. H 中需要修改的内容有与编译器相关的数据类型重定义部分和与处理器相关的少量代码。由于本移植过程中使用的是 RealView 编译器,因此通过查阅此编译器的相关说明文档可以得到其所支持的基本数据类型,据此修改 OS_CPU. H 中与编译器相关的数据类型重定义部分。修改后代码如下:

```
typedef    unsigned char BOOLEAN;
typedef    unsigned char INT8U;
typedef    signed char INT8S;
typedef    unsigned short INT16U;
typedef    signed short INT16S;
typedef    unsigned long INT32U;
typedef    signed long INT32S;
typedef    float FP32;
typedef    double FP64;
typedef    unsigned long OS STK;
typedef    unsigned long OS CPU_SR;
```

其中定义的数据类型 OS_STK 指出了处理器堆栈中的数据是 32 位的,OS_CPU_SR 指出了处理器状态寄存器字长也为 32 位。

头文件中与处理器相关部分代码包括临界区访问处理、处理器堆栈增长方向和任务切换宏定义。临界区代码访问涉及全局中断开关指令,由文献可以得知关中断和开中断可以分别由指令 CPSID i 和 CPSIE i 实现。文中临界区访问处理如下:

```
#define        OS CRITICAL METHOD1
#if            OS_CRITICAL_METHOD = = 1
#define        OS_ENTER CRITICAL()   INT_DIS()
#define        OS_EXIT_CRITICAL()    INT_EN()
#endif
```

其中,INT_DIS()和 INT_EN()分别对应关中断和开中断处理过程。

根据文献可知,文中所使用的处理器支持的堆栈为满递减方式,即堆栈的增长方向是从内存高地址向低地址方向递减并且堆栈指针总是指向栈顶的数据。在头文件 OS_CPU. H 中相应代码只需修改一条,如下:

```
#define OS_STK_GROWTH   1
```

此定义中的 1 代表堆栈方向是向下递减的。

头文件 OS_CPU. H 中最后一个要修改的地方是任务切换宏定义,μCOS-Ⅱ内核就是通过这个宏调用来触发任务级的任务切换。任务切换一般是通过陷阱或软件中断来实现的,在基于 Cortex-M3 核的处理器中支持一条称为超级用户调用的指令 SVC,此指令是 ARM 软件中断指令 SWI 的升级版。此处的宏定义代码修改为如下形式:

```
#define OS_TASK_SW()   OS_SVC()
```

其中 OS_SVC()中包含了 SVC 指令,它可以由嵌入汇编的方式在 C 语言代码中进行定义。如下:

```
_asm void OS_SVC(void) {SVCOx00}
```

以上代码以嵌入汇编的方式定义了一个输入参数和返回值都为空的 C 语言函数,嵌入汇编的格式在 RealView 编译器的说明文档中有详细的说明。

2. 修改 C 语言文件 OS_CPU. C

根据文献可知,文件 OS_CPU. C 中有 10 个 C 语言函数需要编写,这些函数中唯一必要的函数是 OSTaskStkInit,其他 9 个函数必须声明,但不一定要包含任何代码。为了简洁起见,本移植过程只编写了 OSTaskStkInit,此函数的作用是把任务堆栈初始化成好像刚发生过中断一样。要初始化堆栈首先必须了解微处理器在中断发生前后的堆栈结构。根据文献易知微处理器在中断发生前后的堆栈结构,并且可知寄存器 xPSR、PC、LR、R12、R3、R2、R1、R0 是中断时由硬件自动保存的。初始化时需要注意的地方是 xPSR、PC 和 LR 的初值,对于其他寄存器的初值没有特别的要求。xPSR 比特位是 Thumb 状态位,初始化时需置 1,否则执行代码时会引起一个称为 Invstate 的异常,这是因为内置 Cortex-M3 核的微处理器只支持 Thumb 和 Thumb2 指令集。堆栈中 PC 和 LR 需初始化为任务的入口地址值,这样才能在任务切换时跳转到正确的地方开始执行。此函数可以用以下代码来实现:

```
OS_STK * OSTaskStkInit (void( * task)(void * pd),void * pdata,OS_STK * ptos,INT16U opt) {
```

```
INT32U. * stk;
opt = opt;
stk = (INT32U *)ptos;
* - stk = (INT32U)0x01000000;                    / * xPSR * /
* - stk = (INT32U)task;                          / * PC * /
* - stk = (INT32U)task;                          / * LR * /
* - stk = (INT32U)0x00000000;                    / * r12 * /
* - stk = (INT32U)0x00000000;                    / * r3 * /
* - stk = (INT32U)0x00000000;                    / * r2 * /
* - stk = (INT32U)0x00000000;                    / * r1 * /
* - stk = (INT32U)0x00000000;                    / * r0 * /
* - stk = (INT32U)0x00000000;                    / * r11 * /
* - stk = (INT32U)0x00000000;                    / * r10 * /
* - stk = (INT32U)0x00000000;                    / * r9 * /
* - stk = (INT32U)0x00000000;                    / * r8 * /
* - stk = (INT32U)0x00000000;                    / * r7 * /
* - stk = (INT32U)0x00000000;                    / * r6 * /
* - stk = (INT32U)0x00000000;                    / * r5 * /
* - stk = (INT32U)0x00000000;                    / * r4 * /
return((OS_STK * )stk); }
```

3. 修改汇编语言文件 OS_CPU_A. ASM

汇编文件 OS_CPU_A. ASM 中需要编写的函数分别为 OSStartHighRdy、OSCtxSw、OSIntCtxSw 和 OSTickISR。第 1 个函数的作用是启动多任务调度,此函数只在操作系统开始调度任务前执行一次,以后不再调用。按照文献中所述需将堆栈中的寄存器依次弹出,然后执行一条中断返回指令来开始第一个用户任务的调度。

但基于 Cortex-M3 核的 ARM 处理器在执行中断返回指令时必须处于处理模式下,否则将会引起内存访问异常。当系统上电启动时或程序重置后,处理器会进入线程模式,而要在函数 OSStartHighRdy 中执行中断返回指令就首先需要进行模式转换,进入处理模式,而进行同步可控制模式转换的途径是超级用户调用,即通过 SVC 指令产生软件中断可转换到处理模式。实际上考虑到此函数只在启动多任务调度开始前被调用一次,并且第一次调度任务运行时任务堆栈中除了 xPSR、PC 和 LR 的初值以外,其他寄存器的初值无关紧要。

因此可以简化该函数的编写,只需从第一个任务的堆栈中取出该任务的首地址,然后修改堆栈指针使其指向任务堆栈中内存地址最高处,即相当于抛弃任务堆栈中所有数据,最后根据取出的地址直接跳转到任务入口地址处开始执行。这样可以免去软件中断和模式切换,从而简化了对此函数的编写。需要说明的是,在抛弃任务堆栈中所用数据的同时也将 xPSR 的初值抛弃了,但这并不影响第一个任务投入运行,因为在跳转到第一个任务运行之前,指令流是在 Thumb 状态下正常执行的,xPSR 已经有了确定的值。此函数代码如下:

```
OSStartHighRdy
    MOV r0, # 1
    LDR r1, = OSRunning
    STRB r0,[r1];              //多任务开始
    LDR r0, = OSTCBHighRdy
    LDR r1,[r0]
```

```
LDR sp,[r1];                    //获得第一个任务堆栈指针
LDR r0,[sp,#56];                //获得第一个任务入口地址
ADD sp,sp,#64;                  //清空堆栈
BX r0;                          //直接跳转到第一个任务的入口地址
```

第 2 个汇编语言函数 OSCtxSw 是任务级的任务切换函数。若在任务执行过程中有一个比当前任务优先级更高的任务进入就绪态，μCOS-Ⅱ内核就会启动 OSCtxSw 进行任务切换。该函数会保存当前任务状态，然后恢复那个优先级更高的任务状态，使之投入运行。前述的宏定义 #define OS_TASK_SW()OS_SVC()中的 OS_SVC()包含了 SVC 软件中断指令，此中断的中断向量应该设为函数 OSCtxSw 的入口地址，即 OSCtxSw 是 SVC 指令产生中断的中断服务程序。其源代码如下：

```
STRB r1,[r0];                   //修改当前任务优先级全局变量
LDR r0, = OSTCBHighRdy
LDR r1,[r0];                    //获得新任务控制块地址
LDR r0, = OSTCBCur;             //修改当前任务控制块指针变量
STR r1,[r0];                    //使其指向新任务控制块
LDR r12,[r1];                   //获得新任务堆栈 PSP
LDMIA r12!,{r4-r11};            //将新任务堆栈中非自动入栈的寄存器弹出
MSR PSP,r12;                    //修改 PSP 使其指向新任务堆栈栈顶
MOV r0,#0xfffffffd
BX r0;                          //中断返回
```

由于微处理器在进入中断时按堆栈增长方向自动顺序保存了如下 8 个寄存器：xPSR、PC、LR、R12、R3、R2、R1、R0，因此在程序中只需保存另外 8 个寄存器，保存顺序可以随意，但注意弹栈时要按照先进后出的方式进行。按照本节开头的假定，任务总是运行在线程模式的特权方式下且总是使用堆栈指针 PSP。而中断产生后，中断服务程序将处于处理模式下，并且默认使用的堆栈指针是 MSP。因此在保存堆栈指针的时候需要保存的是当前任务的 PSP。中断返回前新任务的堆栈指针需要恢复到 PSP 中。中断返回使用如下指令：

```
MOV r0,#0xfffffffd
BX r0
```

其中立即数 #0xfffffffd 包含了返回信息，用这两条指令可以使中断返回时使用任务堆栈指针 PSP，返回后任务处于线程模式且使用任务堆栈指针 PSP。

第 3 个汇编语言函数 OSIntCtxSw 与 OSCtxSw 类似。若任务执行过程中产生了中断，且中断服务程序使得一个比当前被中断的任务具有更高优先级的任务就绪，则 μCOS-Ⅱ 内核就会在中断返回之前调用函数 OSIntCtxSw。在此函数中不需要像任务级任务切换函数那样保存当前任务状态，因为当前任务已经被中断，在进入中断服务程序的时候任务状态已被保存。其源代码与函数 OSCtxSw 中保存当前任务堆栈 PSP 指令以后部分相同，此处不再列出。

第 4 个汇编语言函数 OSTickISR 是系统时钟节拍的中断服务函数。处理器 STM32F103VBT6 中有一个专用系统时钟节拍定时器 SysTick，本移植过程使用此定时器产生每 100ms 一次的时钟节拍中断。此函数源代码如下：

```
OSTickISR
    MRS r12,PSP;            //获取被中断任务堆栈 PSP
    STMDB r12!,{r4 - r11};  //保存非自动入栈的寄存器
    LDR r1, = OSIntNesting
    LDRB r0,[rl];           //获取中断嵌套的计数值
    ADD r0,r0,#1
    CMP r0,#1
    BNE Nested;             //如果有中断嵌套则跳转至 Nested
    LDR r1, = OSTCBCur;     //在没有中断嵌套的情况下,保存当前任务堆栈 PSP 到其任务控制块中
    LDR r0,[r1];
    STR r12,[r0];
Nested
    BL OSTimeTick
    BL OSIntExit
    LDMIA r12!,{r4 - r11};  //弹出非自动入栈的寄存器
    MSR PSP,r12
    MOV r0,#0xfffffffd
    BX R0;                  //中断返回
```

8.2.3 程序开发模式讨论

传统应用程序开发模式称为超循环模式,即通常主程序是由 C 语言中的 for 语句或 while 语句构成的一个无限循环,程序在此循环中检测事件的发生,从而转向不同的任务。这种程序开发模式有两个主要的不足之处。首先从程序维护和可靠性的角度来看,所有任务都需要程序开发人员来进行全局性的维护,当系统变得庞大和复杂时,任务的维护会变得非常麻烦,同时程序的可靠性也受到影响。其次,从任务级响应时间来看,这个时间是不确定的,因为程序在循环体中检测事件发生的位置是固定的,但事件的发生是随机的,因此从事件发生到程序检测这段时间也是不确定的。

在基于嵌入式操作系统的应用程序开发过程中,应用程序开发人员只需关心各个任务本身,而任务调度由操作系统代劳。以下的例子说明了基于 μCOS-II 嵌入式操作系统的应用程序开发模式。

```
void main(){
    Syslnit();
    OSInit();
    OSTaskCreate(Task1,(void * )0,pTask1Stk,0);
    OSTaskCreate(Task2,(void * )0,pTask2Stk,1);
    OSStart();
    }
    void Task1(void * pD){
    pD = pD;
    while (1){
        点亮一个 LED;
        延时一段时间;
        OSTimeDly (5);
    }
}
void Task2 (void * pD){
```

```
       pD = pD;
       while (1){
           熄灭在任务 Task1 中被点亮的 LED;
       }
   }
```

其中,函数 SysInit 的作用是根据具体应用对处理器芯片进行必要的初始化,例如对系统的时钟分配和通用输入/输出端口配置。函数 OSInit 是 μCOS-Ⅱ 操作系统的内核初始化程序。第一个 OSTaskCreate 函数创建了任务 Task1,此任务的入口地址是 Task1,优先级是 0。第二个 OSTaskCreate 函数创建了任务 Task2,此任务的入口地址是 Task2,优先级是 1。函数 OSTaskCreate 还会将其创建的任务置于就绪态。文献叙述了函数 OSTaskCreate 的各个参数的含义。函数 OSStart 用于启动多任务调度。OSTimeDly 是 μCOS-Ⅱ 内核提供的系统调用函数,用于延时或定时,这里的参数 5 表示延时 5 个时钟节拍。应用程序开发人员需要做的就是,通过调用 μCOS-Ⅱ 内核提供的任务创建函数 OSTaskCreate 将编写好的任务程序交给操作系统管理。

该例中在调用 OSStart 后,操作系统发现任务 Task1 的优先级最高,于是操作系统就调度任务 Task1 使其投入运行,而任务 Task2 暂时不能获得处理器的使用权。任务 Task1 首先点亮一个 LED,然后延时一段时间,当运行到 OSTimeDly 处时,该任务被挂起而处于等待状态,此时任务 Task2 成为优先级最高的就绪态任务,于是操作系统调度 Task2 运行。当 5 个时钟节拍的延时时间结束时,系统时间节拍中断服务子程序会重新将任务 Task1 置于就绪状态,此时任务 Task1 再一次成为优先级最高的就绪态任务,于是操作系统保存任务 Task2 的状态,并恢复任务 Task1 的状态使其又一次获得处理器的使用权。此后程序执行过程将重复上述步骤。可以看到,在这个例子中的现象是某个 LED 灯不停地闪烁。

μCOS-Ⅱ 操作系统内核是实时可剥夺型的,这意味着在任务执行过程中或中断服务子程序中,一旦有一个新的更高优先级的任务就绪,内核将立刻调度此新任务运行,这说明响应任务的时间是即刻的、确定的。

综上所述,基于嵌入式操作系统的应用程序开发过程相对于以往传统应用程序开发大为简化,而且任务级响应时间也得到最优化。

第 9 章

CHAPTER 9

综 合 案 例

本章主要介绍基于 ARM 的小车系统 ZigBee 组网的设计与实现,包括 ARM 小车端的驱动代码和数据处理代码、ZigBee 无线收发代码、ZigBee 与计算机的串口通信代码、计算机控制程序。整个系统建立了小车与计算机的无线网络,可通过计算机进行控制。如果使用广播的方式,则可完成多车协同工作;如果使用点播的方式,则可以进行单个控制。

小车以 ARM 为中心,使用的是 STM32F103RBT6 芯片,对芯片进行编程,以控制小车的 4 个发动机并接收处理红外数据采集模块所采集到的数据。

通过小车底板把小车的各个引脚引出(见表 9-1),拓展出串口接口。整个小车通过 4 节 1.5V 干电池供电工作。小车的四个直流发动机通过一个 L298n 芯片控制方向和速度,L298n 芯片和红外数据采集模块均与 STM32F103RBT6 芯片连接,直接通过 STM32F103RBT6 芯片控制或处理接收到的数据。在底板上有预留出的串口,下载程序或进行串口实验均可从底板上的串口进行。小车示意图如图 9-1 所示。

图 9-1 小车示意图

根据图 9-2 上标注的小车引脚,依次对应关系如表 9-1 所示。

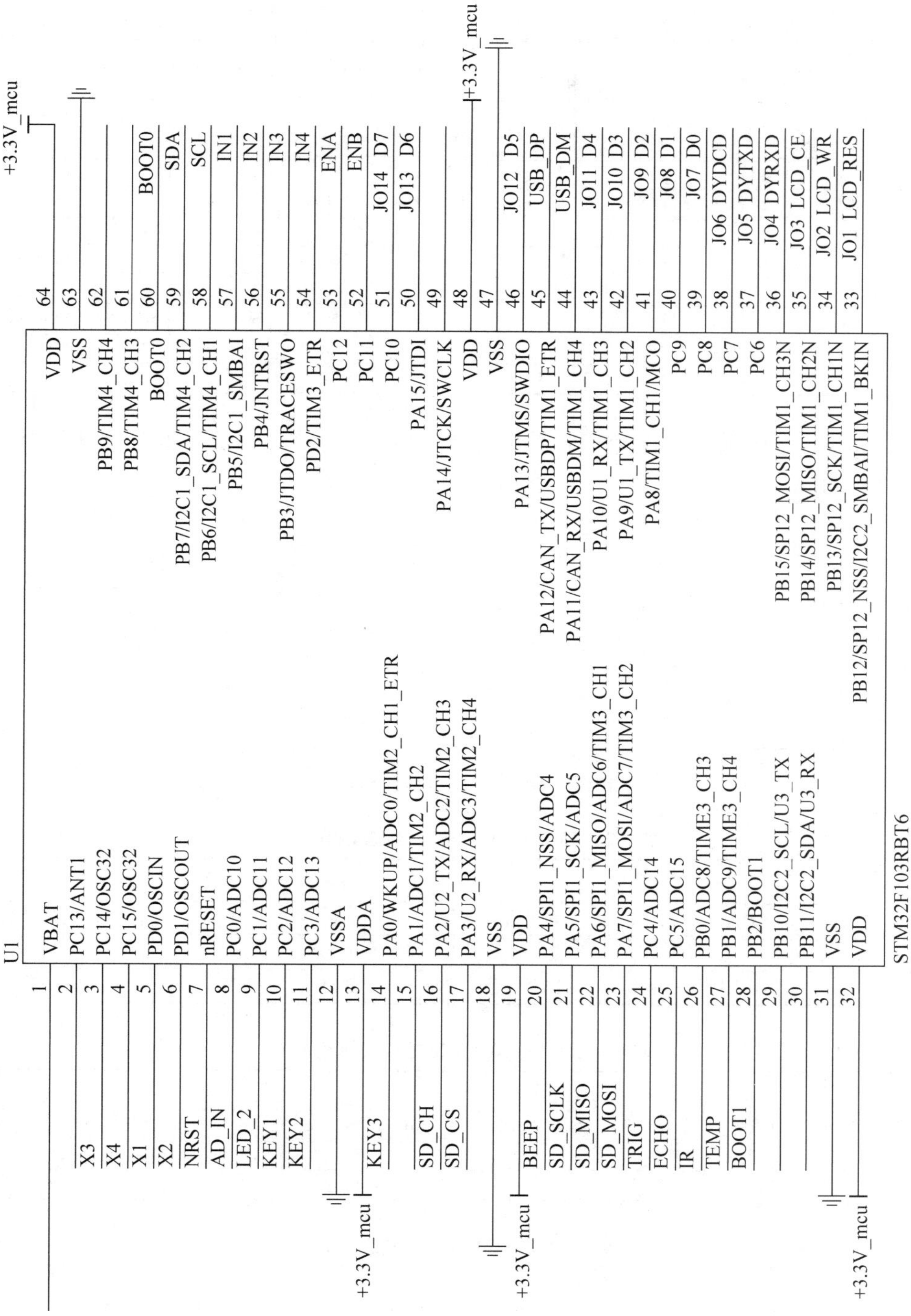

图 9-2　小车上 STM32 芯片引脚示意图

表 9-1　小车引脚与图 9-2 对应表

1	2	3	4	5	6	7	8	9	10
纽扣电池		X3	X4	X1	X2	NRST	AN_IN	LED_2	KEY1
11	12	13	14	15	16	17	18	19	20
KEY2	GND	VCC	KEY3		SD_CH	SD_CS	GND	VCC	BEEP
21	22	23	24	25	26	27	28	29	30
SD_SCLK	SD_MISO	SD_MOSI	TRIG	RCHO	IR	TEMP	BOOT1		
31	32	33	34	35	36	37	38	39	40
GND	VCC	LCD_RES	LCD_WR	LCD_CE	DYRXD	DYTXD	DYDCD	D0	D1
41	42	43	44	45	46	47	48	49	50
D2	D3	D4	USB_DM	USB_DP	D5	GND	VCC		D6
51	52	53	54	55	56	57	58	59	60
D7	ENB	ENA	IN4	IN3	IN2	IN1	SCL	SDA	BOOT0
61	62	63	64						
		GND	VCC						

图 9-3 标识了小车底盘上各个外接口的位置,表 9-2～表 9-5 分别给出了各个外接口的对应引脚和作用。

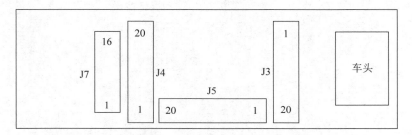

图 9-3　小车底板接口示意图

表 9-2　J3(1～20 引脚)对应表示含义

1	2	3	4	5	6	7	8	9	10
VCC	SCL	SDA	LED_1	AD_IN	KEY1	KEY2	TEMP	TRIG	ECHO
11	12	13	14	15	16	17	18	19	20
IR		BEEP	IN1	IN2	IN3	IN4	ENA	ENB	GND

表 9-3　J4(1～20 引脚)对应表示含义

1	2	3	4	5	6	7	8	9	10
VCC	TXD1	TXD2	SD_MISO	SD_SCLK	SD_MOSI	SD_CS	SD_CH	LCD_RES	LCD_WR
11	12	13	14	15	16	17	18	19	20
LCD_CE	D0	D1	D2	D3	D4	D5	D6	D7	GND

表 9-4　J5(1～20 引脚)对应表示含义

1	2	3	4	5	6	7	8	9	10
VCC	VCC	VCC	IO	IO	IO	IO	IO	IO	IO
11	12	13	14	15	16	17	18	19	20
IO	IO	TXD1	RXD1	IO	IO	IO	GND	GND	GND

表 9-5　J7(1~16引脚)对应表示含义

1	2	3	4	5	6	7	8
GND	VCC	NC(滑动变阻)	LCD_RES	LCD_WR	LCD_CE	D0	D1
9	10	11	12	13	14	15	16
D2	D3	D4	D5	D6	D7	VCC	GND

注：J7接LCD。

下载程序时将 J4 的第 2 引脚连接 J4 的第 15 引脚,并且将 J4 的第 3 引脚连接 J4 的第 16 引脚。

9.1　硬件连接方式

本硬件共分为计算机加 ZigBee 节点、小车加 ZigBee 节点两部分。计算机和小车的通信通过 ZigBee 模块无线完成。其中计算机与 ZigBee 模板通过 RS-232 串口线连接。小车通过 4 根杜邦线与 ZigBee 模块进行连接,其中两根分别为电源线和地线,另外两根为串口的 Rx 与 Tx。小车上又外接了红外采集模块通过 3 根杜邦线,其中两根分别为电源线和地线,另一根进行数据通信。硬件连接方式实物图如图 9-4 所示。

图 9-4　小车实物图

小车上接的红外数据采集模块,根据小车在还是不在黑线轨道上,返回数值 1 或 0。轨道的要求为：颜色为黑色、宽度略大于两红外采集模块。

小车上的 STM32F103RBT6 芯片在初始化后不断通过 USART1 向 ZigBee 模块发送从红外数据采集模块接收到的数据,当 ZigBee 模块通过 USART1 向 STM32F103RBT6 芯片发送数据时,STM32F103RBT6 芯片会产生中断,并根据接收到的数据改变发动机的旋转方向,以控制小车前进的方向。

在程序运行过程中,因设置了 TIME2 的中断事件,即定时更新 L298n 芯片的调速端控制速度的中断事件,因此会定时更新两个引脚的信号,即 PC11(52 号引脚)和 PC12(53 号引脚),对两引脚进行定期维护,使两引脚保持高电平状态,这样使小车运行在最高速状态。虽然在初始化阶段对两引脚仅进行一次高电平的初始化操作,也可使小车保持在最高速运行状态,但设定 TIME2 的定时更新中断事件可防止程序出错引起意外发生。在本实例中,设定 TIME2 的时钟预分频数为 3600~1,周期数为 900~1,并采用向上计数模式,即每次计数就会加 1,直到寄存器溢出发生中断为止。同时虽然 TIME2 属于低速 APB(即 APB1),但经过倍频器后，TIME2 所使用的定时器时钟仍为 72MHz，因此每 0.045s 会产生一次 TIME2 的中断事件，对 PC11(52 号引脚)以及 PC12(53 号引脚)进行一次维护。

本设计里共使用 STM32F103RBT6 的 2 个通用输入 GPIO 口，分别为 PC2(10 号引脚)、PC3(11 号引脚)；共使用 8 个通用输出 GPIO 口、分别为 PA4(20 号引脚)、PB3(55 号引脚)、PB4(56 号引脚)、PB5(57 号引脚)、PC1(9 号引脚)、PC11(52 号引脚)、PC12(53 号引脚)、PD2(54 号引脚)。其中，输入 GPIO 口均设置为输入频率为 50MHz 的上拉输入，使用上拉输入不仅使不确定的信号通过电阻维持在高电平，同时避免了输入端输入的信号过高损坏电路。而输出 GPIO 口除 PC1 口均设置为输出频率为 50MHz 的推挽输出，而 PC1 口为匹配 LED 灯的最大输出频率设置为 2MHz 的推挽输出，使用推挽输出既提高了电路的负载能力，又提高了开关速度，降低了功耗。

在设计中，PA10(43 号引脚)被复用为 USART1 的 Rx 引脚，此引脚的设置为输入频率为 50MHz 的浮空输入；PA9(42 号引脚)被复用为 USART1 的 Tx 引脚，此引脚的设置为 50MHz 的复用推挽输出。

9.2 驱动软件编写

硬件连接成功后，需要为每个 STM32F103RBT6 的外设编写驱动。本节详细描述了 ARM 小车系统的各个模块的驱动程序实现方法，首先介绍了基础的串口通信功能和红外数据采集功能，之后介绍了如何实现小车的方向控制和速度控制。

9.2.1 串口通信

小车通过串口与 ZigBee 模块进行通信。当模块收到从其他 ZigBee 模块发送的数据后，会把数据包通过串口发送到 STM32F103RBT6 芯片，此时 STM32F103RBT6 芯片中的程序会产生中断，对数据包进行解析，判定应执行的操作。同时每隔 0.0145s，STM32F103RBT6 芯片会通过串口向 ZigBee 模块发送红外数据采集模块收集到的数据。

串口事件初始化具体代码实现如下：

```
/ * USART1 中断事件设置 * /
NVIC_InitStructure.NVIC_IRQChannel = USART1_IRQChannel;
NVIC_InitStructure.NVIC_IRQChannelPreemptionPriority = 0; //设置先占优先级等级
NVIC_InitStructure.NVIC_IRQChannelSubPriority = 0;          //设置从优先级
NVIC_InitStructure.NVIC_IRQChannelCmd = ENABLE;            //使能中断
NVIC_Init(&NVIC_InitStructure);
```

在设计中，通过复用 STM32F103RBT6 芯片的 PA9(即 42 号引脚)作为串口 USART1 的 Tx，作为 STM32F103RBT6 芯片向串口发送数据的引脚，配置引脚为频率 50MHz 的复用推挽输出。通过复用 STM32F103RBT6 芯片的 PA10(即 43 号引脚)作为串口 USART1 的 Rx，作为 STM32F103RBT6 芯片从串口接收数据的引脚，配置引脚为速度 50MHz 的浮空输入。设置串口的波特率为 115200，字长为 8 位，无奇偶校验位，无流控制。

串口引脚初始化具体代码实现如下：

```
/* USART1 引脚设置 */
GPIO_StructInit(&GPIO_InitStructure);
GPIO_InitStructure.GPIO_Pin = GPIO_Pin_9;                    //引脚 9
GPIO_InitStructure.GPIO_Speed = GPIO_Speed_50MHz;            //输出频率 50MHz
GPIO_InitStructure.GPIO_Mode = GPIO_Mode_AF_PP;              //复用推挽输出
GPIO_Init(GPIOA,&GPIO_InitStructure);                        //TX 初始化
GPIO_InitStructure.GPIO_Pin = GPIO_Pin_10;                   //引脚 10
GPIO_InitStructure.GPIO_Mode = GPIO_Mode_IN_FLOATING;        //浮空输入
GPIO_Init(GPIOA,&GPIO_InitStructure);                        //RX 初始化
```

串口参数初始化具体代码实现如下：

```
/* 串口参数初始化 */
void USART1_Configuration(void)
{
    USART_InitTypeDef USART_InitStructure;
    USART_InitStructure.USART_BaudRate = 115 200;            //波特率 115 200
    USART_InitStructure.USART_WordLength = USART_WordLength_8b;              //字长 8 位
    USART_InitStructure.USART_StopBits = USART_StopBits_1;   //1 位停止
    USART_InitStructure.USART_Parity = USART_Parity_No;      //无奇偶校验
    USART_InitStructure.USART_HardwareFlowControl = USART_HardwareFlowControl_None;
                                                              //无流控制
    USART_InitStructure.USART_Mode = USART_Mode_Rx| USART_Mode_Tx;
                                                              //打开 Rx 接收和 Tx 发送功能
    USART_Init(USART1,&USART_InitStructure);                 //初始化
    USART_ITConfig(USART1,USART_IT_RXNE,ENABLE);
    USART_Cmd(USART1,ENABLE);                                //启动串口
}
```

9.2.2 数据采集

小车使用红外数据采集模块采集数据，每隔 0.0145s，STM32F103RBT6 芯片会对采集到的数据进行处理，处理后，通过串口发送至终端节点。程序流程图如图 9-5 所示。

红外采集模块采集到的数据为二进制串，在 STM32F103RBT6 芯片中对其进行处理，使得发送到终端节点中的数据携带有位置信息，每次发送的数据为 1byte，左端红外采集模块数据格式为 0b0000000x，右端数据采集模块数据格式为 0b1000000x，x 位置为 0 或 1，0 代表小车行走在轨道上，1 代表偏离轨道。

红外采集模块与 STM32F103RBT6 芯片通过 PC2（10 号引脚）与 PC3（11 号引脚）进行数据通信，作为 STM32F103RBT6 芯片从两个红外采集模块接收数据的引脚，引脚均配置为 50MHz 的上拉输入。

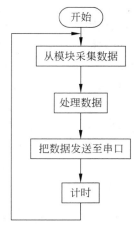

图 9-5 小车数据采集程序流程图

红外数据采集模块引脚初始化具体代码如下：

```
/ * 红外数据采集模块引脚初始化 * /
GPIO_InitStructure.GPIO_Pin = (GPIO_Pin_2|GPIO_Pin_3);
//设置引脚输入频率为50MHz
GPIO_InitStructure.GPIO_Speed = GPIO_Speed_50MHz;
//设置引脚为上拉输入
GPIO_InitStructure.GPIO_Mode = GPIO_Mode_IPU;
GPIO_Init(GPIOC,&GPIO_InitStructure);
```

红外数据采集模块数据处理具体代码如下：

```
/ * 红外数据采集模块数据处理 * /
dat = GPIO_ReadInputDataBit(GPIOC,GPIO_Pin_2);
dat = dat|0x00;                                                //处理左侧红外数据
USART_SendData(USART1,dat);
while(USART_GetFlagStatus(USART1,USART_FLAG_TC) == RESET){};   //等待数据发送
dat = GPIO_ReadInputDataBit(GPIOC,GPIO_Pin_3);
dat = dat|0x80;                                                //处理右侧红外数据
USART_SendData(USART1,dat);
while(USART_GetFlagStatus(USART1,USART_FLAG_TC) == RESET){};   //等待数据发送
```

9.2.3 小车的方向控制

小车通过串口接收到的数据进行方向控制，STM32F103RBT6 芯片在接收到串口发送的信息后，会产生 USART1_IRQHandler 中断事件。在 USART1_IRQHandler 中断事件中，首先对接收到的数据进行判断，若其为方向控制数据，则根据数据进行方向的更改，即通过更改 L298n 芯片中 4 个控制端 IN1、IN2、IN3、IN4 的信号，更改电动机旋转的方向，其中若为向左行驶，则左侧两轮反转、右侧两轮正转；若为向右行驶，则左侧两轮正转、右侧两轮反转。若接收到的数据为未知控制指令，则位于小车后方的红色 LED 闪烁一下，同时会触发一次蜂鸣器。控制方向的数据：0x00 表示后退，0x01 表示前进，0x02 表示向右转弯，0x03 表示向左转弯，0x04 表示停止。小车方向控制程序流程图如图 9-6 所示。

蜂鸣器模块与 STM32F103RBT6 芯片通过 PA4(20 号引脚)进行数据通信，作为 STM32F103RBT6 芯片控制蜂鸣器开关的引脚，引脚配置为 50MHz 的推挽输出。LED 灯与 STM32F103RBT6 芯片通过 PC1(9 号引脚)进行数据通信，作为 STM32F103RBT6 芯片控制 LED 亮灭的引脚，引脚配置为 2MHz 的推挽输出。L298n 芯片与 STM32F103RBT6 芯片通过 PB3(55 号引脚)、PB4(56 号引脚)、PB5(57 号引脚)、PD2(54 号引脚)进行方向的数据通信，即通过 PB3(55 号引脚)、PB4(56 号引脚)、PB5(57 号引脚)、PD2(54 号引脚)分别与 L298n 芯片的 IN2、IN3、IN4、IN1 相连，作为 STM32F103RBT6 芯片控制电动机正转反转的引脚。

蜂鸣器、LED 灯、L298n 方向控制引脚初始化具体代码如下：

```
/ * LED 灯引脚初始化 * /
GPIO_InitStructure.GPIO_Pin = GPIO_Pin_1;
```

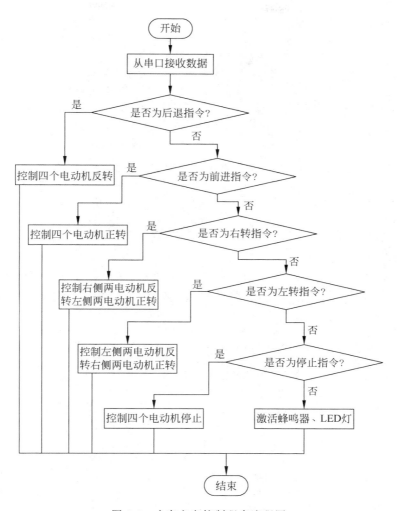

图 9-6　小车方向控制程序流程图

```
//设置引脚频率为 2MHz
  GPIO_InitStructure.GPIO_Speed = GPIO_Speed_2MHz;
////设置引脚为推挽输出
GPIO_InitStructure.GPIO_Mode = GPIO_Mode_Out_PP;
GPIO_Init(GPIOC,&GPIO_InitStructure);
/ * 蜂鸣器引脚初始化 * /
GPIO_InitStructure.GPIO_Pin = (GPIO_Pin_4);
//设置引脚频率为 50MHz 的推挽输出
GPIO_InitStructure.GPIO_Speed = GPIO_Speed_50MHz;
GPIO_InitStructure.GPIO_Mode = GPIO_Mode_Out_PP;
GPIO_Init(GPIOA,&GPIO_InitStructure);

/ * L298n 方向控制引脚初始化 * /
GPIO_InitStructure.GPIO_Pin = (GPIO_Pin_5|GPIO_Pin_3|
GPIO_Pin_4);
```

```
//设置引脚频率为50MHz 的推挽输出
GPIO_InitStructure.GPIO_Speed = GPIO_Speed_50MHz;
GPIO_InitStructure.GPIO_Mode = GPIO_Mode_Out_PP;
GPIO_Init(GPIOB,&GPIO_InitStructure);
GPIO_InitStructure.GPIO_Pin = (GPIO_Pin_2);
GPIO_InitStructure.GPIO_Speed = GPIO_Speed_50MHz;
GPIO_InitStructure.GPIO_Mode = GPIO_Mode_Out_PP;
GPIO_Init(GPIOD,&GPIO_InitStructure);
```

USART1_IRQHandler 中断事件具体代码实现如下：

```
void USART1_IRQHandler(void)
{
    RX_status = USART_GetFlagStatus(USART1,USART_FLAG_RXNE);
    //接收到数据
    if(RX_status == SET)
    {
        a = USART_ReceiveData(USART1);
        while(USART_GetFlagStatus(USART1,USART_FLAG_TC) == RESET);
        if(a == 0x00)                       //是否为后退控制指令
        {
            GPIO_ResetBits(GPIOB,GPIO_Pin_4);
            GPIO_SetBits(GPIOB,GPIO_Pin_5);
            GPIO_ResetBits(GPIOD,GPIO_Pin_2);
            GPIO_SetBits(GPIOB,GPIO_Pin_3);
        }
        else
        {
            if(a == 0x01)                   //是否为前进控制指令
            {
                GPIO_ResetBits(GPIOB,GPIO_Pin_5);
                GPIO_SetBits(GPIOB,GPIO_Pin_4);
                GPIO_SetBits(GPIOD,GPIO_Pin_2);
                GPIO_ResetBits(GPIOB,GPIO_Pin_3);
            }
            else
            {
                if(a == 0x02)               //是否为右转控制指令
                {
                    GPIO_ResetBits(GPIOB,GPIO_Pin_4);
                    GPIO_SetBits(GPIOB,GPIO_Pin_5);
                    GPIO_SetBits(GPIOD,GPIO_Pin_2);
                    GPIO_ResetBits(GPIOB,GPIO_Pin_3);
                }
                else
                {
                    if(a == 0x03)           //是否为左转控制指令
                    {
                        GPIO_ResetBits(GPIOB,GPIO_Pin_5);
                        GPIO_SetBits(GPIOB,GPIO_Pin_4);
                        GPIO_ResetBits(GPIOD,GPIO_Pin_2);
                        GPIO_SetBits(GPIOB,GPIO_Pin_3);
```

```
    }
    else
    {
        if(a == 0x04)              //是否为停止控制指令
        {
            GPIO_ResetBits(GPIOB,GPIO_Pin_5);
            GPIO_ResetBits(GPIOB,GPIO_Pin_4);
            GPIO_ResetBits(GPIOD,GPIO_Pin_2);
            GPIO_ResetBits(GPIOB,GPIO_Pin_3);
        }
        else                       //错误指令
        {                          //激活蜂鸣器和 LED 灯
            GPIO_SetBits(GPIOA,GPIO_Pin_4);
            GPIO_SetBits(GPIOC,GPIO_Pin_1);
            for(dat = 0;dat < 255;dat++)
                delay();
            GPIO_ResetBits(GPIOA,GPIO_Pin_4);
            GPIO_ResetBits(GPIOC,GPIO_Pin_1);
        }
    }
}
}
}
}
```

9.2.4　小车的速度控制

小车的速度可通过 L298n 芯片的调速端进行控制,小车使用的是直流电动机,因此对 L298n 芯片的调速端发送高电平信号,即可使电动机保持最高转速。小车速度控制程序流程图如图 9-7 所示。

若需调整速度,只需向 L298n 芯片的调速端输出 PWM 波即可,PWM 波频率相同时,根据 PWM 波的占空比的大小不同,电动机的转速会不同,且 PWM 波的占空比越大,速度越快。本设计所使用 PWM 波占空比为 1,即电动机全速旋转。本设计通过设置 TIM2_IRQHandler 中断事件,定时更新 L298n 芯片调速端的信号,维护的周期为 0.09s,因此设定 TIME2 的时钟预分频数为(3600-1),周期数为(900-1),并采用向上计数

图 9-7　小车速度控制程序流程图

模式,即每次计数就会加 1,直到寄存器溢出发生中断为止。这样设计的目的是保证 L298n 芯片调速端接收到的信号不出现错误,同时如需调节速度,只需更改 TIM2_IRQHandler 中断事件部分的代码,通过 TIM2_IRQHandler 中断事件输出 PWM 波即可,控制 PWM 波的占空比只需更改计数器的值即可。

L298n 芯片与 STM32F103RBT6 芯片通过 PC11(52 号引脚)、PC12(53 号引脚)进行速

度的数据通信,即通过 PC11(52 号引脚)、PC12(53 号引脚)分别与 L298n 芯片的调速端 A、调速端 B 相连,作为 STM32F103RBT6 芯片控制电动机旋转速度的引脚。

L298n 速度控制引脚初始化具体代码实现如下:

```
/ * L298n 速度控制引脚初始化 * /
GPIO_InitStructure.GPIO_Pin = (GPIO_Pin_11|GPIO_Pin_12);
//设置引脚频率为 50MHz 的推挽输出
GPIO_InitStructure.GPIO_Speed = GPIO_Speed_50MHz;
GPIO_InitStructure.GPIO_Mode = GPIO_Mode_Out_PP;
GPIO_Init(GPIOC,&GPIO_InitStructure);
```

TIME2 时钟设置初始化具体代码实现如下:

```
/ * TIME2 时钟设置初始化 * /
TIM_TimeBaseStructure.TIM_Period = 900 - 1;          //周期数为(900 - 1)
TIM_TimeBaseStructure.TIM_Prescaler = 3600 - 1;      //时钟预分频数为(3600 - 1)
TIM_TimeBaseStructure.TIM_ClockDivisiona = 0;
TIM_TimeBaseStructure.TIM_CounterMode = TIM_CounterMode_Up;
//采用向上计数模式
TIM_TimeBaseInit(TIM2,&TIM_TimeBaseStructure);
TIM_Cmd(TIM2,ENABLE);
TIM_ITConfig(TIM2,TIM_IT_Update,ENABLE);
```

9.3 Z-Stack 软件框架

由于采用 ZigBee 模块,需要写相应程序。故采用 Z-Stack 操作系统分别开发相应计算机连接的 ZigBee 模块程序和小车端连接的 ZigBee 程序。Z-Stack 内部使用操作系统来管理硬件和软件,用户开发的应用程序和 ZigBee 协议栈都构建在操作系统之上。同其他操作系统一样,由 main()函数开始执行,main()函数共做了两件事:一是系统的初始化,即关闭中断后,针对 I/O、LED、Timer、Flash 等进行初始化;二是开始执行任务调度管理,即轮询式查找事件,系统硬件和各协议层初始化之后,系统进入任务轮询。Z-Stack 操作系统的执行过程如图 9-8 所示。

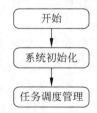

图 9-8 Z-Stack 操作系统的执行过程

9.3.1 任务调度

因为在整个协议栈中有许多并发操作要执行。因此在协议栈中每一层都设计了相对应的事件处理函数,用来处理此层操作相关的事件。在 Z-Stack 协议栈中提供了一个名为操作系统抽象层 OSAL 的协议栈调度程序,所有的事件会通过 OSAL 来管理。OSAL 会采用轮询任务调度队列的方法管理,以介质接入控制子层(MAC)、网络层(NWK)、硬件层(HAL)、应用支持层(APS)、设备对象层(ZDO)、简单应用接口(SAPI)的顺序查询,当协议栈中有事件发生时,会设置标志位表示有事件发生,使主循环函数能够查询到。OSAL 的轮询顺序如图 9-9 所示。

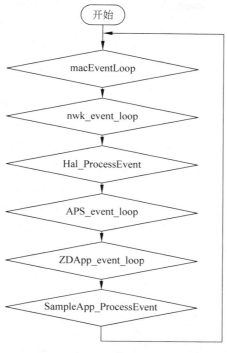

图 9-9 OSAL 的轮询顺序示意

在本设计中,针对 SAPI 层进行编程,使协调器和终端节点在串口接收到数据和从无线端接收到数据时,标记事件。在串口接收到事件时,标记 CMD_SERIAL_MSG 事件,在事件中通过无线发射完成对数据的传输。当从无线端接收到数据时,标记 AF_INCOMING_MSG_CMD 事件,在事件中通过串口完成对数据的传输。

9.3.2 ZigBee 无线传输系统开发

本节主要介绍 ZigBee 模块的组网设计思想、无线收发的设计与实现、串口通信的设计与实现。

在本设计网络中,与计算机相连的 ZigBee 模块也就是网络协调器,协调器选择网络 ID 和信道后启动整个网络,同时协调器的工作主要为网络的启动和配置。当协调器成功建立网络后,终端节点向协调器发送加入网络请求,在连接成功后,协调器会为终端节点分配一个唯一的地址,但这个地址并不是不变的。在下一次组网时,根据配置(如最大子设备数、最大路由子设备数、网络的最大深度)、状态(如当前分配地址是否与已存在地址冲突)的不同会产生另一不同的地址。而协调器的网络地址是不变的,恒为 0x0000。在本设计中,协调器主要负责与计算机进行通信,另一个就是要负责根据信道的情况选择路径,而后发送数据。小车端 ZigBee 节点主要负责与小车进行通信,既包括控制指令的接收,也包括小车采集到的数据的发送。整个网络主要完成了数据的无线传输,在 ZigBee 模块中除在发送过程中对数据进行打包以及在接收数据后对数据进行拆包外,并不会对数据进行任何处理,对数据的校验均在计算机和 STM32 芯片中进行。

计算机和小车通过串口与 ZigBee 模块进行通信。各 ZigBee 模块间通过点播的方式进行无线传输。因此每个 ZigBee 模块都有无线传输部分和串口通信两部分代码组成。

1. 无线传输部分代码

本设计中 ZigBee 网络通过点播方式进行数据的无线收发时,仅会针对一辆车进行控制,而使用广播的方式进行数据传输时,则会同时控制多辆车进行协同工作。

在 CC2530 模块接收到无线数据后,会标志 AF_INCOMING_MSG_CMD 事件,AF_INCOMING_MSG_CMD 事件是 SampleApp_ProcessEvent 事件中的子事件,当系统轮询到 SampleApp_ProcessEvent 事件后,会进入 SampleApp_ProcessEvent 事件中,并触发 AF_INCOMING_MSG_CMD 事件。在 AF_INCOMING_MSG_CMD 处理过程中,会根据相应的簇的 ID 号进行处理,由于本设计可以使用点播与广播,因此会根据不同的簇号进行处理,但处理方式相同。当无线接收到数据包后,协议栈会通过 MAC 层、NWK 层逐层对数据包(数据包中包括发送方地址、数据有效长度等信息)进行解析,并把解析出的所有数据发往应用层,在应用层得到的即为包括发送方地址等的数据。在 ZigBee 模块中的处理方式为仅把从无线接收到的有效数据直接发送至串口,并不对数据进行任何处理。主要的实现方式即为通过 HalUARTWrite 函数向串口发送数据。

其中广播的具体设置代码实现如下:

```
SampleApp_Periodic_DstAddr.addrMode = (afAddrMode_t)AddrBroadcast;
//广播
SampleApp_Periodic_DstAddr.endPoint = SAMPLEAPP_ENDPOINT;
SampleApp_Periodic_DstAddr.addr.shortAddr = 0xFFFF;
```

而点播的具体设置代码实现如下:

```
SampleApp_P2P_DstAddr.addrMode = (afAddrMode_t)Addr16Bit;
//点播
SampleApp_P2P_DstAddr.endPoint = SAMPLEAPP_ENDPOINT;
SampleApp_P2P_DstAddr.addr.shortAddr = 0x0000;
```

在代码中,从下层解析出的数据包信息都储存在一个名为 afIncomingMSGPacket_t 的结构体中。afIncomingMSGPacket_t 结构体定义如下:

```
typedef struct
{
    osal_event_hdr_t hdr;            /* 消息头 */
    uint16 groupId;                  /* 消息组 ID */
    uint16 clusterId;                /* 消息簇 ID */
    afAddrType_t srcAddr;            /* 源地址类型 */
    uint16 macDestAddr;              /* 物理地址 */
    uint8 endPoint;                  /* 目的端点 */
    uint8 wasBroadcast;              /* 广播地址 */
    uint8 LinkQuality;               /* 接收数据帧的链路质量 */
    uint8 correlation;               /* 接收数据帧的未加工相关值 */
```

```
    int8 rssi;                          /*接收的射频功率*/
    uint8 SecurityUse;                  /*弃用*/
    uint32 timestamp;                   /*收到时间标记*/
    afMSGCommandFormat_t cmd;           /*应用程序数据*/
} afIncomingMSGPacket_t;                /*无线数据包格式结构体*/
```

而在应用层所需的有效数据存储在 afIncomingMSGPacket_t 的 afMSGCommandFormat_t 结构体中。afMSGCommandFormat_t 结构体定义如下：

```
typedef struct
{
    byte TransSeqNumber;
    uint16 DataLength;
    byte * Data;
} afMSGCommandFormat_t;
```

afMSGCommandFormat_t 结构体中的 Data 指针指向有效数据的起始地址。

2. 串口通信部分代码

在 CC2530 模块接收到串口数据后，会标志 CMD_SERIAL_MSG 事件，CMD_SERIAL_MSG 事件同样是 SampleApp_ProcessEvent 事件中的子事件，因此当系统轮询到 SampleApp_ProcessEvent 事件后，会进入 SampleApp_ProcessEvent 事件中，并触发 CMD_SERIAL_MSG 事件。有效数据会逐层通过 NWK 层、MAC 层进行打包，即把相应的节点信息、有效数据长度等信息与有效数据进行拼帧，打包完成后通过无线把数据包通过点播的方式发送至目标节点。

串口配置初始化具体代码实现如下：

```
uartConfig.configured = TRUE;
uartConfig.baudRate = MT_UART_DEFAULT_BAUDRATE;        //设置波特率115200
uartConfig.flowControl = MT_UART_DEFAULT_OVERFLOW;     //设置无流控制
uartConfig.flowControlThreshold = MT_UART_DEFAULT_THRESHOLD;
//流控制阈值为串口读取缓冲区大小的1/2
uartConfig.rx.maxBufSize = MT_UART_DEFAULT_MAX_RX_BUFF;
//串口读取缓冲区大小为128B
uartConfig.tx.maxBufSize = MT_UART_DEFAULT_MAX_TX_BUFF;
//串口写入缓冲区大小为128B
```

9.4 计算机端程序开发

因发送回计算机的数据仅为整型数，若使用串口工具则仅能看到包含信息的整型数，但并未对数据进行解析，因此设计实现了计算机程序。在选择并打开串口后，可使用键盘的方向键控制小车的移动，空格键控制小车停止移动，并在数据接收窗口可浏览解析后得到的数据。

小车需行驶在以黑色为底，宽度大于两红外采集模块小于车身宽度的线路上。解析后的数据会提示小车是否偏离轨道。

计算机程序界面示意图如图 9-10 所示。

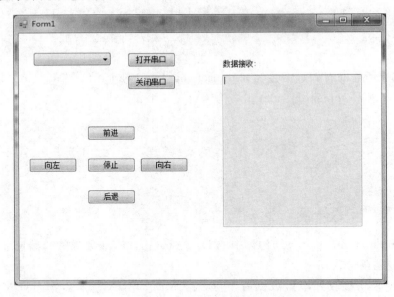

图 9-10　计算机程序界面示意图

使用 C♯语言实现功能,使用目前最流行的 Windows 平台,应用程序集成开发环境 Microsoft Visual Studio 2010。

计算机可通过串口监测小车采集到的数据,在测试时可使用串口工具监测,也可使用本设计开发设计的计算机程序。若使用串口工具监测,则得到未解析过的数据,如图 9-11 所示。经测试,采集到的数据稳定、无误。

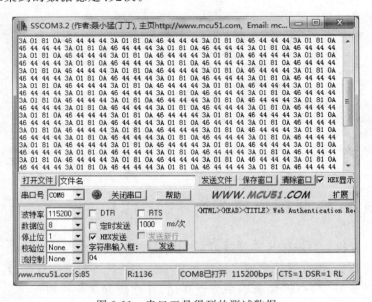

图 9-11　串口工具得到的测试数据

若使用本设计开发设计的计算机程序,则可观察到解析后的数据,如图 9-12 所示。经测试,数据稳定、组网稳定。

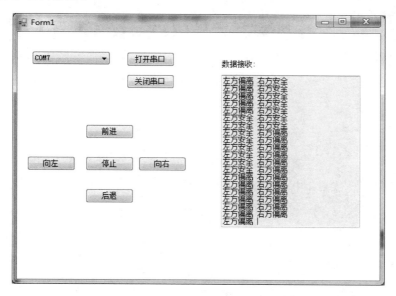

图 9-12　计算机程序得到的测试数据

STM32F10x. h 中的定义

下面是 STM32F10x. h 中的定义：

```
#define GPIO_Remap_SPI1              ((uint32_t)0x00000001)
/*!< SPI1 复用功能映射 */
#define GPIO_Remap_I2C1              ((uint32_t)0x00000002)
/*!< I2C1 复用功能映射 */
#define GPIO_Remap_USART1            ((uint32_t)0x00000004)
  /*!< USART1 复用功能映射 */
#define GPIO_Remap_USART2            ((uint32_t)0x00000008)
/*!< USART2 复用功能映射 */
#define GPIO_PartialRemap_USART3     ((uint32_t)0x00140010)
  /*!< USART3 复用功能部分映射 */
#define GPIO_FullRemap_USART3        ((uint32_t)0x00140030)
/*!< USART3 复用功能完全映射 */
#define GPIO_PartialRemap_TIM1       ((uint32_t)0x00160040)
/*!< TIM1 复用功能部分映射 */
#define GPIO_FullRemap_TIM1          ((uint32_t)0x001600C0)
/*!< TIM1 复用功能完全映射 */
#define GPIO_PartialRemap1_TIM2      ((uint32_t)0x00180100)
  /*!< TIM2 复用功能部分映射 1 */
#define GPIO_PartialRemap2_TIM2      ((uint32_t)0x00180200)
/*!< TIM2 复用功能部分映射 2 */
#define GPIO_FullRemap_TIM2          ((uint32_t)0x00180300)
/*!< TIM2 复用功能完全映射 */
#define GPIO_PartialRemap_TIM3       ((uint32_t)0x001A0800)
/*!< TIM3 复用功能部分映射 */
#define GPIO_FullRemap_TIM3          ((uint32_t)0x001A0C00)
/*!< TIM3 复用功能完全映射 */
#define GPIO_Remap_TIM4              ((uint32_t)0x00001000)
/*!< TIM4 复用功能映射 */
#define GPIO_Remap1_CAN1             ((uint32_t)0x001D4000)
/*!< CAN 复用功能映射 1 */
#define GPIO_Remap2_CAN1             ((uint32_t)0x001D6000)
/*!< CAN 复用功能映射 2 */
#define GPIO_Remap_PD01              ((uint32_t)0x00008000)
/*!< PD01 复用功能映射 */
#define GPIO_Remap_TIM5CH4_LSI       ((uint32_t)0x00200001)
```

```
/*!< LSI connected to TIM5 Channel4 input capture for calibration */
#define GPIO_Remap_ADC1_ETRGINJ      ((uint32_t)0x00200002)
/*!< ADC1 External Trigger Injected Conversion remapping */
#define GPIO_Remap_ADC1_ETRGREG      ((uint32_t)0x00200004)
/*!< ADC1 External Trigger Regular Conversion remapping */
#define GPIO_Remap_ADC2_ETRGINJ      ((uint32_t)0x00200008)
/*!< ADC2 External Trigger Injected Conversion remapping */
#define GPIO_Remap_ADC2_ETRGREG      ((uint32_t)0x00200010)
  /*!< ADC2 External Trigger Regular Conversion remapping */
#define GPIO_Remap_ETH               ((uint32_t)0x00200020)
/*!< Ethernet remapping (only for Connectivity line devices) */
#define GPIO_Remap_CAN2              ((uint32_t)0x00200040)
/*!< CAN2 remapping (only for Connectivity line devices) */
#define GPIO_Remap_SWJ_NoJTRST       ((uint32_t)0x00300100)
/*!< Full SWJ Enabled (JTAG-DP + SW-DP) but without JTRST */
#define GPIO_Remap_SWJ_JTAGDisable   ((uint32_t)0x00300200)
/*!< JTAG-DP Disabled and SW-DP Enabled */
#define GPIO_Remap_SWJ_Disable       ((uint32_t)0x00300400)
/*!< Full SWJ Disabled (JTAG-DP + SW-DP) */
#define GPIO_Remap_SPI3              ((uint32_t)0x00201000)
/*!< SPI3/I2S3 Alternate Function mapping (only for Connectivity   line devices) */
#define GPIO_Remap_TIM2ITR1_PTP_SOF ((uint32_t)0x00202000)
   /*!< Ethernet PTP output or USB OTG SOF (Start of Frame) connected
                       to TIM2 Internal Trigger 1 for calibration
                               (only for Connectivity line devices) */
#define GPIO_Remap_PTP_PPS           ((uint32_t)0x00204000)
/*!< Ethernet MAC PPS_PTS output on PB05 (only for Connectivity line devices) */

#define GPIO_Remap_TIM15             ((uint32_t)0x80000001)
/*!< TIM15 Alternate Function mapping (only for Value line devices) */
#define GPIO_Remap_TIM16             ((uint32_t)0x80000002)
/*!< TIM16 Alternate Function mapping (only for Value line devices) */
#define GPIO_Remap_TIM17             ((uint32_t)0x80000004)
  /*!< TIM17 Alternate Function mapping (only for Value line devices) */
#define GPIO_Remap_CEC               ((uint32_t)0x80000008)
/*!< CEC Alternate Function mapping (only for Value line devices) */
#define GPIO_Remap_TIM1_DMA          ((uint32_t)0x80000010)
/*!< TIM1 DMA requests mapping (only for Value line devices) */

#define GPIO_Remap_TIM9              ((uint32_t)0x80000020)
/*!< TIM9 Alternate Function mapping (only for XL-density devices) */
#define GPIO_Remap_TIM10             ((uint32_t)0x80000040
/*!< TIM10 Alternate Function mapping (only for XL-density devices) */
#define GPIO_Remap_TIM11             ((uint32_t)0x80000080)
/*!< TIM11 Alternate Function mapping (only for XL-density devices) */
#define GPIO_Remap_TIM13             ((uint32_t)0x80000100)
/*!< TIM13 Alternate Function mapping (only for XL-density devices) */
#define GPIO_Remap_TIM14             ((uint32_t)0x80000200)
/*!< TIM14 Alternate Function mapping (only for XL-density devices) */
#define GPIO_Remap_FSMC_NADV         ((uint32_t)0x80000400)
/*!< FSMC_NADV Alternate Function mapping (only for XL-density devices) */
```

LCD1602 程序

lcd1602_drive.h 定义如下：

```
/ ************************************************************************* /
/ ***************************** lcd1602_drive.h ***************************** /

#ifndef __1602_H
#define __1602_H

#define uchar unsigned char
#define uint unsigned int
void delay(uint a);                      //延迟函数,空循环函数
void enable(uchar del);                  //使能 LCD,按时序的底层驱动
void write(uchar del);                   //写 LCD,按时序的底层驱动
void L1602_init(void);                   //1602 初始化
void L1602_char(uchar hang,uchar lie,char sign);      //按行、位置写字符
void L1602_string(uchar hang,uchar lie,uchar * p);    //从行、位置开始写字符串

#endif
```

lcd1602_drive.c 的程序如下：

```
/ ********************************************************************** /
/ ***************************** lcd1602_drive.c ********************** /
/ ********************************************************************** /
#include "1602.h"
#include "stm32f10x_gpio.h"

#define lcm_rst_LOW()        GPIO_ResetBits(GPIOB,GPIO_Pin_12)
#define lcm_rst_HIGH()       GPIO_SetBits(GPIOB,GPIO_Pin_12)

#define lcm_wr_LOW()         GPIO_ResetBits(GPIOB,GPIO_Pin_13)
#define lcm_wr_HIGH()        GPIO_SetBits(GPIOB,GPIO_Pin_13)

#define lcm_ce_LOW()         GPIO_ResetBits(GPIOB,GPIO_Pin_14)
#define lcm_ce_HIGH()        GPIO_SetBits(GPIOB,GPIO_Pin_14)

// *** 以下是复位或置位数据总线相应位
#define DATA_0_LOW()         GPIO_ResetBits(GPIOC,GPIO_Pin_8)      //复位总线第 0 位
```

```
#define DATA_0_HIGH()          GPIO_SetBits(GPIOC,GPIO_Pin_8)              //置数据总线第0位

#define DATA_1_LOW()           GPIO_ResetBits(GPIOC,GPIO_Pin_9)
#define DATA_1_HIGH()          GPIO_SetBits(GPIOC,GPIO_Pin_9)

#define DATA_2_LOW()           GPIO_ResetBits(GPIOA,GPIO_Pin_8)
#define DATA_2_HIGH()          GPIO_SetBits(GPIOA,GPIO_Pin_8)

#define DATA_3_LOW()           GPIO_ResetBits(GPIOA,GPIO_Pin_9)
#define DATA_3_HIGH()          GPIO_SetBits(GPIOA,GPIO_Pin_9)

#define DATA_4_LOW()           GPIO_ResetBits(GPIOA,GPIO_Pin_10)
#define DATA_4_HIGH()          GPIO_SetBits(GPIOA,GPIO_Pin_10)

#define DATA_5_LOW()           GPIO_ResetBits(GPIOA,GPIO_Pin_13)
#define DATA_5_HIGH()          GPIO_SetBits(GPIOA,GPIO_Pin_13)

#define DATA_6_LOW()           GPIO_ResetBits(GPIOA,GPIO_Pin_15)
#define DATA_6_HIGH()          GPIO_SetBits(GPIOA,GPIO_Pin_15)

#define DATA_7_LOW()           GPIO_ResetBits(GPIOC,GPIO_Pin_10)
#define DATA_7_HIGH()          GPIO_SetBits(GPIOC,GPIO_Pin_10)
//以上是8位数据总线复位、置位

void DATA(unsigned int d)
//根据数据d的8位二进制来确定对总线上哪一位置位或清位
{
    if(d&0x01)
    {
    DATA_0_HIGH();
    }
    else
    {
    DATA_0_LOW();
    }

    if(d&0x02)
    {
    DATA_1_HIGH();
    }
    else
    {
    DATA_1_LOW();
    }

    if(d&0x04)
    {
    DATA_2_HIGH();
    }
    else
    {
```

```
        DATA_2_LOW();
        }

        if(d&0x08)
        {
        DATA_3_HIGH();
        }
        else
        {
        DATA_3_LOW();
        }

        if(d&0x10)
        {
        DATA_4_HIGH();
        }
        else
        {
        DATA_4_LOW();
        }

        if(d&0x20)
        {
        DATA_5_HIGH();
        }
        else
        {
        DATA_5_LOW();
        }

        if(d&0x40)
        {
        DATA_6_HIGH();
        }
        else
        {
        DATA_6_LOW();
        }

        if(d&0x80)
        {
        DATA_7_HIGH();
        }
        else
        {
        DATA_7_LOW();
        }


    }
```

```
void E(unsigned char i)
{
//使能 LCD

    if(i)
    {
        lcm_ce_HIGH();

    }
    else
    {

        lcm_ce_LOW();

    }

}

void RS(unsigned char i)
{
//根据参数 i 确定是置位 RS,还是清 RS
    if(i)
    {
        lcm_rst_HIGH();
    }
    else
    {
        lcm_rst_LOW();
    }
}

void RW(unsigned char i)
{
//根据参数 i 决定是置位还是清位 RW

    if(i)
    {
    lcm_wr_HIGH();

    }
    else
    {

        lcm_wr_LOW();

    }
}

/ ***************************************************************
 * 名称: delay(uint a)
```

```
    * 功能: 延时
    * 输入: 需要延迟的时间
    * 输出: 无
    ********************************************************************** /
    void delay(uint a)
    {
        int i,j;
        for(i = 0;i < = a; i++)
        for(j = 0;j < = 80;j++);

    }
/ *********************************************************************
    * 名称: enable(uchar del)
    * 功能: 1602 命令函数
    * 输入: 输入的命令值,根据时序来使能 LCD
    * 输出: 无
    ********************************************************************** /
    void enable(uchar del)          //1602 命令函数
    {                                //根据命令集,按照时序来使能 LCD
        DATA(del);
        RS(0);
        RW(0);
        E(0);
        delay(10);
        E(1);
        delay(10);
        E(0);
    }
/ *********************************************************************
    * 名称: write(uchar del)
    * 功能: 1602 写数据函数
    * 输入: 需要写入 1602 的数据
    * 输出: 无
    ********************************************************************** /
    void write(uchar del)
    {
        DATA(del);
        RS(1);
        RW(0);
        E(0);
        delay(10);
        E(1);
        delay(10);
        E(0);
    }
/ *********************************************************************
    * 名称: L1602_init()
    * 功能: 1602 初始化,请参考 1602 的资料
    * 输入: 无
    * 输出: 无
    ********************************************************************** /
```

```
void L1602_init(void)
{

    delay(10);
    enable(0x38);
    delay(10);
    enable(0x06);
    delay(10);
    enable(0x0C);
    delay(10);
    enable(0x01);
    delay(10);
//enable(0x00);
//RS(1);
//RW(1);
//E(1);
//DATA(0x25 << 8);
}
/ ******************************************************************
* 名称：L1602_char(uchar hang,uchar lie,char sign)
* 功能：改变液晶中某位的值,如果要让第一行,第五个字符显示"b",则调用该函数如下
 L1602_char(1,5,'b')
* 输入：行,列,需要输入 1602 的数据
* 输出：无
 ****************************************************************** /
void L1602_char(uchar hang,uchar lie,char sign)
{
    uchar a;
    if(hang == 1) a = 0x80;   //在第一行显示
    if(hang == 2) a = 0xc0;   //在第二行显示
    a = a + lie - 1;          //计算要显示字符的位置
    enable(a);
    write(sign);              //写字符 sign
}
/ ******************************************************************
* 名称：L1602_string(uchar hang,uchar lie,uchar * p)
* 功能：改变液晶中某位的值,如果要让第一行,第五个字符开始显示"ab cd ef",则调用该函数如下
    L1602_string(1,5,"ab cd ef;")
* 输入：行,列,需要输入 1602 的数据
* 输出：无
 ****************************************************************** /
void L1602_string(uchar hang,uchar lie,uchar * p)
{
    uchar a;
    if(hang == 1) a = 0x80;
    if(hang == 2) a = 0xc0;
    a = a + lie - 1;
    enable(a);
    while(1)
    {
```

```
            if( * p == ';') break;
            write( * p);
            p++;
        }
}
```

主函数如下：

```
/ ********************************************************************* /
/ ******************************* main.c ***************************** /
/ * Includes ----------------------------------------------------- * /
```
- 1. 为每个 GPIO 启动时钟
- 2. 设置 STM32 寄存器,方向、速度、模式
- 3. 初始化 LCD
- 4. 写显示字符串

```
# include "stm32f10x.h"
# include "1602.h"

GPIO_InitTypeDef GPIO_InitStructure;


void RCC_Configuration(void);

void Delay( __IO uint32_t nCount);

int main(void)
{
  //uint16_t a;
  / * System Clocks Configuration ************************************************ /

  RCC_Configuration();

    //下面是给各模块开启时钟
    //启动 GPIO
  RCC_APB2PeriphClockCmd(RCC_APB2Periph_GPIOA | RCC_APB2Periph_GPIOC |\
                  RCC_APB2Periph_GPIOB | RCC_APB2Periph_GPIOD\
                  ENABLE);
  RCC_APB2PeriphClockCmd(RCC_APB2Periph_USART1,ENABLE);

  RCC_APB2PeriphClockCmd(RCC_APB2Periph_AFIO,ENABLE);

  / * TIM2 时钟使能 * /
  RCC_APB1PeriphClockCmd(RCC_APB1Periph_TIM2,ENABLE);

  GPIO_PinRemapConfig(GPIO_Remap_SWJ_Disable,ENABLE);
                                        //禁用 SDJ 和 JTAG,释放口线用作 I/O 输出

  GPIO_InitStructure.GPIO_Pin   = (GPIO_Pin_10|GPIO_Pin_8|GPIO_Pin_9);
  GPIO_InitStructure.GPIO_Speed = GPIO_Speed_50MHz;
  GPIO_InitStructure.GPIO_Mode  = GPIO_Mode_Out_PP;
```

```
    GPIO_Init(GPIOC,&GPIO_InitStructure);

    GPIO_InitStructure.GPIO_Pin = (GPIO_Pin_12|GPIO_Pin_13|GPIO_Pin_14);
    GPIO_InitStructure.GPIO_Speed = GPIO_Speed_50MHz;
    GPIO_InitStructure.GPIO_Mode = GPIO_Mode_Out_PP;
    GPIO_Init(GPIOB,&GPIO_InitStructure);

    GPIO_InitStructure.GPIO_Pin = (GPIO_Pin_8|GPIO_Pin_9|GPIO_Pin_13|GPIO_Pin_10|GPIO_Pin_15);
    GPIO_InitStructure.GPIO_Speed = GPIO_Speed_50MHz;
    GPIO_InitStructure.GPIO_Mode = GPIO_Mode_Out_PP;
    GPIO_Init(GPIOA,&GPIO_InitStructure);
        delay(10000);

    L1602_init();
    while (1)
    {
    L1602_string(1,1,"HELLO WORLD;");
    L1602_string(2,1,"I LOVE YOU;");
    }
}


void RCC_Configuration(void)
{
  /* Setup the microcontroller system. Initialize the Embedded Flash Interface,
     initialize the PLL and update the SystemFrequency variable. */
  SystemInit();
}


void Delay(__IO uint32_t nCount)
{
  for(; nCount != 0; nCount -- );
}


void assert_failed(uint8_t * file,uint32_t line)
{
  /* User can add his own implementation to report the file name and line number,
     ex: printf("Wrong parameters value: file % s on line % d\r\n",file,line) */

  /* Infinite loop */
  while (1)
  {
  }
}
#endif
```